アメリカ空軍史から見た

F-22への道

㊦

夕撃旅団

はじめに

上巻では、ウィリアム・〝ビリー〟・ミッチェルによる戦略空軍化への方向づけから、ハロルド・ジョージによる理論化と第二次世界大戦の勝利、そこから始まる戦略核空軍への暴走、そしてベトナムでの手痛い経験について紹介しました。

そしてこの下巻からはいよいよ本書の主人公とも言えるジョン・ボイドが登場します。彼は数人の仲間と共に、崩壊しつつあったアメリカ空軍をひっくり返し、空軍全体を敵に回しながらも、「戦闘機による本来の空軍」という理想像を取り返していきます。

そして、誰にも感謝されることなく静かに空軍を去ります。

不屈の精神の塊だったボイドはその間に、F-15、F-16といったアメリカ空軍を世界最強の軍隊に育て上げる機体を誕生させ、さらには仲間と共にA-10の開発にも大きな影響を及ぼしました。なんとも凄まじい人であり、10年近く前に初めてこの人の存在を知ったときには、「こんな人間が実在したのか」と驚嘆したのを今でも鮮明に覚えています。

当時は日本ではもちろん、アメリカでもまだまだ知名度が低い人物でしたが、近年になってそれなりに知られるようにはなってきました。それでもその活躍から比べるとまだまだという感じなので、この書籍が彼の存在証明の助けになれば幸いです。

ちなみにボイドは空軍を追われるように退役した後、今度は地上戦に興味をもち、OODAループという理論を基に海兵隊と陸軍の戦術規範に大きな影響を及ぼし、のちの湾岸戦争での地上戦圧勝の原動力となりました。まあ、スゴイ人なのです。このあたりについてはこの本の範疇を超えるのでほとんど触れていませんが、拙著『ドイツ電撃戦に学ぶ　OODAループ「超」入門』（パンダ・パブリッシング）にある程度述べていますので、興味のある方はそちらをご覧ください（湾岸戦争の具体的な解説はありません。あくまで基本的な理論部分）。

そして本書のもう一つの柱が、ボイド去りし後の空軍が生み出したおそらく史上最強の戦闘機F-22です。今でも最高機密であり不明な部分も多い機体ですが、ステルス技術を中心に現在公開されている資料で分かる範囲の解説を行なっています。

最後の最後で、本のタイトルと内容が一致する、ということになるわけです。

本書の内容を書いているときに感じた最大の驚きはネット時代の今は、驚くほど膨大な資料が溢れているということでした。20年前だったら、アメリカ本土に渡って申請書を書いてようやく見ることができたＮＡＳＡやアメリカ空軍の公開資料、それどころかＣＩＡの公開情報が自宅に居ながらいくらでも読めます。

すごい時代だなといった感想と共に、これだけの資料がありながら、書籍や新聞で読める情報のほとんどは20年前からほとんど進化していないように思います。執筆に使った資料類はすべて本文中に併記してありますが、ほとんどの情報はネット上でＮＡＳＡやアメリカ空軍、アメリカ海軍、アメリカ海兵隊、そしてＣＩＡやアメリカ公文書館が公開している資料から直接調べたものとなっています。それらの公文書の名前もすべて書いておきましたから、ネットで検索してもらえばすべて読めるはずです。

誰でも一次資料の直接当たれる時代なのに実にもったいない、というのが本書を執筆した動機の一つでもあります。もし興味が湧いてきたなら、もう私の本なんて読んでいないで、ＮＡＳＡやアメリカ空軍が公開している資料を自ら読み解いてみてください。一生かかっても読み切れないくらいの世界がそこには展開しています。

そうなったらもうこんな本は不要なのですが、忙しい人たちのために、従来のあやふやで不完全な情報の穴埋めをするために書かれたのがこの本だと考えていただければ幸いです。

上巻にも書いたように、何か不明点や疑問点がある場合は「夕撃旅団」で検索してサイト内の掲示板、あるいは問い合わせメール等でご連絡ください。可能な限り対応します。

２０２０年2月　夕撃旅団

図版およびキャプションの一部は編集部で追加・作成しているものがあります。

目次

第六章　"Mad Major" ジョン・ボイドの登場

1　報告会にやってきた男

空軍を変革させた〝冴えない少佐〟

1964年の秋の初め、ヴァージニア州ラングレー空軍基地にある戦術航空司令部（TAC）での月曜朝8時からの会議は退屈なものになるように思われた。はるか南のフロリダ州のエグリン基地からやって来た一人の少佐（Major）が、その朝一番で司令官のスウィーニー（Walter C. Sweeney Jr.）大将に報告説明を行なうことになっていたのだ。

彼の新理論は斬新だという噂は聞いていたが、これまでもウンザリするほど〝まったく新しい革新的な理論〟が持ち込まれ、そのほとんどが実際には役に立たないシロモノであっただけに誰も期待はしてなかった。

説明報告会が始まる15分以上前には、ほとんどの参加者が揃いつつあった。彼らが部屋に入って驚いたのは、その少佐がどう見ても40歳近いことだった。通常は中佐以上、早ければ大佐クラスで飛行隊隊長などに就いている年齢だろう。この歳になっても少佐だということはよほど問題があってのことだろうし、まだ軍にしがみついているというのは軍隊以外では使い物にならない、ということを意味しているはずだ。

少佐クラスの人間が上級司令部であるTACの司令官相手に報告説明を行なう、というのも異例ではあったが、その少佐もまた異例だったのである。

実際、彼はその攻撃的な性格と、上官を上官とも思わない態度から常に問題視され、出世街道から完全に外れたルートでキャリアを積む羽目になっていたのだが、この日の会議の出席者の中にはそこまで知っている者はいなかった。彼らのほとんどは、「やれやれ、この冴えない少佐が何を説明するというのだ？」という程度の感想しか思い浮かばなかっただろう。

やがて、会議の開始時間直前にTAC司令官のスウィーニー大将が四つ星の階級章をきらめかせながら入ってきた。ミッドウェイ海戦時、ミッドウェイ島の基地に駐留していた陸軍航空隊の指揮官であった彼は、日本海軍相手に徹底的に戦い抜いたタフな男として知られていた。

元々は爆撃屋で、戦略航空司令部（SAC）の作戦司令官を務めたこともあった。しかし当時のアメリカ空軍では、戦闘機屋のTACの司令官だろうと、爆撃屋の総本山であるSACから来た人間が就くことは珍しくなかった。空軍の仕事はあくまで、SACのもつ核兵器によって敵国家を直接破壊することであり、その他の部門はすべてSACに協力するための存在でしかなかったからだ。

核兵器と軍の予算を握っているSACに逆らえる上級司令部はなかったのである。

この会議の直前、1964年8月にはトンキン湾事件があり、秋になるとアメリカ空軍もいつかベトナムの空に派遣されるのは確実だろうと思われ始めていた。しかし彼らは、まだそこがTACにとってどれほど凄惨な戦場になるか、まったく想像できていなかった。

今回の報告説明会も、空軍内で最近話題に上っている新しい空戦論の評判を聞いたので、とりあえずその張本人を呼び出してみたというのが実情に近かった。つまり、この少佐はそれほど期待されているとは言いがたく、事実、20分の説明報告時間しか与えられてなかった。

TACの関係者にとって、それはいつものけだるい週明け最初の会議に一つにすぎなかったのだ。

空軍高官たちを釘付けにしたボイドの理論

しかし、ただ一人、これから何が起こるのかを正確に理解していた男が、そこにいた。今回の報告担当者である本人である、その冴えない少佐、ジョン・R・ボイド（John Richard Boyd）である。［図6-2］

彼はエグリン基地のコンピュータの空き時間を無断で〝盗み〟ながら、前年の1963年の段階で持論を一気に明快な形にすることに成功していた。その結果、まだこの段階で初飛行すらしておらず、ほとんどのデータは軍内でも機密とされていたF-111アードバーク戦闘機がまったくの失敗作であると指摘し続け、さらに海軍から導入してすでに配備が始まっていたF-4ファントムIIも重すぎて空戦には向いていないことも

［図6-1］ アメリカ空軍の階級一覧（現在のもの）

士官	将官	空軍大将	General of the Air Force
		大将	General
		中将	Lieutenant General
		少将	Major General
		准将	Brigadier General
	佐官	大佐	Colonel
		中佐	Lieutenant Colonel
		少佐	Major
	尉官	大尉	Captain
		中尉	First Lieutenant
		少尉	Second Lieutenant
准士官		（1986年に廃止）	
下士官		空軍最先任上級曹長	Chief Master Sergeant of the Air
		上級部隊最先任上級曹長	Command Chief Master Sergeant
		部隊等最先任上級曹長	First Sergeant
		上級曹長	Chief Master Sergeant
		先任曹長	First Sergeant
		曹長	Senior Master Sergeant
		先任一等軍曹	First Sergeant
		一等軍曹	Master Sergeant
		二等軍曹	Technical Sergeant
		三等軍曹	Staff Sergeant
兵		航空兵長	Senior Airman
		上等航空兵	Airman First Class
		一等航空兵	Enlisted Airman
		二等航空兵	Airman Basic

予言していた。

やがて、空軍にとっては悪夢でしかないこの二つの予言は完全に的中することになる。

ボイドはそれを空軍内のさまざまな部門や責任者に説明し続け、1年近くかかって、ようやくTACの司令部に乗り込んできたのだ。彼はアメリカ空軍の戦闘機部門を自分一人でひっくり返してやろうくらいの覚悟をもってやってきていた。なにせ相手は空軍の戦闘機部門の最高責任者とその幕僚たちなのだ。その理解を得られれば、彼の理論は空軍の戦略方針として採用されるはずだった。

［図6-2］ジョン・R・ボイド（1927年1月23日〜1997年3月9日）。アメリカ空軍パイロット、教官、戦術研究家。型破りな変人ながら、エネルギー機動性理論やOODAループ理論によって空軍だけなく、アメリカ軍全体に大きな影響を与えた

ただしこのとき、目の前の少佐がどれほどの男であるかを出席者の誰もが正確に理解していなかったように、おそらくボイド自身も完全には自分の存在を理解していなかっただろう。のちに彼はやがてアメリカ空軍の戦闘機開発とその運用戦略を背負って、F-15イーグルとF-16ファイティング・ファルコンという傑作戦闘機の開発の中心人物になっていくことになる。

また、直接ではないものの、間接的にF／A-18ホーネット、さらにはA-10サンダーボルトII攻撃機の開発にも関わっており、この両機も彼がいなかったら決して誕生しなかったと言えるものだった。

さらに、その後ボイドは一度軍を去りながらも意思決定理論をまとめ上げ、空軍の枠組みを超えて、海兵隊の基本戦略に影響を及ぼす。その理論はやがて陸軍にも及び、最終的には湾岸戦争における戦略そのものの背骨を組み上げることになる。

ベトナム戦争以降のアメリカ空軍、それどころかアメリカ軍そのものが、このたった一人の冴えない男を中心に回り続けることになる。しかし、この時点でのボイド自身の関心は、自分の理論をTACに受け入れさせることだけだった。

いつの間にか「エネルギー機動性理論（Energy

maneuverability theory：E-M theory)」、略して「E-M理論」の名で呼ばれるようになっていたその理論は、一見すると単純な方程式による、ありきたりの理論に見えた。

理論の背骨となる数式そのものは単純明快だ。

機動エネルギー（Ps）=（T-D）÷W×V

（T=推力、D=抵抗、W=重量、V=速度）

これだけだ。

ここでTは航空機の推力（機体を前に進める力）であり、Dはそれに対して機体の前進を妨害する力（抵抗値）、Wは機体の総重量（質量×加速度）、Vは速度を意味している。

一見しただけでは分かりにくいが、これはエネルギーの使用効率を示したものとなっている。そして「高度の低下を伴わない、維持旋回が可能な状況において、通常はエンジン出力が大きいほうが優秀である。エンジン出力が同じなら、抵抗が小さくて機体が軽い、つまりエネルギーの使用効率が大きいほうが優秀である」という単純な話になる。

だが、この理論の本質はその数式にではなく、その考え方にある。これを深く追及すると、戦闘機の空戦を数値で明快に解剖できることになるのだが、詳細はまた後で見ることにしたい。

「戦略空軍への道」からの転換の始まり

話を1964年の会議に戻そう。

ほぼ定刻の8時少し前にスウィーニー大将が席につき、説明を始めるようにボイドは告げられる。彼の説明が始まってしばらく経つと、室内が当惑と動揺が入り混じった、ある種、異様な雰囲気になっていくのを誰もが感じることになった。

プレゼンターとしても優秀な部類に入ったボイドは、自らの理論の説明に無味乾燥な数字の羅列を使ったりはしなかった。彼の理論から導き出された結果は分かりやすくグラフ化され、それらはスライドフィルムを使って、次々にスクリーンに映し出されていく。それを前にボイドは淡々とした調子で説明し続ける。

だが、説明を受ける側には明らかな動揺が見えていた。

「おいおい、この冴えない少佐は、正気なのか?」

「それとも我々のこれまでの考えが根本から間違っていたというのか?」

ボイドの示すグラフで、赤い部分はソ連戦闘機の優位を意味し、青い部分がアメリカ戦闘機の優位を意味した。そして、スクリーンは常に赤い色が支配し続け、アメリカの優位を保証してくれる青い色は劣勢であり続けたのだ。場合によっては、青の部分はまったく見ることができなかった。

つまりパイロットの技量や電子装備など、機体性能以外のあらゆる条件が対等なら、「アメリカ空軍の機体はほぼすべて負けるだろう」と彼は宣告しているのだ。そんなバカな!?　と出席者のほとんどが思ったはずだ。コイツは狂っているに違いない！　と戦闘機屋としてのプライドをもつＴＡＣの関係者たちは思ったことだろう。


だが、彼の使っているデータはアメリカ空軍の研究所があるライト・パターソン空軍基地から提供されたものであり、彼の使う数式にも明確な破綻は見当たらない。呆然としながら、ボイドの説明に強い抵抗を感じていた者は多かったが、誰もその説明を遮ることはしなかった。反論するには明確な論拠がいるが、それはどこにも見当たらない。実際、反論を試みた何人かは簡単に論破されてしまったのだ。

つまり残念ながら、この歳を食った少佐の言っていることは、どうも事実らしいのだ。異様な空気が室内を支配し続ける。この戦闘機で我々はベトナムの戦争に巻き込まれるというのか？　ソ連の戦闘機相手に負けに行くようなものじゃないか!?　と動揺は広がる。

「ここまでで、何か質問はあるでしょうか」

ボイドが説明を終了したのは、明らかに中途半端な段階だった。

「……なければ、私の説明は以上です」

静まり返った室内にボイドの低い声が響くと、目の前で話を聞いていたスウィーニーが問い詰めるような口調で訪ねた。

「終わり？　どういうつもりだ？」

「閣下、私に与えられた時間は20分だと聞きました」

普段の彼からは考えられない慇懃《いんぎん》な態度でボイドが応える。

「もう、時間なのです」

ＴＡＣ司令官は多忙な役職だった。そのスケジュールは分刻みと言えるほど詰め込まれている。幕僚たちは、彼らのボスであるスウィーニーの判断を待って、静まり返っていた。そして、スウィーニーの判断は速かった。

「……続けたまえ、少佐。今日の私の予定はすべてキャンセルだ」


アメリカの空は、この瞬間から、再び変わり始めることになる。

それは１９４１年の夏にハロルド・Ｌ・ジョージ（Harold Lee George）が拓いた道だった、「戦略空軍への道」からの転換の始まりであり、アメリカ空軍が本物の世界最強空軍に生まれ変わることになった瞬間でもあった。

F-22ラプターという戦闘機に至る道を見ていくには、このボイドという男を理解し、見届ける必要がある。そして、それを理解するにはいくつかの予備知識がいるだろう。それらを通じて、我々はアメリカの空が迎えた二人目の天才を理解せねばならないのだ。

戦略爆撃と核弾道ミサイルで世界を変えたアメリカ空軍は、根底から腐りつつあった。そこにボイドという天才が空軍中の憎悪を一手に引き受けながら登場し、これを一気に革新してしまうのだ。我々はこれからそれを見ていくことになる。

世界は再び変わるだろう。

2　アメリカ軍を変えた〝二人目の天才〟

二人の天才――ハロルド・ジョージとジョン・ボイド

１９４１年、戦略爆撃を近代的な理論にまとめ上げることによって、戦争の形態をまったく変えてしまったハロルド・ジョージがアメリカの空の戦いにおける〝一人目の天才〟だとすると、〝二人目の天才〟と言えるのがボイドでした。そしてジョージが築いた戦略爆撃空軍の道へトドメを刺したのも、このボイドだったのです。

その活動の範囲の広さと及ぼした影響の大きさを見るなら、ボイドのほうがはるかに上でしょう。退役後の活動を含めると、20世紀末のアメリカ軍全体の背骨をこの男が一人でつくり上げてしまった、という面が少なからずあるからです。

一人目の天才、ジョージも未だに本国アメリカですら知名度は低いのですが、このボイドも同様で、２００２年にロバート・コラム（Robert Coram）が彼の伝記『ＢＯＹＤ』を出版するまで、ほとんど無名に近い存在でした。ちなみに本書もこの伝記を参考にしていますから、興味をもたれた方は一読をお勧めします。［図6-3］

［図6-3］Robert Coramが2002年にLittle, Brown and Companyから出版した書籍『BOYD：The Fighter Pilot Who Changed the Art of War』の表紙

とにかく多才な人、それがボイドなのですが、戦略爆撃のジョージが物静かで常識ある天才だったとするなら、ボイドは型破りな変人であり、破滅型の天才でした。彼はかなりの年齢になるまで少佐のまま空軍で過ごし、最後までトラブルメーカーとして君臨しました。その後、救済処置によってなんとか大佐の階級まで昇ってから、48歳で軍を去ることになります。

その後、軍人にとって夢の楽隠居である、兵器メーカーへの天下りを拒否してわずかな年金だけの生活を送ります。のちに軍の仕事に復活した後も、一切のお金を受け取らないという、アメリカ人とは思えない潔癖な行動をとった人物でした。この点では、変人とも言える人物だったのも事実です。

〝破滅型の天才〟ボイドが成し遂げた8つの偉業

本書では、最初にボイドが何をやったのかを確認し、その後で細かい部分を見ていくことにします。彼がやったことは、主に以下の8つです。

その1――アメリカ空軍で最初に戦闘機のための空中戦教本をまとめる

ネリス空軍基地にあった戦闘機兵装訓練学校（Fighter Weapons School：FWS／エリート戦闘機パイロット向けの訓練施設）の教官時代、1962年頃に空軍で初めて空中戦のやり方をきちんとマニュアル化し、以後アメリカの戦闘機乗りに必須となる教本をまとめます。

これはすべて力学的な知識に裏付けられた理論的な内容で、戦闘機の運動の多くが数式で説明されているというシロモノです。それまで勘と経験に頼っていた空中戦の機動を理論的に解き明かした、アメリカで最初の空中戦教本であり、おそらく世界初でもあったと思われます(ガンサイト上のどこで敵機を捉えて撃てばよいかといった射撃術に関する教本はあったが、敵機を空中戦でどのように追い込めばよいかといった空中戦についての教本は存在しなかった)。

その2――エネルギー機動性理論の発見

1963年にエグリン基地へ配属されると、基地に勤務していた民間人技術者トーマス・クリスティ（Thomas Christie）を巻き込み、当時はまだ珍しかった軍のコンピュータを無断で使用して膨大な量の計算を行ない、「エネルギー機動性理論（E-M理論）」を完成させせます。

機体を動かす力の元になるエネルギーに着目し、これを数式化することで、それまで〝つくってみなけりゃ分からない〟というシロモノだった戦闘機の設計や評価を、客観的かつ数量的に判断できるようにしました。戦闘機の設計において革命的な発見だったと考えていいでしょう。実際、のちの世界中の戦闘機の設計に大きな影響を与えることになります。

その3——F-15の設計に参加し、傑作機とする原動力に

E-M理論に興味をもった空軍上層部により、次期主力戦闘機開発のF-X計画（のちのF-15）への参加を命じられ、その開発において中心的役割を果たします。ここで民間人としてこの計画に参加していたピエール・スプレイ（Pierre Sprey）と知り合って意気投合し、以後、再び巻き込まれたクリスティを含めた3人で、空軍の機体開発に対し大きな影響力をもつことになります。

その4——F-16の設計を主導し傑作機とする。そこからF／A-18も誕生

F-15の完成度に満足できなかったボイドは、スプレイと組んで、より運動能力に優れる軽量戦闘機（LWF）の開発を極秘裏にスタートさせます。そして、当然のごとく巻き込まれる（笑）クリスティと3人でLWF計画を新たに始動させ、これがのちにF-16となります。競争試作で敗れたYF-17も、のちに海軍のF／A-18の原型となります。

同時にスプレイは、A-10の開発計画にも関わっており、彼がこの機体の設計理念をまとめ上げるにあたって、ボイドは大きな影響を与えます。すなわちF-15、F-16、F／A-18、A-10という21世紀初頭までアメリカ空軍を支え続けた傑作機はすべて、彼の影響下に産まれることになるのです。

その5——次期主力爆撃機B-1を廃案に追い込む

使用目的がはっきりしないまま開発費ばかりが高騰していたB-1超音速爆撃機が、空軍の見積もりよりもはるかに高額な機体になると指摘。これがカーター政権によるB-1爆撃機の開発計画中止の主要因となります（ただし、のちにレーガン大統領が機体性能を落とした安価版のB-1Bとして復活させてしまう。見た目は同じようだが、中身はほぼ別物で戦略爆撃機ですらない）。この問題を最後に、ボイドは空軍を去ることになります。

その6——「OODAループ理論」を考案

空軍を去った彼は、〝人間の思考パターン〟の研究を開始、

のちに「ＯＯＤＡループ理論」として完成させます。これが海兵隊の基本戦略などに大きな影響を及ぼすことになるＯＯＤＡループで、この頃から彼の興味は航空戦から戦争全般へ移っていくことになります。

その7――海兵隊の基本戦略「WARFIGHTING」の基礎を構築

ボイドのＯＯＤＡループ理論と戦略研究を見た海兵隊の関係者に招かれ、そこで後に「WARFIGHTING」の名で知られることになる新しい海兵隊の基本戦略方針をつくり上げます。

20世紀末から21世紀にかけて世界中の地上軍に広く影響を与えた、機動戦や浸透戦を前面に押し出した基本戦略方針がこれで、アメリカ陸軍も含めて多くの軍隊がこの戦略方針の影響を受けることになります。

その8――湾岸戦争における基本戦略の立案に参加

湾岸戦争で、イラクがクウェートに侵入した直後、当時、国防長官だった〝ディック〟・チェイニー（"Dick" Cheney）にワシントンＤＣへと呼ばれます。守秘義務によって何をしたのかは死ぬまでボイドは語らなかったのですが、のちにチェイニーが、ボイドからアドバイスを受けていたことを証言しており、当時、アメリカの軍部ではまだ経験がなかった機動包囲戦の計画立案に参加したと見られています。

現地司令官のポカで最後にケチがついてしまう湾岸戦争の地上戦ですが、それでも戦略レベルでは第二次世界大戦の電撃戦以来の成功と言える、大規模機動包囲作戦となります。その作戦の基本的な部分を、おそらくボイドが立案しています。

ざっと見ただけでこれだけのことを成し遂げており、近代の軍事分野において、一人でこれほどの影響力を発揮した人物は他にいないと思われます。そのボイドについて、これから詳しく見ていきたいと思います。

ただしＯＯＤＡループに関しては別著『ＯＯＤＡループ「超」入門』（小社）にまとめましたので、そちらを参考にしてください。

［図6-4］アーリントンの軍人墓地にあるボイドの墓。生涯を通して不遇だった人らしく、極めて質素な墓となっている。COLは最終階級の大佐（Colonel）、VIETNAMとKOREAは従軍歴、日付は生没日を意味する

ボイドの愉快な仲間たち——クリスティとスプレイ

ボイドはその活動において、何人かの協力者、同志といっていい人物をもっていました。ここでは特に重要と思われる人物を二人、予《あらかじ》め紹介しておきます。

トーマス・P・クリスティ（Thomas P. Christie）

ボイドの驀進に巻き込まれて、人生が変わった人の第一号です。［図6-5］

アメリカ軍はその研究機関に民間人を採用することがあり、クリスティも弾道学の研究員として軍に採用され、エグリン基地で仕事をしていた民間人でした。そこで幸か不幸か、ボイドと出会ってしまいます。

数学の専門家でありながら、弾道計算を研究するコンピュータ技術者でもあった彼は、エネルギー機動性理論の成立のための大きな力となっていきます。エネルギー機動性理論を検証するには膨大な量の計算や大量の微分方程式の計算が必要で、これを全部人力で計算したり、手回し式の機械計算機で行なうには無理がありました。さらに高度な数学の知識も求められ、ボイドにはやや手に余る部分があったのです。これを補ったのがクリスティでした。

ボイドは1960年代から空軍の研究機関が運用を始めていたコンピュータに目を付け、エグリン基地でその管理者だったクリスティを巻き込んでしまいます。そして正規の使用手続きを踏まず、軍のコンピュータが空いている時間に無断で使用、すなわち〝コンピュータの時間を盗み〟、自説の証明を行

なったわけです。

　このときエネルギー機動性理論をコンピュータ上で扱えるようにプログラムを組んだのはクリスティで、このためボイドはこの研究を彼との共同研究として発表しています。

　その後もボイドとクリスティは微妙な距離を保ちながらも常に行動を共にし、のちにボイドが魔窟《まくつ》とも言える国防省（United States Department of Defense：ＤｏＤ）、いわゆるペンタゴンに乗り込んでいくときにも後から呼び出される形で、その仕事に参加しています。

　クリスティ本人も優秀な人材だったのは間違いなく、その後30年近くペンタゴンに勤め、２００１年から05年までは国防長官の下で、軍の装備テスト全般を統括する責任者である兵器運用試験評価局長（Director of Operational Test and Evaluation）を務めています。おそらく、民間人として軍内部で最高の地位に就いた人物の一人です。

　１９７０年代から80年代のペンタゴンにおいて、ボイドは〝空軍の敵〟みたいな位置にいましたから、その仲間と見られながらこれだけの地位まで昇ったのは、よほど本人が優秀で、かつ世渡りの能力もあったのだと思われます。

［図6-5］弾道学の研究員としてエグリン基地で働いていたときにボイドと出会い、盟友となったトーマス・P・クリスティ（1934年〜）。コンピュータ・シミュレーションの専門家としてボイドのエネルギー機動性理論の確立を助け、その後も卒がない人間性で破滅的なボイドを助けた。写真は2001年のもの

ピアー・M・スプレイ（Pierre M. Sprey）

ボイドに巻き込まれた人、第二号。〝A-10の生みの親〟と言える人でもあります。［図6-6］
　のちに議会関係者と渡り合ったときに、彼と会って話をした多くの人が、その頭の回転の速さに驚いたと言われており、天才肌の人だったようです。
　ただし破滅型のボイドとは逆に、冷静沈着で哲学者を思わせる人物だったようで、その交友範囲は広く、２０１０年代に

入ってからも空軍の動向に関して、アメリカのマスコミにコメントを寄せたりしています。

ちなみにスプレイも民間人で、元々はケネディ政権のロバート・マクナマラ国防長官がペンタゴンに派遣したウィズ・キッズ（Whiz Kids：魔法使いの子供たち）の一人でした。アメリカ英語で、天才肌の頭のキレる若者を"Whiz Kids"と呼ぶらしく、マクナマラが第二次世界大戦時に所属していた陸軍統計分析チームもこう呼ばれていたようです。終戦後、マクナマラはこのチームごと、フォード自動車に移籍するのですが、そこでもこの名で通したとされます。

のちにマクナマラが国防長官になると有能な若手を集め、これを自分たちになぞらえて"Whiz Kids"と呼び、さまざまな調査・分析を行なわせました。スプレイはその中の一人だったのです。

スプレイは、ヨーロッパで武力衝突が起こった場合の空軍戦略を調査する目的でペンタゴンに派遣されていました。その途中でボイドと会って意気投合してしまい、以後は空軍の機体開発に関わるようになっていきます。

参考までにスプレイらが1967年頃まとめたレポートを読むと、ソ連がヨーロッパに侵攻してきたら、アメリカ空軍はヨーロッパ東部の橋や高速道路、鉄道と工業施設を速攻で爆撃して破壊（核を使うかどうかは不明）し、ソ連陸軍の侵攻を妨害し足止めする、となっていたようです。

これに対するスプレイたちの評価は、その実行には現在の3倍の航空戦力が必要で、実現不可能な計画としています。そして対案として、地上部隊を主力とした反撃と航空戦力による近接航空支援（Close Air Support：CAS）、そして航空作戦を安全に展開するための航空優勢の確保を主目的にするべきだ、と主張しています。姑息な手段に逃げても無駄だから、王道を行け！　ということです。ここらあたりの考え方が、のちにスプレイが深く関わるF-15戦闘機やA-10攻撃機の配備に繋がっていくわけです。

ちなみにスプレイは後ろ盾のマクナマラが国防長官の座を

［図6-6］ピアー・M・スプレイ（1937年〜）。マクナマラが集めた天才集団〝ウィズ・キッズ〟の一人で、F-15やF-16、A-10の開発に携わり、特にA-10では開発を主導して〝A-10の生みの親〟とも呼ばれる。2012年のインタビューでは、多用途機で重鈍なF-35について厳しい評価を下したことが評判になった

去った後もペンタゴンでの仕事を続けていましたから、彼本人も優秀だったのは間違いないでしょう。

3　ボイドのエネルギー機動性理論への道

ボイドの略歴

ボイドがエネルギー機動性理論によって空軍から表彰され、軍内部で一目置かれるようになったのが37歳のときです。それまでは一部の戦闘機乗りの間では有名だったものの、基本的には出世コースから脱線した冴えないパイロットの一人にすぎませんでした。

とりあえずその無名時代の終わりまでの彼の経歴を見ておきます。

徴兵されるも、パイロット適性試験に落ちる

ボイドは1927年1月23日、アメリカ北部のペンシルバニア州にある五大湖の一つ、エリー湖湖岸の小さな町で生まれています。大恐慌の2年前であり、すなわち彼の少年期はアメリカと世界が経済的に大混乱した時期で、あまり明るい時代ではありませんでした。

第二次世界大戦が始まったときには12歳、アメリカが参戦した段階で14歳でしたから軍に入隊するには若すぎ、大戦初期は普通に高校生として過ごしていました。運動は得意なほうで、高校時代は水泳選手として州内ではそれなりに知られた存在だったようです。

その後、1944年秋に17歳になると徴兵の対象となり、「一般兵は大変そうだ」という理由で陸軍航空軍を志願したようです。しかし、この選択がその後の彼の人生を決めてしまうことになるのでした（実際は1945年4月まで在学し、繰り上げ卒業の形で徴兵された［アメリカの卒業は本来6月］）。

当初はパイロットを志望したものの、「適性なし」として落とされてしまいます（戦争後半なので以前ほどパイロット養成に軍も熱心ではなく、その影響も大きいだろう）。基本訓練終了後、整備士としての訓練過程に入った直後に終戦となりました。

しかし彼はすぐには除隊できず、占領軍の一員として日本に送られます。ボイドは日本に来ていたのです。このときは8th Fighter Squadron（第8戦闘機飛行隊）の一員として派遣されているので、おそらく厚木にいたと思われますが、ボイドは1947年1月まで軍に籍を置いていましたから、その

後、千歳に移動した可能性があります。ただし、この点は確認が取れていません。いずれにせよ、日本時代については基地の中でいろんな悪さをした程度の談話しか残っておらず、詳しくは不明です。

除隊後に大学へ進学し、卒業後は空軍へ

その後、ようやく除隊した彼は、故郷に帰るとアイオワ大学で経済学を学ぼうと進学しました。これは、1944年の軍人再訓練法案（Servicemen's Readjustment Act of 1944：いわゆるG.I. bill）によって、除隊となって本国に帰国したアメリカ兵は大学などに進学する際に、一定の国の経済援助が受けられたからだと思われます。

ついでに力学の塊《かたまり》であるエネルギー機動性理論を生み出した彼は、実は文系出身だった、というのはちょっと覚えておいてください（この時代の経済学はシカゴ大学の一部などを除けば、ほとんど高度な数学を駆使しない）。

なお、当時のアイオワ大学の水泳チームは強豪で、ここに加わるのも目的だったようでした。しかし不幸にも、当時アイオワ大学にはのちに1948年のロンドン・オリンピックで金メダルを取ってしまうウォーリー・リス（Wally Ris）が在籍しており、ボイドは彼にはまったく敵わず、水泳ではパッとしないまま終わります。ただし、リスのほうが年上だったため、彼が卒業した後は大学の代表チームには入っていたようです。

しかしいずれにせよ、どうも勉強も水泳もイマイチだったようで、後年、「私はあのトウモロコシ大学になぜ入学したんだろうね。何も得ることはなかった」と語っており、あまり充実した大学生活ではなかったようです。

ただ、大学在学中にのちに奥さんとなるマリー（Mary）と出会っています。もっともこの点も、彼の結婚生活や家庭は悲惨というしかないものになるので（ほぼ100％ボイドに非があるだろう）、これも良かったのか、悪かったのかは分かりません。

大学卒業後は特にあてもなく、だったら改めて空軍に入隊して今度こそパイロットになろうとボイドは考えたようです。そこで大学3年になると予備役兵に登録し、4年に進級する前の夏休みに、訓練キャンプに参加することを決めます。これは卒業後に改めて入隊するより有利な制度ですが、同時に学生予備役兵は月に28ドルの給付が受けられたそうで、これも欲しかったんだと本人は語っています。

ちなみに、当時のアメリカ人の平均年収は約3200ドル、2017年で約5万7000ドル。差は約18倍ですから、当時の28ドルは2017年換算で月504ドル程度、約5万円前

後と考えておけば大筋で合っているかと思います。学生にとってはちょっとした金額でしょう。

ただし軍人になった後のボイドは金にまったく頓着しない人だったので、空軍引退後はほぼ無報酬で講演などの依頼を受けていました(おかげで家族はエライ迷惑を被るのだが……)。なので、こういった理由で彼が行動するのは珍しく、当時、彼の家はお世辞にも裕福ではなかったため、学資に当てていたのかもしれません。

紆余曲折を経て、戦闘機パイロットとなる

ボイドがこの予備役キャンプに参加した大学3年生の夏休みに、空気を読まないことでは世界最強だった北朝鮮の金さんと中国の毛さんが組んで、朝鮮半島において暴力的南下を始めてしまいます。すなわち1950年6月に朝鮮戦争が勃発したとき、ボイドはまさに空軍の予備役訓練キャンプにいたのでした。

ただしまだ学生だったので、翌年の1951年の卒業を待って彼は改めて空軍に志願し、今度はパイロットの適性試験も無事にパスして、訓練学校に入ることになります。このとき、彼は最初から戦闘機パイロットを志望しているのですが、訓練コースに入ると、なぜか早食いと大食いで訓練部隊の有名人になったそうです。ちなみに大食いはボイドの生涯を通じての特徴なのですが、あまり太っている写真は残っていないので、不思議な人ではあります。

空軍のパイロット候補生は訓練学校卒業時に配属が決まるのですが、ボイドは〝背が高すぎてコクピットに入らん〟という理由で、爆撃機のパイロットに回されそうになったようです。ただしこれはSAC全盛であった当時は、爆撃機パイロットは出世コースですから、おそらく成績はそこまで悪くなかったのでしょう(基本的に訓練学校では、成績の優秀な順に希望コースに回れる。1980年代以降は戦闘機パイロットが一番優秀な連中の行き先になるのだが、それ以前の場合はよく分からず)。


ただしボイドにとって幸運だったことは、朝鮮戦争は戦闘機の戦争であり、必要なのは戦闘機乗りだったことでした。このため彼がどうしても戦闘機に乗りたいと抗議すると、比較的簡単にその通りになったようです。もっともこれは同時に、出世コースから早々と離脱してしまったことになるわけでしたが、ボイドは最後まで爆撃機乗りをどこかバカにしているところがありました。

余談ですが、空軍の戦闘機乗りが爆撃機をバカにするときは「あのトラックが……」と呼ぶのですが、これは操縦桿がステ

ィックではなく車のハンドルのような形状だったからのようです。U-2偵察機のパイロットとして空軍から派遣された戦闘機パイロットが初めてそのコクピットを見たとき、「操縦桿がスティックじゃない」とショックを受けていますので、操縦桿の形状は意外に重要らしいのです。

朝鮮戦争へ派遣され、自分の才能に気付く

とりあえずボイドはすでに旧式になっていたF-80シューティングスターで訓練を始め、1952年9月からF-86セイバーでの訓練に入り、80時間の訓練が終了した1953年3月に朝鮮半島へと派遣されることになります。

それまでまったく飛行機なんて操縦したこともなかった若者を約1年半の訓練だけで戦場に送り込んでいるわけですから、アメリカ空軍もそれなりに切迫していたのかもしれません。ボイドによれば、彼が訓練を受けていた期間に少なくとも17人以上が事故で亡くなったといいます。

なお、朝鮮半島でボイドが最初に乗った本格的な戦闘機がF-86でした。運動性が良く、生粋の戦闘機であったF-86に乗っていたという経験は、彼のその後の活動に大きな影響を与えたように思います。[図6-7]

この後、彼の乗機はF-100スーパーセイバーに移行しますが、その後は戦闘機から降りてしまうので、意外に戦闘機に乗った経験は少ないのです。F-4にはおそらく乗っていませんし、彼が開発の責任者だったF-15やF-16ですら、自ら操縦したことはないと思われます。このあたりについても不思議な人です。

ボイドが朝鮮半島に派遣されたのは休戦まであと4ヵ月という時期ですから、30回以上の出撃を記録しているものの、最終的にMiG-15を1機損傷させただけで終わりました。つまりボイドは実戦経験はあるものの、撃墜数はゼロです。[図6-8]

ただし彼は戦闘機乗りとしての技量を、この期間に一気に積み上げます。F-86という空中戦向きの機体を使い、

[図6-7] 1953年、朝鮮半島の空を飛行する第51戦闘迎撃航空団のF-86。MiG-15には及ばなかったが運動性能に優れ、射撃用測距レーダーの搭載で空中戦を優位に進めた

時間があればいくらでも模擬空戦ができた朝鮮の空は、彼にとって最高の訓練場となったわけです。ちなみにこの時期に、彼が日本を再訪している可能性があるのですが、確認は取れません。

1953年の夏に朝鮮戦争が終わると、ボイドもアメリカに帰国し、次の任務に就くことになります。新たな任地はネリス空軍基地の訓練学校でした。そこでのちに教官へと転じた彼は、最後まで模擬空戦で無敗のまま、その地を去ることになるのです。

冷遇されていた時代のネリス空軍基地へ

朝鮮戦争終了後は、ルメイ率いるSACによる戦略爆撃至上主義がはびこり始めていた空軍において、戦闘機乗りのボイドはしばらく中ぶらりんの状態に置かれたようです。それでも間もなく、ネバダ州ネリス基地にあった上級飛行学校(Advanced Fly School:AFS)への入学を命じられます。

本来は実戦に出る前に入るべき学校らしいのですが、速攻で朝鮮半島に送られてしまったボイドは実戦を経験しているものの、改めてこの学校の卒業が必要とされたようです。ちなみにネリス空軍基地は戦闘機乗りの訓練には最高の場所であるのと同時に、当時の出世コースであるSACの路線から外れることを意味しますから、「君の将来は暗いよ」という意味をもった配属でもありました。

[図6-8] 朝鮮戦争に従軍した当時のボイド

本当に砂漠のど真ん中で、ギャンブルの都ラスベガスから車で20分くらいかかる場所にある空軍基地がネリスで、最初は爆撃機の機銃手を養成するための学校があった場所でした。のちに実戦さながらの空戦演習「レッドフラッグ」の会場として有名になる基地で、〝戦闘機の乗りの聖地〟といった一面をもつ基地でもあります。

ちなみにそのネリスを本拠地とする空軍飛行展示チーム「サ

ンダーバーズ」が、最初の使用機体であるF-84サンダージェットから次のF-１００に切り替えた際、ボイドにも参加しないかと声を掛けたことがあったようですが、ボイドはこれを辞退してしまいました。理由は「決まりきった飛行プランを毎日こなすなんて、想像性の欠片《かけら》もないから」だそうな。

空気を読まない性格

さらに余談を一つ。

アメリカの黒人差別は１９６０年代まで露骨に存在していました。ネリスの近郊の〝ギャンブルの街〟ラスベガスでも、メインストリートにあるストリップ周辺のホテル（＝カジノ）やレストランには黒人は入れない、という暗黙のルールがありました（のちに有名になるルイ・アームストロングなどの黒人ミュージシャンは街外れのホテルのショーに出ていた）。

１９６０年代前半にようやくこのルールは撤廃されるのですが、これは平等とか市民権とかの問題ではなく、ラスベガスのカジノを経営していたマフィアが〝そのほうが儲かる〟と判断したためでした。金の前には差別も吹き飛ぶのがアメリカです。

しかし、それより早い１９５７年頃、このマフィアの街でそのルールを平気でシカトしている男がいました。ボイドです。当時大尉だった彼は自分の部下たちを率いて、週末にはラスベガスのレストランで大騒ぎをすることに決めていました。仲間を集めてドンちゃん騒ぎをするのが好きというのもボイドの嗜好《しこう》の一つで、これはのちにメンバーを入れ替えながら、晩年まで続きます。

このとき、彼の部下に黒人の士官が一人入ってきました。このため周囲は次から店を変えようと考えたらしいのですが、ボイドは例のルールを無視し、ずっと同じストリップ沿いのレストランに通い続けます。レストラン側も半ば諦めていたようで、トラブルにはならなかったそうです。この人はそういった面ももっています。

ついでに、ボイドは自分の考えを理解できる相手だと見ると、深夜に突然電話を掛けて議論を始めるという妙な癖がありました。この最初の犠牲者になったのが、この時期の彼の上官だったようです。彼はボイドの理解者となり、性格に問題のあったボイドを庇っていたのですが、この点はかなり迷惑だったそうな……。

模擬空戦で「40秒のボイド」の異名をとる

ボイドが就任した１９５４年に、ネリス基地に戦闘機兵装訓練学校（ＦＷＳ）が設立されました。これは戦闘機パイロットの最高訓練施設として開設されたもので、ボイドは１９５５年になってから入学を命じられ、卒業後はその教官に任命されることになります。

ちなみに、この学校の卒業は戦闘機乗りにとって唯一と言っていいエリートコースになるのですが、その流れにもボイドは上手く乗れませんでした……。

このＦＷＳは、空軍中の優秀な戦闘機パイロットを集めて、空戦技術と爆撃技術（戦術核を含む）を徹底的に叩き込み、部隊に帰った後は指導者として活躍してもらうための上級学校です。そのため、教官には極めて高い空戦技術が求められ、その教官になることは戦闘機乗りとして一つの頂点を極めたことだと言っていいでしょう。

のちに彼のエネルギー機動性理論が戦闘機乗りに受け入れられたのは、元ＦＷＳ教官という彼の経歴も影響していると思われます。

ここで彼に付いたあだ名が「40秒のボイド（40 second Boyd）」で、これは模擬空戦を用意、スタートで始めた後、どんな条件下でも必ず40秒以内に相手の背面を取って空戦に勝利してしまうという意味でした。実際、彼はこの教官時代を通じ、模擬空戦において最後まで無敗で通しています。ちなみに、「本当は20秒で勝てるんだけど、それだと誰も勝負を挑まなくなってしまうから40秒にした」と本人は言っていたそうです。

ネリス基地時代のボイドの愛機はセンチュリーシリーズのＦ-１００でした。欠陥機と言っていい機体ですが、これを彼は完全に乗りこなしてしまいます。ただし欠陥機だとは分かっていたようで、Ｆ-１００に乗れるなら、どんな機体でも操縦できると言っていたそうです。

ちなみに教官時代にＦ-１００の脚のトラブルで機体を破損させてしまい、ボイドはその責任を問われたことがありました。しかしその後の検証で、機体自体の欠陥の一つであると証明してしまい、Ｆ-１００欠陥機説の立証に一役買っていたりします。［図6-9］

空戦技術を教えることに心血を注ぐ

当時、ＦＷＳには3つの部門があり、作戦訓練部、研究開発部、そして教育部に分かれていました。実際に飛んでさまざまな訓練をするのが作戦訓練部で、各種兵器の試験や開発を担当するのが研究開発部、そして訓練過程の授業内容を決定するのが教育部でした。

ボイドは教官時代の途中から最も地味で人気のない教育部の指導監督（Director）に就任し、自らの空戦技術を人に教え

［図6-9］ネリス基地でボイドが乗っていたノースアメリカンF-100Aスーパーセイバー。世界初の実用超音速ジェット戦闘機ではあったが、武装を懸架した状態では超音速飛行できず、事故も多かった。写真はエドワーズ空軍基地のロジャース・ドライ湖で1955年に撮影されたA型（Photo：NASA）

るという目的に力を注ぐことになります。この時期のボイドを知る空軍の関係者によれば、「取り憑かれたように仕事をしていた。ちょっと狂気が入っていた」とのことなので、相当にこの仕事に打ち込んでいたのだと思われます。

この段階でボイドは、アメリカ空軍にはまともな空中戦の教本がないということに驚きました。つまり、第一次世界大戦から朝鮮戦争まで、彼らは職人のように先輩の技を盗み、自分で考え、自分なりのやり方で空中戦を戦ってきたのでした。

第二次世界大戦中に17．75機（共同撃墜やらで端数あり）

［図6-10］ヒューバート・〝ハブ〟・ゼムケ大佐（1914～94年）。自身もP-47サンダーボルトなどでエースパイロットになったうえに、第56戦闘航空群の指揮官として優れたリーダーシップを発揮した。同航空群は40名のエースを輩出し、ドゥーリトル大将から絶賛されて「ゼムケの狼群（Zemke's Wolf Pack）」と呼ばれた

の撃墜を公認されたエース（5機以上撃墜）のヒューバート・ゼムケ（Hubert Zemke）は、1937年に彼が戦闘機の訓練課程を終えた段階でも空中戦については事実上何も教えられず、実弾を撃ったことすらなかったと語っています。［図6-10］

アメリカ陸軍航空軍の時代から空軍は徹底的に爆撃機至上主義であり、爆撃機の銃手や爆撃手専用の練習機まで生産して訓練していたのに比べて、戦闘機の訓練課程は戦後になってもややお寒いものがあったようです。

これを知ってボイドは、教本の必要性を痛感します。さらに赤外線誘導ミサイル（AIM-9サイドワインダー）が登場すると、それまでの戦い方は役に立たず、新しい兵器に即した戦法についても研究していくことになります。

ボイドが残した空戦マニュアル「航空攻撃の研究」

そして1956年、空軍が発行していた機関紙「Fighter Weapons Newsletter」に「戦闘機対戦闘機の訓練計画案（A Proposed Plan for Ftr. vs. Ftr. Training)」という地味なタイトルで記事を執筆します。これが空中戦におけるさまざまな機動のやり方を最初に彼がまとめたもので、それなりの反響があったようです。

その後も彼はその空戦論を洗練し続け、最終的には1960年にアメリカ空軍初の本格的な空戦マニュアル「航空攻撃の研究（Aerial Attack Study）」を書き上げて、戦闘機パイロットに大きな影響を与えることになるのでした。このマニュアルは実に150ページ近い大作で、彼の知るさまざまな知識と技術の集大成ともいうべき内容になっていました。執筆時にボイドは33歳で、空軍内で初めて彼の名前が注目されたのは、このときだと思われます。

ただし当時の最新武装、特にAIM-9サイドワインダーについて詳しく書きすぎたため機密書類扱いになってしまい、その指定が解かれるまで指揮官クラスのパイロットしか読めなかったようです。

先にも書いたように、ボイドには実戦での撃墜経験がありませんでした。一方、当時は朝鮮戦争どころか、第二次世界大戦中のエースパイロットが空軍内にまだまだいくらでもいたため、この手のベテランパイロットからは数学で空中戦に勝てるものか、と反発を喰らった部分があったようです。

ただし、彼のマニュアルで数式が出てくるのは全体の半分くらいで、あとは具体的な空戦機動の飛び方の説明になっています。おそらく、この手の批判をした人は、最初に数式が出てきたところを見ただけで、後のページは読まなかったのではないかという気もします。

読みもしないのに批判することがあるのか？　と思うかもしれませんが、そういうケースは意外に多いのです。アメリカではマクナマラ元国防長官が１９９５年に回顧録を出したとき、ニューヨークタイムズなどの一流新聞がこれを痛烈に批判したことがありました。根が真面目ではあったマクナマラはその批評者に直接会って彼の本の主旨を説明しようとしたところ、なんと半数近くの人間が最初の数ページだけ読んだだけ、さらには実はまったく読んでないということを発見し、呆れるしかなかったとのちに述べています。アメリカの一流新聞ですらそういった面があります。

幸いにも、彼の生徒はまだまだ若いパイロットが多く、このボイドの考えは徐々にアメリカ空軍の戦闘機乗りに受け入れられていくことになります。実際にボイドはその通りに飛んで無敵だったわけですから。

これ以降、戦闘機乗りには体力だけでなく、知力も要求されるようになっていきます。現代では当然のように考えられていますが、戦闘機パイロットに高度な数学と物理学の知識が必須とされる時代を切り拓いたのはボイドだとも言えるのです。

4　空戦マニュアル「航空攻撃の研究」の解説

「対爆撃機編」と「対戦闘機編」に分けて解説

ここからはボイドがまとめた空戦マニュアル「航空攻撃の研究」の内容を少し詳しく見ておきます。この教本の機密指定はベトナム戦争終了後には解除されたようで、アメリカ空軍はもちろん、ＮＡＴＯ空軍の多くがこれを教材に採用しています。そのため、その気になればネットで誰でも読めますから、興味のある人は探してみてください。

このマニュアルは、ボイドが戦闘機兵装訓練学校（ＦＷＳ）をいよいよ去るということになり、彼の授業内容をマニュアル化しておこうとしてつくられたものでした(ちなみにパイロットは通常3年前後で配属が変わるが、ボイドは6年もネリス基地にいた)。

ボイドはこの教本を１９５９年の秋頃から半年以上かけてまとめ上げ、１９６０年に配布を開始。そして１９６４年８月に改定版が出されています。この改定がボイドの手によるものか、第三者によるものかは分からないのですが、私が入手できたのはこの改定版の方だけなので、これを元に今回の話は進めさせてもらいます。

これが空軍の正式マニュアルとされるのには、のちにまた一悶着あったりしたのですが、それでもアメリカ空軍の空中戦闘において大きな影響を与え続けます。

ちなみにボイドも戦略爆撃のハロルド・ジョージと同じく、自筆の資料をあまり残さなかった人でした。基本的には講座形式で自ら説明しながら人々に伝えることを好み、このため彼の多くの成果は書物の形では残っていません。その中で、この「航空攻撃の研究」は直接読むことができるボイドの著作物として極めて珍しく、さらに150ページもあります。そういった意味でもなかなか貴重な資料です。

その内容は空中戦のみで、地上攻撃はほぼ無視しているのが特徴の一つです。ボイドは戦闘機は航空優勢を得るための兵器である、と割り切っていました。当時のアメリカ空軍で、これはかなり異常な考え方とも言えます。

構成は「爆撃機迎撃編」と「戦闘機との空中戦編」に分かれています。約150ページのうち最初の40ページ弱が対爆撃機編で、残り100ページ以上は対戦闘機編です。

対爆撃機戦闘は直線飛行の単純な航空戦ですが、すべての空戦の基本となるとされています。次の対戦闘機編はその上の上級編として、彼が得意としたさまざまな空中戦における飛行機動（Maneuver）の解説のオンパレードとなっています。

あとは、F-100の機関砲（厳密にはリボルバーカノン）と照準器の説明、さらに当時の最新鋭兵器AIM-9B型サイドワインダーの性能についての解説となっています。サイドワインダーは進化を続けながら、現在でも主武装の地位を維持している赤外線探知ミサイルです。せっかくですので、そのあたりから見ていきたいと思います。

AIM-9サイドワインダーについての解説

AIM-9ことサイドワインダーは世界標準といえる赤外線誘導ミサイルで、元々はアメリカ海軍が開発したものです。赤外線誘導というだけなら、空軍にもヒューズ・エアクラフトが開発したAIM-4ファルコンがありましたが、これは運動性が低く、あくまで直線的に飛んでいる対爆撃機専用にすぎませんでした。それに対してサイドワインダーは高い機動性をもち、対戦闘機にも使えたのが特徴です。［図6-11］

サイドワインダーは赤外線を発する目標、主にジェット噴射部分を目指して飛んでいくため、無誘導のロケット弾などに比べるとはるかに高い命中率が期待できます。ただし、当時の技術では限度があったのですが、ベトナム戦争や中東戦争といった実戦を通じて、徐々にその性能を高めていくことになります。

［図6-11］AIM-9Bサイドワインダー。B型は第一世代とされ、その後、誘導性能を向上させた第二世代（C、D、E、Hなど）や、敵機の前からも撃てる全方位交戦能力などを獲得した第三世代（L、P型など）、360度の目標に撃てるオフボアサイト照準能力を得た第四世代（X型）などが登場している

１９５６年、最初に実用化されたのが、ボイドが教本で解説しているサイドワインダーのB型です。さすがに最初の実用型だけあって、多くの運用制限がありました。

ちなみに〝誘導ミサイル〟であって、〝追尾ミサイル〟ではないのに注意してください。このミサイルは相手を追いかけるのではなく、［図6-12］のように常に相手の進行方向を予測し、その先にある会合《かいごう》予測点に向けて飛んでいくようになっています。すなわち、予め目標の未来位置に予測して先回りするように飛んでいく、賢いミサイルなのです。

飛行速度は相対速度差マッハ１．７を超えてくるため、通常の戦闘機が直線飛行で逃げ切ることは不可能です。そうなると旋回で振り切るしかありません。しかし、そこ（振り切ろうと旋回していく先）を狙って飛んでいくのがこのサイドワインダーの特徴となります。

サイドワインダーの赤外線探知器は空戦に入ってG（旋回により生じる力）が掛かると、（機体の正面ではなく）目標方向を向くようになります。また目標を一定の角度を維持した位置に捉え続けるように、修正し続けます。これによって常に相手の進行方向に回り込むような飛行経路を維持するのです。

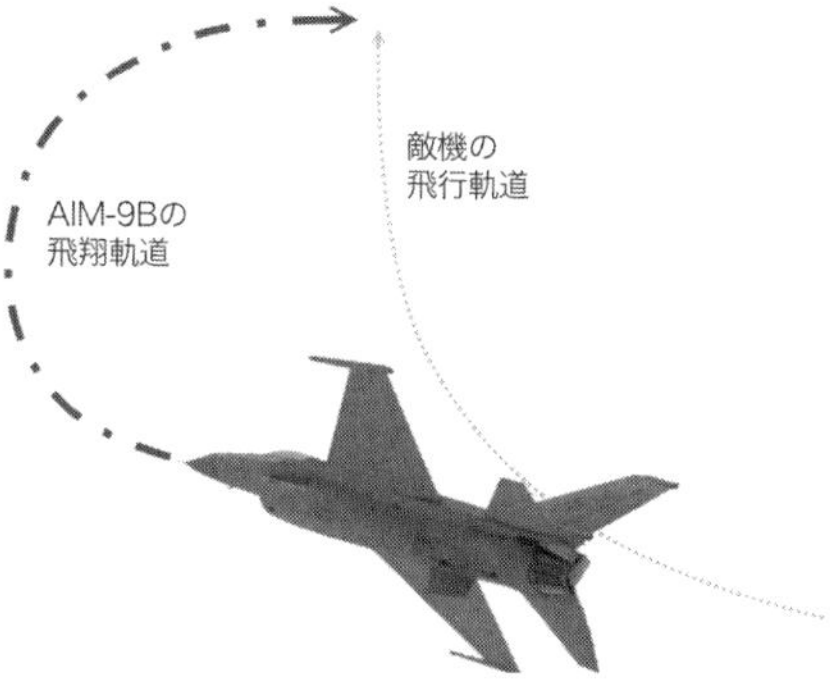

［図6-12］AIM-9Bサイドワインダーの飛び方。目標機を追尾するのではなく、未来位置を予測して飛ぶ

なので、単純な旋回でこれを振り切ろうとするのは

危険で、ジグザグに飛ぶのが最良の回避方法となります。このとき機体には高い機動性が求められるため、鈍重な戦闘機では逃げ切れなくなってしまいます。航空機の機動性は空戦で勝つためだけでなく、生き残るためにも問われることになるわけです。

赤外線に対する基礎知識

サイドワインダーは赤外線源に対して誘導されるミサイルですから、赤外線に対する基礎知識というものも必要になってきます。その点をボイドの教本から引用すると、以下のような感じです。

ちなみにターボジェットエンジン時代の話であることには注意してください。1970年代後半から(アメリカ空軍だとF-111以降)軍用機も排出熱量の少ないターボファンエンジンに切り替わっているので、多少、事情が異なる可能性があります。

《ジェット機における赤外線源の特徴》

(1)ジェットエンジンの排気口周辺が最も強力な赤外線源である。通常の飛行状態なら全体の85%が排気口、残りの15%がジェット噴流からの赤外線放射となる。ただし、目標がアフターバーナーを使用している場合はジェット噴流からの放射のほうが大きくなって全体の60%を占め、排気口からのものは40%となる。

(2)(目標機が)排気口周辺に防護板を付けると、赤外線を探知できる範囲は大幅に狭くなってしまう。またソ連やイギリスの爆撃機はアメリカのB-47などのようにジェットエンジンをポッドで吊り下げず、胴体横や主翼途中に埋め込んで搭載している。この状態だと真後ろ以外から探知するのは難しい。ただし、アフターバーナーを点火すると、十分探知できるだけの赤外線が出る。

この条件を見ると、防御側にとってアフターバーナーを使うことは、加速を得るだけでなく、赤外線ミサイルの探知を外すという意味でも有効だったことになります。囮《おとり》用のフレア代わりに使えたのかもしれません(さすがに近年の赤外線シーカーは賢くなっているはずなので、その手は使えないと思われる)。

ついでに「エンジンの横に翼が付くと探知が難しくなる」というのも興味深い点で、F-111以降のアメリカ軍機が水平尾翼を排気口の横に付けているのは赤外線対策の可能性が高いと思われます。アメリカとソ連が無尾翼デルタを嫌った理由として、ここらあたりの問題も絡んでいる可能性がありま

［図6-13］アメリカ空軍のF-16CJ［ブロック50］の尾翼部

す。

［図6-13］はF-16の尾翼部で、ご覧のようにジェット排気口を覆うように付けられています。F-15やF-22も同じような構造をもちますから、これは赤外線探知対策と見ていいと思われます。

ちなみにソ連機の場合、お尻の排気口はMiG-21から尾翼でガードされるようになりましたが、赤外線対策を狙ってそうしているのか、何らかの偶然なのかは分かりません。とりあえずサイドワインダーにとって、MiG-17に比べるとMiG-21は狙いにくい目標だった可能性が高いという点だけは間違いないでしょう。［図6-14］

自然環境の赤外線による妨害

次は天然の赤外線による妨害についてです。

サイドワインダーのB型は、発射されて0.5秒後から赤外線の探知を始めますが、そのとき見つけた最も強烈な赤外線源に向かって飛んでいきます。しかし世界は赤外線に溢れているので、その正しい運用は意外に面倒なのです。このあたりの教本での説明は以下の通りになります。

・目標の背景に以下のものがある場合、それらが強い赤外線

［図6-14］MiG-21（上）とMiG-17（下）の排気口周りが分かる写真。MiG-17の水平尾翼は垂直尾翼に半ばにあるが、MiG-21はF-16のように排気口を囲むように設置されている（Photo_above：Airwolfhound、below：LoadedAaron）

源となり、AIM-9Bサイドワインダーの発射が不可能になるか、有効射程が短くなる。ただし、以下の問題はすべて晴天の昼間に限定される。

1．太陽

太陽は空中で最も強力な赤外線源であり、太陽から見て25度の範囲内に目標がある場合、AIM-9Bを発射しても太陽に向かって飛んでいってしまうため、射撃を行なってはならない。

また10秒間以上、直接ミサイルを太陽に向けると探知部が壊れてしまうので注意すること。

2．雲

晴天時の白い雲は強烈に太陽の赤外線を反射しており、これもAIM-9Bを引き付けてしまう。明るい雲を背景にした目標に対しては、ミサイルの探知部で明確に両者を識別できる距離まで接近する必要がある。ただし識別可能な最低距離がミサイルの最低有効距離（後述）より短くなってしまうことがあるので、その場合は撃たないように注意する必要がある。

また、雲の背後に目標が入ってしまうと、その赤外線を探知することはできない。

3．水

地上の湖や海面なども、太陽からの赤外線を強烈に反射する。特に波のない水面などに太陽が鏡のように映りこんでいる場合は、ＡＩＭ-９Ｂは使えない。それ以外の場合は、雲と同様に、明確に目標と識別できる距離まで近づいて撃つこと。

4．雪

雪も、雲や水と同様に赤外線を反射する。これも（雲や水と）同じく、接近して発射する必要がある。

5．地面

砂漠地帯などにおいては、太陽光を反射してまぶしい場所などが赤外線源になりうる。

以上の条件に注意すること。ただし、雲の後ろに太陽が入っているような場合は、むしろ赤外線の減少に役立つので、この場合は普通に撃つことができる。

といった感じです。ちなみにこの時代は、強烈な赤外線を発して赤外線誘導ミサイルを引き付けるフレアなどはまだ装備されていないので、言及はなしです。

この中では水の反射がベトナムの空で意外な伏兵となってきます。地上に水をたたえた水田が一面に広がるため（年3回、米がつくれる三期作地帯なので、ほぼ年中、水がある）、晴天時には地上すれすれで飛行して、赤外線ミサイルを避けるミグ戦闘機がいたという話があります。

太陽の近くに位置されたらダメ、地上に水面があって強烈な反射をしていたらダメ、雲の手前に移動されたらかなり接近しないとダメなど、意外に使い方が難しいのが赤外線誘導のＡＩＭ-9Ｂミサイルなのです。実際、ベトナムでは予想以上に誤作動が多く、パイロットから不評を買うことになりました。

このなかで特に雲は、そちらに向かって飛べば赤外線の反射でミサイルの発射を困難にするだけでなく、そのまま中に逃げ込んでしまえば探知不能になりミサイルを振り切ってしまえますから、防御側にとっては理想的な盾となります（可視光線に近い波長の赤外線は、目視できない場所からはほぼ届かない。そのため、肉眼で見えないならロックオンもできないと考えてよい）。

ＡＩＭ-９Ｂの運用制限

これらは（ＡＩＭ-9）Ｂ型の話なので、以後のサイドワインダーはもっと改良されている可能性が高いと思われますが詳細は分かりません。ただし雲の中に逃げ込まれると物理的に赤外線での探知は不可能ですから、これは今でも有効な対策だと思われます。

以上の注意事項を頭に入れたうえで、実際にサイドワインダーを発射するわけですが、さらに以下の注意点があります。

・火器管制装置（FCS）はジャイロ照準器による敵の未来位置予測照準ではなく、単純な固定照準で撃つこと。
・発射時に機体にかかるGは、2G以下にする（※筆者注　これは極めて小さい数字で、直進時か、かなり緩やかな旋回以下でしか使用できないことになります。激しい空戦機動の途中では撃てない、ということです。これは初期サイドワインダーの大きな欠点でした）。
・AIM-9Bは発射した機体からの影響を避けるため、点火から0．5秒後に赤外線探知を開始する。このため最初の0．5秒間は目標の方向に関係なく直進してしまうので、このズレを常に意識して発射すること。
・赤外線探知装置が作動した後は、赤外線源の進行方向と速度を測定し、相手を先回りする方向に飛んでいく。目標が方向転換をした場合、探知範囲から外れない限り、その都度、新たな進行方向に向けて自らで方向修正を行なう。
・AIM-9Bは最終的にマッハ1．7まで加速される。これに発射した機体の速度が加わるから、マッハ1で直進中のF-100から発射されたAIM-9Bはマッハ2．7で飛んでいく。
・AIM-9Bの有効飛行時間は、燃料が切れるまでの18秒間となる。ミサイルの機動の状態や、発射時の自機の速度（速度は自機の速度＋マッハ1．7になるため）、大気密度によって、その時間内に達成される射程も変わってくる。

といったような内容です。ここらあたりまでが、サイドワインダー本体の基礎知識です。

AIM-9Bの射程①——最低射程

AIM-9Bの射程には最低と最大があり、最大射程より先に届かないのは当然として、最低射程以下でも使えないので注意が必要でした。この点も教本から見ておきます。

ミサイルは自機の速度プラス最大マッハ1．7もの高速で飛行するが、弾頭の近接信管（Influence fuze）が作動するまで発射から2秒かかるため、2秒以内に到達してしまう距離内の敵には使えない。

運用試験によればAIM-9Bによる目標撃破の85%は直撃ではなく、近接信管による至近距離での爆発によるとされている。つまり、近接信管が作動しないと撃墜率は激減することになる。よって、近接信管が起動するまでは有効な兵器とはならないから要注意。

さらに、発射から0．5秒間は追尾装置が作動しない。その間、ミサイルは目標とは無関係に直進してしまうので、近距離で発射した後に敵が回避行動をとると、進行方向の差があっという間に大きくなって逃げられてしまう可能性が高い。よって、あまりに近距離での発射は命中を期待しにくい。

この最低射程の目安は目標と同速度・同高度で飛行中なら、3000フィート（約915メートル）となる。同高度で速度差がある場合は、以下の計算で距離が求められる。

3000+(3000×［自機の速度－目標の速度］)

（単位は距離がフィート。速度差はマッハ数）

例えば目標の速度がマッハ0．8で、自分の速度がマッハ1．2、その差がマッハ0．4なら、3000+3000×0．4で、4200フィート（約1280メートル）が最低射程となる。それ以上近づいて撃ってはならない。目標の速度と目標までの距離は、射撃用レーダーから求めることができる。

ちなみにＡＩＭ-９Ｂの近接信管は電波感応式のもので、第二次世界大戦時に登場したＶＴ信管と同じように、自らの発する電波に近距離からの反射があると作動し、弾頭が爆発するものでした。

AIM-9Bの射程②——最大射程

最大射程は、AIM-9Bの有効飛行時間である18秒の間にどれだけ飛べるかで決まる。

これは、大気密度や発射時の自機の速度、ミサイルの機動などに影響される。まず、大気密度が高いほど空気抵抗が大きくなるから、飛距離は落ちる。すなわち低高度でのミサイルの射程は高高度より短い。

そして、発射時の自機の速度が速ければ、より大きな飛行速度を与えられるため、同じ時間でより遠くまで飛べる。また、速度によっては慣性により18秒間以上直進飛行が可能な場合も出てくる。当然、高速なほど飛距離は伸びる。

ただし命中が期待できる目標との距離は、最大射程だけではなく、目標の速度からも影響を受ける。また飛行の旋回軌道によっても、失う運動エネルギーは変わってくるから、この点からも影響を受ける。
以上のすべてを考慮しながら空中戦を行なうのは不可能に近いので、とりあえず、以下の目安を有効な射程として覚えておけばよい。

《自機と目標共に遷音速（マッハ0．8〜1）で飛行中の場合》
高度1万フィート（約3040メートル）以下で有効な射程は約1マイル（約1．6キロ）、高度が1万フィート上がるごとに1．5マイル（2．4キロ）ずつ増えていく。

《自機と目標共に完全な超音速（マッハ1．3以上）で飛行中の場合》
高度2万フィート（約6080メートル）以下で1マイル（約1．6キロ）、これも以後、高度が1万フィート増えるごとに約1．5マイル（2．4キロ）ずつ増加していく。

以上が、サイドワインダーの射程についての説明となります。
とりあえず対空ミサイルには単純な最大射程というものは存在しないことに注意してください。そして先に見た最低射程が約915メートルということを考えると、サイドワインダーを発射できる位置というのは意外に限られたものになってしまうのです（このあたりもB型以降の新型は、もっと改善されている）。
ちなみに、もう一点注意事項を追加しておくと、F-100に積まれていた測距レーダーは20ミリ機関砲の射撃用であり、その有効距離はせいぜい1800メートル以内となっています。このため6000メートル以上の高度の場合、（射程が1800メートルを超えるため）サイドワインダーに必要な距離測定をするには能力不足となります。なので、ボイドは目標までの正確な距離を射撃照準のレティクル（円環）の目盛りから計算せよとして、その計算方法も説明しているのですが、それはさすがにここでは省略します。

機関砲についての解説

次は、F-100に積まれていたM39-A1 20ミリ機関砲（リボルバーカノン）とそのジャイロ照準器についても見ておきます。F-100には目標までの距離を測る射撃照準レーダーと、目標の未来位置を予測して知らせるジャイロ照準器を組み合わせたFCSとしてAN／ASG-17が搭載されていました。

FCS（AN／ASG-17）の運用制限

この装置のおよその注意点は以下の通りになります。

・AN／ASG-17の有効照準距離は600〜6000フィート（約180〜1820メートル）。ただし、実用的な距離は機関砲の射程などから3000フィート(約910メートル）までとなる。

・使用可能な高度は地上付近から5万フィート(約1万500メートル）までで、機体にかかる重力加速度（G）の許容範囲は0〜9Gまで。

・装置が目標の未来位置を割り出すには、目標までの距離とその旋回角速度の情報が必要だが、これは射撃照準レーダーからFCSが自動で割り出してくれるので入力などは特に必要ない。

といったところでしょうか。

重力加速度（G）の許容範囲とは、電車や車でカーブを曲がるときに受ける外向きの力と同じです。１Gとは地上で受ける重力と同じ力なので、例えば９Gだと地上における９倍、つまり体重の９倍の力を受けることになります。これは当時のジェット戦闘機の耐用限界を超えている可能性があり、そもそも９Gを超えたら人間が耐えられませんから、制限があるといっても実用上はいつでも使えたと考えていいと思います。

ただし耐用加速度は０Gからとなっていますから、マイナスG（エンジン加速が加わる急降下）の中では使えないことになり、この点は注意が必要です。

意外なのは、１８０メートル以下の近距離ではジャイロ照準器が使えない点でしょう。これはちょっと問題だと思いますが、使えない以上、どうしようもありません。

20ミリ機関砲（M39-A1）の運用制限

ついでに20ミリ機関砲（リボルバーカノン）に関しては、

・F-100の全機関砲の銃弾は、４ミル（mil）の角度の円錐内に80％の弾が集弾するように調整される。

・機体から遠ざかるほど一定空間内に集中する弾数は減っていく。短距離の場合、距離が2倍になると、集弾は約4分の1に落ちる。なので同数の着弾数を与えるための射撃時間も4倍に増えることになる。

・3000フィート（約910メートル）まで離れてしまうと、1000フィート（約303メートル）に比べて集弾数は1／9となる。よって同じ着弾数を得るには9倍の射撃時間が必要になる。現実的には、この3000フィートあたりが射程の限界になると考えてよい。

といった感じとなっています。ミルはラジアン（rad）の1000分の1で、ミリラジアンを意味する角度の単位です。教本の説明は「機体から見て4ミリラジアン（約0．23度）の頂角の円錐形中に着弾は集中する」ということを意味します。およそ［図6-15］のような状態で、機体から遠くに行くほど着弾の範囲が広がってしまう、すなわち目標に集中打を与えられなくなるということです。

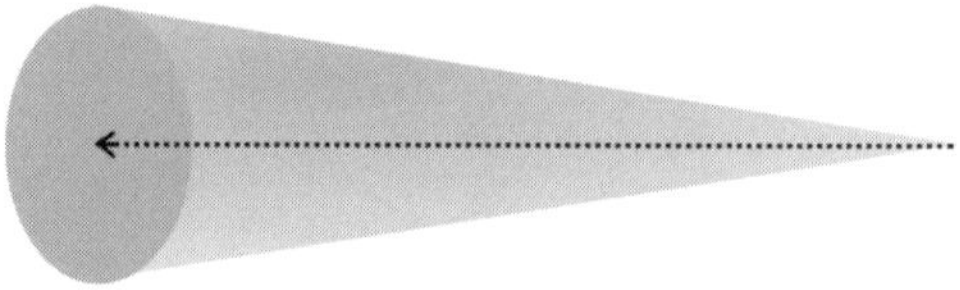

［図6-15］わずかなズレでも、遠くに行くほど着弾の範囲は広がってしまう

射撃時間が延びるということは、相手を長時間、照準内に捉え続ける操縦が要求されるうえに、時間を掛け算した分の無駄弾を撃たなければならないというわけですから、近くで撃ったほうが賢いですね。

ちなみに4ミルは相当な精度と思ってよく、1000フィート（約303メートル）先でも直径1．2メートルの円内に弾着は集中します。ただし距離が伸びるのとともに円は大きくなり、そもそも300メートルを超えると重力によって弾道が大きくズレ始めるため、以後、その精度は急激に低下します（M-39の弾丸の初速は秒速約1000メートルで、通常、弾丸の落下速度が速まるのは発射後0．3秒後であるため、飛距離は約300メートルで計算する）。ボイドは900メートル前後が実用限界としていますが、これはよほどの腕前のパイロットであり、実際はもう少し短い距離でないと厳しいと思います。

この弾着の円が小さいほど、つまり近距離なほど弾着が集中するわけですが、ボイドの計算によると、「目の前を横切る目標に叩き込める機関砲の弾数」は以下のようになります。

・高度3万フィート（約9150メートル）を秒速800フィート（秒速約244メートル／時速約875キロ）で飛行する敵機が、最も弾丸が集中する自機の100フィート（約30メートル）前を横切るという理想的な状況でも、敵機は機関砲の集弾エリアをわずか0．125秒で通過してしまう。
・そもそもF-100の全機関砲を合わせても秒間100発しか撃てないので、最も理想的な射撃に成功しても、理論上12.5発以上の命中は期待できないことになる。これでは撃墜を期待するのは難しい。

相手がじっと動かないでずっと着弾を受け続けるような間抜けな事態はよほどのことがないと発生しないので、高速なジェット機相手に一撃で十分な弾着を与えるのはかなり難しい、ということです。ただし奇襲や不意打ちが成功すれば、それが可能となり極めて有利です。「相手に気付かれないうちに撃ち落とせ」が空戦の理想とされる理由の一つがこれです。

ボイドが説いた空戦のやり方

ここからは具体的な空中戦の話を見ていくことになります。ボイドの教本ではサイドワインダーを使っての戦い方が主になっていますから、ここでもその点を見ていきます。当時はサイドワインダーを撃つにしても確実に（目標機の）赤外線を捉えられる位置に入る必要があり、これは機関砲と同様に敵の後ろに回り込まなければならないという話になります。教本からこのあたりを拾ってくると、

・サイドワインダーを発射できる攻撃位置は、赤外線源から最大で約60度の後方にある円錐内エリアとなる。これを角速度円錐（Angular Velocity Cone）あるいは最大性能円錐（Maximum Performance Cone）と呼ぶ。

・ただし60度は最大範囲であり、その大きさは自機と目標の速度や、自機にかかるG（加速度）、飛行高度などで変化していく。

これが当時のサイドワインダーで攻撃するときの基本中の基本です。最低でも赤外線源（エンジンの排気口）から見て後方60度の円錐のエリアに自機を入れないと命中は期待できず、しかも条件次第では、もっと狭くなってしまうのです。

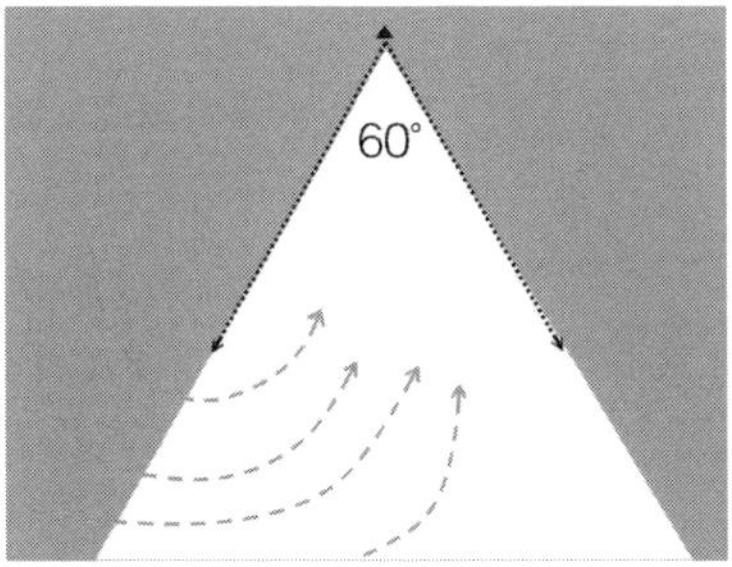

［図6-16］AIM-9サイドワインダーが敵機の赤外線を捉えられる位置につくための軌道例

「後方60度の円錐内」というとかなり広いように思いますが、実際は平面で考えても［図6-16］のような感じになってしまいます。ここに入り込むにはいろんな経路がありますが、後方以外からの接近では急旋回が生じやすいことに注意してください。場合によってはほぼ反転

（180度ターン）になり、機関砲のときと同様、相手のお尻を取る大きな機動が必要となります。

なので、機関砲だろうがサイドワインダーだろうが、この時代の空中戦では結局、機体の機動性を活かして相手の後方に回り込まないと勝負にならないのです。ボイドの教本では、この位置につくための自機の軌道を厳密な数式で説明しているのですが、そこらあたりは飛ばして結論だけ書いてしまうと、

・目標の真後ろ方向以外からサイドワインダーを撃つためには、必ず目標に対する追跡曲線に入る必要がある。

ということになります。追跡曲線というのは目標を常に真正面に捉えながら、すなわち自分の進行方向0《ゼロ》度の位置に目標を捉え続けながら追いかけるときに描く軌道で、元々はウサギを追いかける狐の動きなどの説明に使われていたものです。

これを直線飛行の爆撃機などに適用すると、［図6-17］のようになります。ここでは右からの点線が自分の機体で、これが目標の移動に合わせて追跡曲線を描いています。条件として追跡側がやや高速としてありますが、そこまで正確に描画していないので、あくまでおおよその目安と考えてください。

勘のいい人は、この軌道を説明するには面倒な微積分計算の嵐になるということがすぐ分かると思います。同時に高速の敵に追いつくためには急旋回が必要になることもなんとなく見て取れるでしょう。

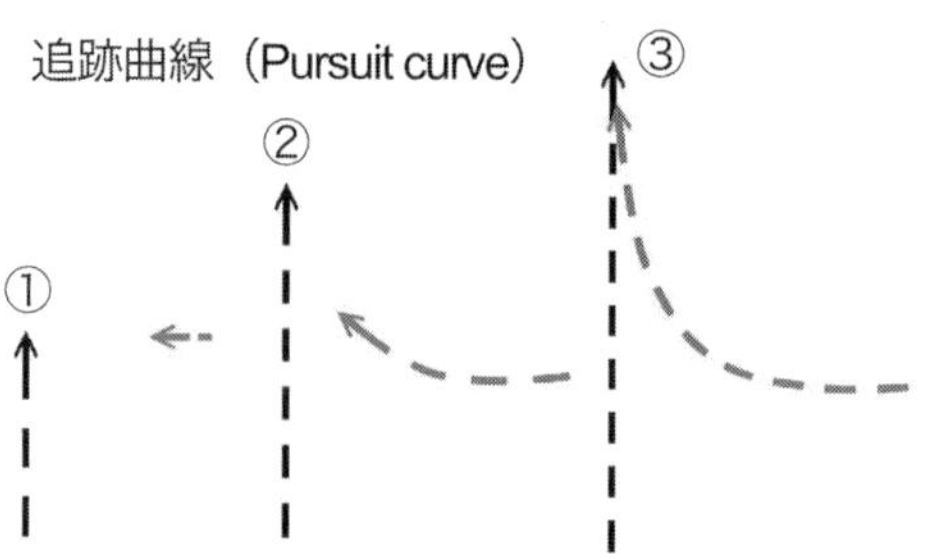

［図6-17］直線飛行で目の前を横切る目標機を垂直方向から追尾する、典型的な追跡曲線の軌道

当然、急旋回中は強烈なGが機体に掛かることになりますが、初期のサイドワインダーには2G以下の規制があるため、その発射が難しくなってしまいます。では、どうするのかをボイドの教本で見ると、次のようになります。

・サイドワインダーの加速度（G）制限により、機体にかかるGを2Gより大きくはできない。このため急旋回が終

わってから、すなわち完全に敵機の後ろに回ってから発射する必要があるのだが、高速なジェット爆撃機には簡単に射程外に逃げ切られてしまうため、それは難しい。
・このため、緩やかな2G旋回で、しかも敵機を逃がさずにその後方60度以内に入り込む機動を取らねばならない。これは十分な距離を置いて前方から敵爆撃機とすれ違う軌道になるため、予め十分な距離を取って敵機と対面する位置につかねばならない。

「可能な限り低い速度で旋回し、可能な限り高い高度で戦う」のがサイドワインダーを運用するときの理想条件となってきます。ただし相手も動いているため、あまりに低速度の旋回だと目標に追いつけなくなってしまいます。また、低速時に相手の後ろに回り込むような追跡曲線に入るためには、目標の前方からすれ違う形で接近するしかないということです。

それでも真正面から回り込むにはかなりの大回りの旋回が必要になるので、余裕をもって旋回に入らないと追いつけません。よって、空戦に入る前の位置取りが極めて重要だということになります。

単に直線運動しているだけの爆撃機相手でも、これだけ面倒な話になってくるのが高速ジェット機時代の空中戦です。ボイドによる空戦の数学化は、ある意味不可避だったと言えるでしょう。当然、対戦闘機の空中戦はより複雑になってきますが、本書ではここまでとしておきます。

ドッグファイトを余儀なくされたイスラエル空軍

この教本におけるボイドの主旨を簡単にまとめてしまえば、たとえ爆撃機が相手でも単純に遠くからミサイルを撃てばお終いになるといった単純化は不可能で、ましてや戦闘機相手の空中戦ではもっと大変なことになる、ということです。

すなわち当時の全天候型迎撃戦闘機が想定していたような単純で直線的な空中戦は存在せず、高速なジェット機が相手なら必ず高度な機動を用いた空中戦が必要になるということでした。それはこの後、ベトナム戦争でソ連製のミグ戦闘機によりアメリカ空軍にとってネガティブな形で証明され、ボイドが開発に関わったF-15やF-16が参加した湾岸戦争では今度はポジティブな形で証明されることになるのです。

のちに相手の後ろに回り込まなくてもいいレーダー誘導のAIM-7スパローなどが登場しますが、理屈の通りの活躍はできなかったので（笑）、少なくとも1990年代までは、この真理は有効だったと考えてよいでしょう。

そのあたりのお話も少しだけしておきます。

1979年6月、その日が実戦デビューであったイスラエル空軍の4機のF-15は、敵のシリア空軍のMiG-21からは視認できない30キロの遠距離からレーダー誘導で2発のスパローを発射しました。パイロットはドキドキしながら命中を待っていたそうですが、残念ながらスパローはすべて明後日の方向に飛んでいってしまい、気が付けば敵機は目視距離内に到達していたのです。

結局、ドッグファイト（格闘戦）に入ってサイドワインダーとヴァルカン砲で戦うしかなくなり、それでもMiG-21を計3機を撃墜したとされますから、さすがはF-15というところです（ちなみにこのときのF-15は、Uの字型の強烈なターンをしながらサイドワインダーを発射したということなので、1979年の段階では機体にかかる加速度［G］の制限はかなり改善されていた模様）。

しかしとりあえず、スパローは一発も命中せず、アメリカ空軍が言うところの「ドッグファイトはもはや過去のモノだ！これからはレーダーを使った電子戦だ！」という話はまったく当てにならないことが証明されてしまいました。実はアメリカ空軍はベトナム戦争の時代から、何度も同じようなことを繰り返しており、21世紀の今もまた同じようなことを主張し始めています。次回はどうなのか、実戦の洗礼を受けてみるまで油断は禁物でしょう。

いずれにせよ、ボイドが1960年にたどり着いた空戦の真理、「常にドッグファイトを制する戦闘機が必要である」という考えがのちにエネルギー機動性理論を生み、最終的にF-15やF-16に強く反映されることになっていくわけです。

この後、ボイドの教本の後半では具体的な対戦闘機空戦編に入っていくのですが、純粋に「空中での機動の行ない方」という話がほとんどなので、飛行機を操縦したことのない私にはよく分からない部分も多いため、このあたりは省略させていただきます。以上がボイドの教本に関する解説となります。

第七章　ＳＡＣと戦略爆撃の凋落

1　マクナマラの新時代の到来

アメリカ空軍の方向性を決定づけた二人

アメリカだけでなく、世界中の戦闘機に革命をもたらした「エネルギー機動性理論」をジョン・ボイドが完成させたのが1963年。ベトナム戦争にアメリカが直接格介入するきっかけとなったトンキン湾事件が起きたのがその翌年の1964年8月で、その数ヵ月後にボイドは例のラングレー基地におけるプレゼンに成功しています。

その後1965年2月に、アメリカの戦略爆撃を引っ張ってきた男、カーチス・ルメイが空軍を追われます。その直後にアメリカ空軍はベトナム戦争への本格的な参入を開始し、そこで地獄を見ることになるのです。

つまり、ボイドのエネルギー機動性理論はベトナム戦争に合わせるかのように、そして同時にカーチス・ルメイが追放され、アメリカ空軍が戦略爆撃空軍から空の上で戦う空軍へと大きく舵を切るのに合わせるかのように登場したことになります。

もっとも戦略爆撃空軍ではなくなったといっても、大陸間弾道ミサイル（ICBM）による核ミサイルは相変わらずアメリカ空軍の主力ではあり続けるのですが、それでもこの変化は劇的でした。これによって、F-15やF-16という機体が誕生し、アメリカ空軍が朝鮮戦争以来失っていた航空戦力による空の制圧能力と航空優勢が再度確保されることになったからです。

まるで運命のように、すべてが一気に動き出すのがこの1963年から65年にかけてのアメリカ軍なのですが、ボイドとは別にこの動きを決定づけた人物が二人いました。

当時、空軍の最高責任者である空軍参謀総長となっていた〝狂人将軍〟カーチス・ルメイ、そして1961年1月のケネディ大統領登場と同時に国防長官に指名されたロバート・マクナマラです。この二人の対立とルメイの失脚が、その後のアメリカ空軍の方向性を決定づけます。

よってここでは、当時のアメリカ空軍の動きと、この二人の行動を確認しておきます。

マクナマラの登場

ここまで見てきたように、アメリカ空軍は核兵器の登場によってその戦略空軍としての全盛期を迎えていました。その先頭に立っていたのがカーチス・ルメイだったわけですが、彼はその功績と本人の野心により、1961年夏から空軍内の最高責任者である空軍参謀総長に就任して、絶頂期を迎えていました。

ところが、核戦略に熱心だったアイゼンハワー大統領の時代が終わり、若くて野心に溢れるケネディ大統領が同年1月に就任したことで、その風向きが変わりつつありました。彼は核戦争に備えた軍隊では、戦争が始まったら全面核戦争による人類絶滅しか残された道がない点に不安を抱き、単純な武力行使が可能な軍隊、つまり通常戦力の充実に舵を切ります。

そこで大きな役割を果たすのが、すでに何度か名前が登場している国防長官マクナマラでした。彼はルメイが先頭に立っていた戦略爆撃空軍へ最初に致命傷を与え、アメリカ空軍の正常化の原動力となります。一方で、のちにベトナム戦争への道を整え、さらに過度な前線への干渉で悪名を残してしまうのもマクナマラなのですが、空軍再生における貢献度が大きかったことは紛れもない事実です。

国務長官を異例の7年間も務める

1961年1月から68年2月まで7年間に亘り国防長官を務めたのが、このロバート・S・マクナマラ（Robert Strange McNamara）でした。田舎の詐欺師みたいなビシッと決めた髪型が特徴です。ちなみに［図7-2］は就任直後、まだ44歳

［図7-1］空軍参謀総長としてケネディ大統領（右）と話すカーチス・ルメイ（左から4番目）。隣に座っているのは、キューバ危機に際して偵察機からキューバに配備されたミサイルを撮影したパイロット二人と解析担当者（Photo：CIA）

でやるき満々だった時代なので若々しい印象がありますが、その後、年を追うごとに目に見えて老けていきます。激務と心労によるものでしょう。

国務長官、財務長官、司法長官と並ぶ四大長官の一つである国防長官は、権力争いにも巻き込まれやすい地位のため入れ替わりが激しく、大統領一期分である4年間を務めきった人物はまれで、それどころか数ヵ月しかその地位にいなかった人がゴロゴロしています。その中で、マクナマラは実に7年間、しかもケネディとジョンソンという二人の大統領の三期に渡る期間、その地位にありました。これは未だに歴代最長の就任期間記録です（ジョンソン大統領一期目はケネディ暗殺による就任であるためわずか1年半ほどで終わったが、その後の選挙で当選して二期目に入った）。

彼はアイルランド系移民の子で（祖父が移民としてアメリカに来た）、このあたりが同じアイルランド系のケネディの関心を引いた可能性もあるのですが、詳細は不明。ちなみにロバート・S・マクナマラのミドルネームのSは"Strange"すなわち「奇妙な」の意味で、形容詞をミドルネームにしているという、まさに〝奇妙な〟名前をもちます。

イギリス海軍みたいな変な命名ですが、元々は母親の旧姓だそうです。とりあえずかなり珍しい名前なのは確かで、結婚するときに奥さんから「そういえば、あなたのミドルネームは何？」と聞かれて、「It is "Strange"（奇妙だよ）」と答えたところ、「奇妙でも何でもいいから、さっさと教えて！」と怒られたそうな。

さらに余談ですがスタンリー・キューブリックの映画「博士の奇妙な愛情（Dr. Strangelove or : How I Learned to Stop Worrying and Love the Bomb）」に出てくる大統領の顧問らしいストレンジラブ（奇妙な愛）博士の名前の元ネタであると

［図7-2］1961年1月当時のロバート・S・マクナマラ国防長官（1916～2009年）。1962年10月に起きたキューバ危機ではひとまずキューバ周辺の公海上の封鎖してソ連の出方を見る案をケネディに提案し、空爆を主張するルメイ空軍参謀総長などを抑えたとされる

いう話もあるのですが、キューブリックはこの点について何も語っていないので詳細は不明です（映画はケネディ政権最初のヤマ場、キューバ危機ののちに撮られている）。

24歳でハーバードビジネススクールの助教授に

マクナマラは１９１６年サンフランシスコの生まれで、カリフォルニア大学バークレー校を卒業しています。バークレーは私立大が多いアメリカの一流大学のなかでは珍しい公立校で、当時は学費が安かったようです。さらに彼の地元にあったため、決して裕福とは言えなかった苦労人のマクナマラでも唯一入れた、まともな大学でした（そもそも大恐慌後の時代だった）。

その後、大学卒業後は奨学金を得て東海岸にあるアメリカの最高学府ハーバードのビジネススクールに入学。１９３９年にＭＢＡを取得しています。

その卒業後に一度カリフォルニアに戻るものの、間もなくハーバードに呼び戻され、１９４０年から助教授としてビジネススクールの教壇に上がることになりました。このとき、弱冠24歳であり、最も若く、最も高給取りな助教授だったとされます。

約1年後、日本が真珠湾攻撃でアメリカを戦争に巻き込むと、上巻で見たようにハロルド・ジョージによる陸軍航空軍の戦略爆撃理論が動き始めます。しかし、ジョージの計画はそれまでわずか１５０機前後しかなかったB-17をいきなり数千機単位で生産し、さらにB-24やB-36といった機体まで開発して管理・運用するというものでしたから、かなりの無理がありました。

この管理のため、ブラウン・ブラザーズ・ハリマン投資銀行の経営陣の一人で、第一次世界大戦では航空部隊で活躍し航空機に一定の知識があったラヴェット（Robert Abercrombie

［図7-3］ロバート・ラヴェット（1895〜1986年）。第二次世界大戦では優れた事務能力を発揮し、トルーマン政権では国防長官（1951〜53年）も務めて朝鮮戦争を主導した。「冷戦の立役者（Cold War architect）」とも呼ばれることがある

Lovett）が戦争長官航空補佐（Assistant Secretary of War for Air）として招集されました。［図7-3］

この〝戦争長官〟という冗談みたいな名前は、アメリカの陸軍省にあたる戦争省の長官のことで、戦後に海軍省と合併して国防省となります。ちなみにアメリカに陸軍省という省庁が存在したことはありません。

ついでに言うと、ラヴェットは戦後のトルーマン政権で1年弱だけ国防長官の地位にあり、その任期中に朝鮮戦争が勃発しています。

必要とあれば一流の会社経営陣を軍に引っ張ってくるのはアメリカがよくやる手なのですが、GM（ゼネラルモーターズ）から引っ張ってこられて戦時の軍事生産全般を監督したヌードセン（William S. Knudsen）といい、多くの人材が見事な働きをしており、なるほどアメリカはビジネスの国だと改めて思ったりします。［図7-4］

陸軍航空軍の士官たちに経済統計を教える

このラヴェットが、あのアメリカ航空戦力の大生産に多大な貢献をするのですが、彼が就任後に陸軍航空軍について調べてみると、その大拡張に伴うまともな組織づくりもままならず、ましてや膨大な装備をいきなり配備されてもまともに管理することすらできない状態であること知ります。

驚いた彼は、若い士官たちに大規模組織の管理と備品の管理・運用を学ばせるため、経済統計を学習させようと思い立つのです。ここで白羽の矢が立ったのが、当時、ハーバードのビジネススクールで有名人になりつつあったマクナマラたち若い教師陣で、彼らの教室に1942年から多数の陸軍航空軍の士官が送り込まれ始めます。

そして1943年以降のヨーロッパにおける戦略爆撃開始を前に、統計学を基に爆撃成果の分析と計画立案をする部門が設立されます。マクナマラたちの優秀な頭脳に驚いていた陸

［図7-4］ウィリアム・ヌードセン（1879〜1948年）。当時GM（ゼネラルモーターズ）の社長を務めていたが、1940年にルーズベルト大統領に請われて1945年7月まで戦時の軍事生産全般を監督した

軍士官たちは、彼らにこの部署で働くように要請し、マクナマラともう一人の同僚の二人がハーバードからイギリスの第８航空軍司令部に陸軍大尉として配属されることになります（マクナマラはのちに中佐まで昇進）。これは〝一種の徴兵〟でもあったようなのですが、詳細は不明。ここで彼は、徐々に頭角を現しつつあったカーチス・ルメイに出会うことになります。

マクナマラはのちに彼の配下になり、ヨーロッパにおける戦略爆撃の立案や戦果評価に深く関わります。ルメイが太平洋戦線の第20航空軍第21爆撃軍司令部に指揮官として栄転し、対日本爆撃を指揮するようになると、マクナマラも第20航空軍に転属になり、対日爆撃計画の立案に深く関わりました。

しかし、ここで爆撃の評価や計画についてルメイと何度も対立。これが彼とルメイの対立の始まりとされるのですが、１９９５年に出版されたマクナマラの自伝『In Retrospect : The Tragedy and Lessons of Vietnam』（邦題『マクナマラ回顧録――ベトナムの悲劇と教訓』）ではこのあたりの時期についてはわずか数行の記述しかなく、そのうえルメイのルの字も出てきませんので詳細は不明です。

そもそも彼の自伝では、ルメイはわずかに数ヵ所、アメリカ空軍にそういった男がいたよ、程度しか登場しません。しかし、国防長官就任後のマクナマラと空軍参謀長官時代のルメイの対立は公然の秘密でしたから、これは極めて不自然で、よほど大嫌いだったんだなと思わざるを得ません（笑）。マクナマラは表立って人を批判しない人なので、まったく触れないということは逆によほど言いたいことがあったのだろうなと思われるのです。

戦後はフォードへ移り、社長に抜擢される

第二次世界大戦が終了すると、徴兵に近い扱いだったマクナマラたちは除隊が可能になり、彼は当初ハーバードに戻るつもりでした。ところが終戦間際、アメリカに帰っていた彼と奥さんが同時に小児麻痺（ポリオウィルス感染）に罹ってしまい、かろうじて回復したものの、医療費が莫大なものになってしまいます。

同時期に陸軍時代にマクナマラたちの統計チームを率いていたストーントン大佐（Charles Bates Thornton）が、そのチームほぼ全員、10人ほどをまとめて経営統計の専門家チームとして民間企業へ高給で転職させようと画策し、マクナマラにも声が掛かります。当初は渋っていたマクナマラですが、結局ハーバードの教員職の給与では夫婦の小児麻痺の治療に必要な医療費が払えず、その誘いに応じます。

やがてストーントンは、戦後に軍需がなくなって再び経営不

安が出てきたフォード自動車へ彼らの売り込みに成功。10人の統計専門の退役軍人たちが、フォードの経営に深く関わる立場で採用されます。

これが例のウィズ・キッズ（Whiz Kids）と呼ばれることになる若手たちで、グループのボスだったストーントンは間もなくフォードの経営陣と対立して会社を去るものの、残った9人のうち二人がフォード関連の会社で社長(うち一人がマクナマラ)に、一人が副社長にまで昇り詰めているので、大したものだと言っていいでしょう。

ただし残り6人のうち、二人は在職中に自殺に追い込まれており、頭が良すぎるのも考えモノなのかもしれません。

そのウィズ・キッズのなかでも最も早く頭角を現し、オーナー社長であるヘンリー・フォード2世（創業者のヘンリーの孫）から気に入られ、1960年10月の段階で社長の地位にまで昇り詰めたのがマクナマラでした。

当時はヘンリー・フォード2世が会社の実権を握り、社長を兼ねていたのですが、1960年にフォード一族以外からの初めての社長としてマクナマラが抜擢されたのです。ただしPresident（社長）ですが、CEO（経営責任者）ではないので会社の最高責任者ではありません。そちらはあくまでヘンリー・フォード2世が握っていました。

社長就任からわずか2ヵ月で国防長官へ

ところがその就任からわずか2ヵ月足らずの12月、前月に行なわれた大統領選に勝利したばかりのケネディ政権が彼に接触してきます。ケネディ政権で財務長官か国防長官にならないかという申し出で、驚いたマクナマラは一度これを断っています。

しかし最終的に大統領本人からの要請を受け、フォードの承認も取り付けた結果、彼は1961年1月に国防長官に就任することになります。

その前にフォードの社長は辞任していますから、実質7週間前後の社長だったのですが、それでも自動車会社の社長からまったく畑違いの国防長官に就任してしまったのです。マクナマラによれば、例のトルーマン政権で国防長官まで務めたラヴェットが最初にケネディから国防長官の就任要請を受けたが、彼はこれを辞退、代わりに自分を推薦したようだ、ということです。

ちなみにラヴェットは後で見るように、朝鮮戦争において軍の大幅な予算拡大に尽力し、のちの軍事予算の拡大に道を開いてしまった国防長官でした。その方向を是正したマクナマラをラヴェットが推薦していたというのは、なんとも皮肉な話です。

ケネディはアイゼンハワー大統領時代に誇大化した軍部に危機感を抱いており、さらに核装備を主とした軍隊からの転換を行なう管理人を必要としていました。このためマクナマラのビジネスマンとしての手腕に期待した、という面があったようです。

実際、軍の暴走を抑える面でマクナマラは大きな業績を残しました。しかし同時に軍事の素人（第二次世界大戦では本部で統計分析をやっていただけで、前線勤務の経験はない）である彼がベトナム戦争に深く関わってしまうことで、これを迷走させます。やはり功罪相半ばする人物という他ないでしょう。

2　ルメイの失脚

異常な状態が続いていた軍事支出

アイゼンハワー時代は、軍部が一気にその発言力を増した時代でした。これは冷戦の進行が最大の要因ですが、元は軍人のトップであるアイゼンハワーが大統領だったという面もおそらく無関係ではないでしょう。この時代のアメリカの異常さは現代からはちょっと想像しがたいのですが、軍事国家一歩手前という状態にあったと言っても過言ではない部分があります。

１９６３年に公開されたキューブリックの映画「博士の異常な愛情」に、どこか大統領をバカにしたような態度の空軍参謀総長（愛人といるところを、電話で戦争対策室の円卓会議に呼び出される男）が出てきますが、まさにああいった感じで、軍こそが国家を動かすのであって大統領とて例外ではないといった雰囲気が当時のアメリカ軍にはありました。その代表が、この映画の空軍参謀総長のモデルと言われる、カーチス・ルメイでした。

とりあえず当時の異常さは、ベトナム撤退までのアメリカ政府の財政支出（Federal Spending）における軍事費比率（Defense Share）を見るとよく分かります。政府の全支払い（歳出）のうち、軍事費がどれだけを占めるのかを示すのが［図7-5］のグラフです。

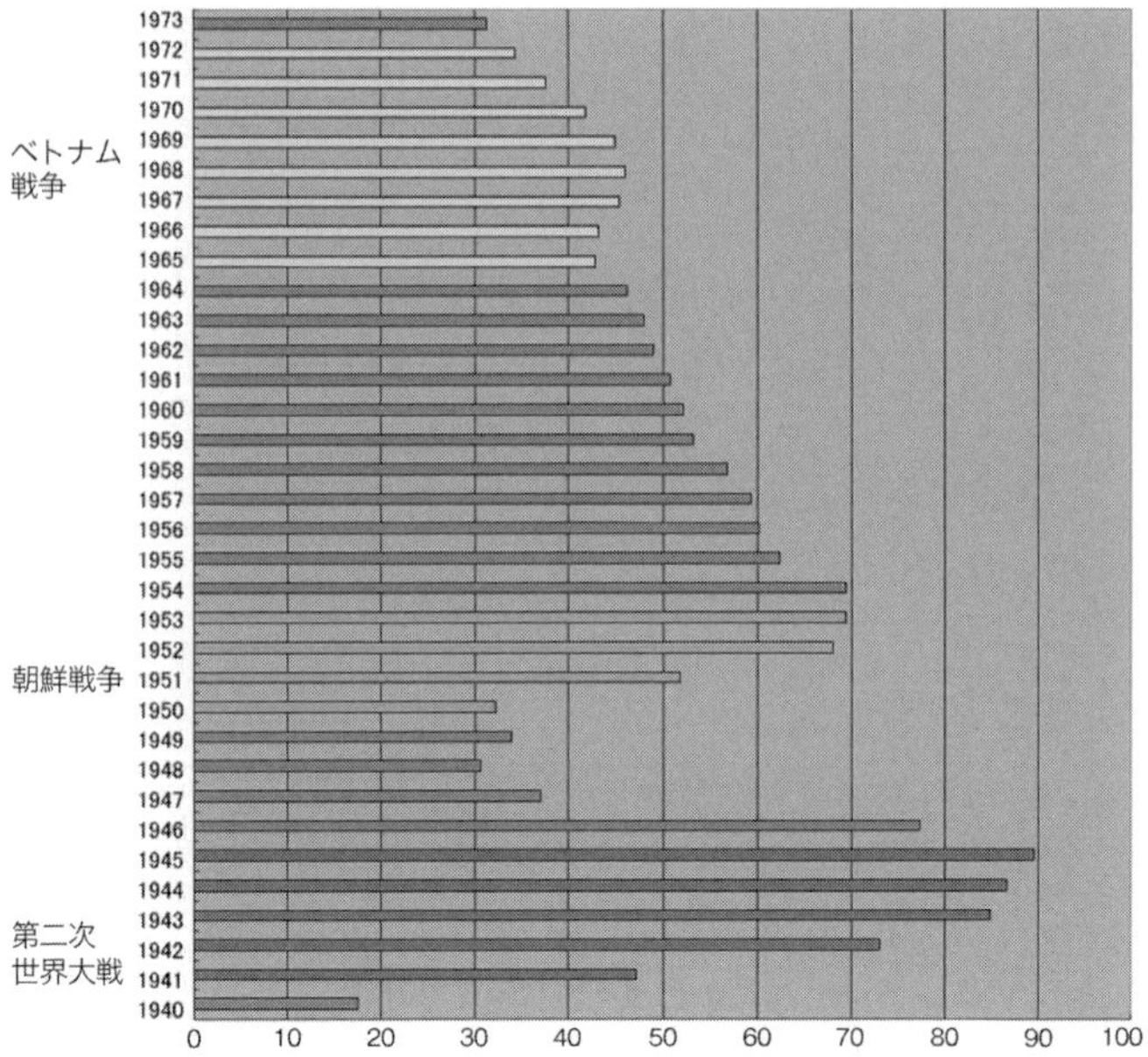

［図7-5］１９４０～１９７３年におけるアメリカ政府の財政支出における軍事費比率

グラフでは縦軸が年度で上に行くほど新しく、横軸が各年度における軍事費の支出が占める割合を示します。あくまで全支出に対する割合であり、金額ではないことに注意してください。このほうが金額で見るよりも、インフレなどによる誤差が無視できるので便利です。ちなみに21世紀に入ってからは、国防予算は全歳出の20～25％に抑えられています。

まず目につくのは、第二次世界大戦中の軍事費比率の異常な高さです。特に終戦の年、１９４５年には全支出の約9割近くを占めています。当然、こんな出費を続けていたら国が滅びますから、戦争終了と同時にトルーマン大統領によって大幅な軍事予算の削減が始まります。グラフでも、戦後処理が終わった１９４７年から急速に軍事予算の割合が落ちているのが分かるでしょう。

この締め付けは極めてきつく、軍はどこを見ても金がないという状況になり、危機感が募ります。そんな状況のなかでルメイが率いる戦略航空司令部（ＳＡＣ）が〝安価で強力〟とされた核武装による軍備を主導して、空軍の、さらにはアメリカ軍全体の実権を握ってしまうことになります。

とりあえずこの予算縮小により、１９４８～50年には軍事支出は30％近くにまで下降しました。それでも30％なんですが、この後、再びそのレベルに戻るのは実に１９７３年以降で、20年以上もかかってしまうことになります。

１９５０年6月に朝鮮戦争が始まると、例のラヴェットが国防長官として主導し議会に対して大幅な軍事予算の拡大を要求します。その結果、１９５1年に再び軍事予算は全支出の５割を超えてしまいます。そして翌１９５2年で民主党のトルーマン大統領の任期が終わり、１９５3年1月からは共和党の元軍人アイゼンハワーが大統領として登場します。

その１９５3年7月に朝鮮戦争は休戦となるのですが、一度拡大された軍事支出はまったく削減されず、１９５４年も政府の総支出の7割近い部分を占めたままでした。平時の民主主義国家としては、極めて異常な事態となっていくのです。結局、アイゼンハワーが大統領の座にあった１９６０年まで、その割合が5割を切ることはありませんでした。

これは準戦時状態とでもいうべき状況であり、狂っていると言う他ありません。この時代にアメリカの軍は誇大化し、例のセンチュリーシリーズのような、「軍は金になる兵器生産のために存在する」という組織劣化が起こるわけです。

マクナマラによる軍の再構築

１９６1年に発足した民主党のケネディ政権は、この狂気を正面から叩き潰しにいくことを決意します。その重大な任務の切り込み隊長に任命されたのがマクナマラだったのです。

彼が実質的にその予算編成に影響を及ぼせるようになった１９６2年以降、軍事費は総支出の50％以下を維持し続け、ベトナム戦争への本格介入が始まる１９６５年まで減少し続けます。以後、彼が退任した１９６８年に増加を見せましたが、それでも50％を超えることはありませんでした。

ちなみにマクナマラが国防省（ペンタゴン）に入って最初に驚いたのは、その人員の多さでした。当時の四軍と沿岸警備隊の軍人、いわゆる制服組は約３５０万人、それに軍属ではない文官と軍属の民間人が約１００万人、合計４５０万人が軍のために働いていました。１９６1年当時のアメリカの人口は約1億８４００万人ですから、総人口の軽く約2％以上が軍関係者だったのです。マクナマラが確認したところ、全米のトップ30社の全従業員を合わせてもこれを上回ることはないと知り、彼は驚愕します。

実際の就労年齢だけに限り、さらに防衛産業で働く人間を入れればこの数字はもっと大きくなったはずで、アメリカ最大の産業は軍であるという冗談みたいな事態が生じていたのでした。当時のアメリカが軍事国家一歩手前だったという表現が冗談ではないことが分かっていただける数字でしょう。

ちなみに２０１０年代以降は、軍人だけなら１５０万人以下と約半分に減っています。さらにアメリカの人口が3億を超えていますから､軍属の民間人を含めても､その比率は0．5％以下まで下がっています。

マクナマラ主導によるF-111の開発は大失敗でしたが、その考え方や､製造と運用のコストを意識した効率的な軍の運用という発想は間違っていなかったと言ってよいと思います。さらにマクナマラは軍人から軍の指揮系統を奪い返し､文民統制に戻すことにも成功したと言ってよく､この点は高く評価されるべきでしょう。

ただし金（予算）を奪われ、さらに以前のような我儘が通らなくなった軍人からは憎悪されました。

そんななかでベトナム戦争において戦略・戦術レベルすべてで細かく口を出したのがきっかけとなり､議会を巻き込んだ軍の反撃により検討委員会が設置され､大統領に次ぐ軍の責任者の能力に疑問符が突きつけらてしまいます。さらに､ジョンソン大統領が議会からの突き上げに対し、マクナマラを庇わなかったため、1968年2月、形の上では世界銀行の総裁へ転出という形で国防長官の地位を追われることになりました。

この点、同じく軍を敵に回し、〝殺されてしまった〟ケネディ大統領に比べればまだマシとも言えますが､もしベトナム戦争さえなければ、平時に見事な裁量を発揮した国防長官として、もっと良い形でその名を残せたはずだとは思います。

SAC終焉の始まり

そのケネディ政権の登場まで､そしてベトナム戦争の終焉まで､アメリカ空軍だけでなくアメリカ軍全体を牛耳っていたのが戦略航空司令部（SAC）でした。空軍内にいくつかつくられた上級司令部の一つでしたが､のちに戦略核兵器を独占的に運用することで､三大上級司令部の残りの二つ、戦術航空司令部（TAC）と航空宇宙司令部（ADC）に対して優位を確保し、以後ずっとその地位を維持しました。

そしてこのSACを常に率いていたのが、あのルメイ〝閣下〟だったわけです。この記事の主人公の一人、カーチス・E・ルメイ（Curtis Emerson LeMay）は人間のクズでしたが、間違いなく有能であり、そしてそれを十分に利用した出世主義者でした。

アメリカ空軍が核兵器による戦略空軍となる原動力であったルメイは､ケネディ政権登場直後の1961年7月に空軍の最高責任者である空軍参謀総長に就任します。これが彼の栄達の頂点でした。

しかし、その核戦力至上主義や戦略爆撃最高という思想は､ケネディとその跡を継いだジョンソン大統領､そしてマクナマラと常に対立しました。その結果､空軍がベトナムに参戦する

［図7-6］SACの紋章（エンブレム）である「戦略航空司令部の盾（Shield of Strategic Air Command）」が描き込まれたB-36の機首部。鎧を付けた手が、稲妻と同時にアメリカの国章に使われている〝平和の象徴〟のオリーブの枝をへし折ってしまっている（笑）

直前の１９６５年２月、軍として最も重要な時期に、あと半年の任期切れを待たずにわざわざ更迭されるという屈辱を味わうことになります。

軍を去った後は、１９６８年に政治家への転向を図っています。人種差別主義者の政治家として有名だった元アラバマ州知事のジョージ・ウォレスが二大政党に所属しない独自候補として立候補すると、その副大統領指名を受けて選挙に乗り出します。当然、落選に終わるのですが、それでもこの男がどういった人間なのかが垣間見られるでしょう。

ちなみに１９６４年12月、空軍参謀総長解任のわずか３ヵ月前に彼は来日しているのですが、このときの佐藤栄作政権は勲一等旭日大授章を贈っています。この時期の勲一等を受賞した外国人は極めて珍しいですし、日本を焼け野原にした張本人というだけでなく、現職大統領と対立関係にあるので理解に苦しみます。

ただし、このあたりについては１９６１年に海軍作戦部長時代のアーレイ・バークにも同章を授けているので、そのバランスをとった可能性もあります（もっとも、同章をアメリカ陸軍参謀総長には贈っていないので、どうも微妙）。

ＳＡＣによる核戦略は、アイゼンハワー大統領時代にニュールック政策（元々はファッション業界で「新しい流行」といった意味で使われていた造語）として採用されることに成功していました。これは「少ない軍人と少ない予算で効率的に共産世界を牽制できる軍備」というSACの主張が受け入れられた結果です。これによってアメリカの軍備は核兵器中心で構成されることになり、予算的にも空軍の優遇が続きました。

その後1960年代に入ると、海軍は潜水艦から発射される潜水艦発射弾道ミサイル（SLBM）を手にして一定の立場を取り戻すのですが、陸軍にはそういった兵器はなく、予算的にもアイゼンハワー時代には常に冷や飯を食わされ続けます。

このため、1955年から59年まで、アイゼンハワー時代に陸軍の最高責任者である陸軍参謀総長を務めていたテイラー（Maxwell D. Taylor）は、退役直後の1960年にニュールック政策に公然と反旗をひるがえします。彼は核戦力に頼っただけの軍隊の無力さを訴える本、『The Uncertain Trumpet（不確かな進撃ラッパ）』を執筆。そのなかで「通常戦力による戦争にも備えるべきで、核兵器だけの軍隊ではこれからの世界に適応できない」と訴えます。

通常兵器にも重きを置いたケネディ

そして同じ年、1960年の大統領選挙で勝利したケネディもまた、アイゼンハワーの核戦略に疑問をもっていました。

アメリカが戦争を決断したら、もはや核戦争しかありえず、それは当然、人類の存続を脅かす第三次世界大戦の勃発を意味するという状況はあまりに愚かだ、と彼は考えました。例えば中南米の農業国が共産主義に転じてアメリカと対立したら、それらを制圧するのにも核兵器しかないというのはあまりにバカげている、といった考えです。

さらにSACが当初に主張したように、核軍備が安上がりな軍隊にならなかったことも失望を買っていました。事実はむしろ逆で、すでに見たように、核武装が主力となったアイゼンハワー時代に国防予算は増えまくり、国家歳出の半分を占める事態になってしまっていたのです。

さらにそこまで金をつぎ込んでいながら、アイゼンハワー時代にスプートニク・ショックが起きて、ソ連に核戦略上の優位を与えてしまっていました（いわゆるミサイルギャップ）。このため、ケネディは大統領選挙期間中、アイゼンハワーの軍事政策を徹底的に批判しています。

そしてケネディは選挙期間中にテイラーの本を読み、元陸軍参謀総長が主張する通常装備の軍隊への回帰に魅力を感じました。このためテイラーは大統領の軍事顧問として迎え入れられます。さらにのちには、一度退役したにも関わらず、四軍の責任者から成る統合参謀本部の総責任者として統合参謀本部議長（Chairman of the Joint Chiefs of Staff）に抜擢され、１９６２年から64年までその地位にありました（その後、南ベトナム大使となってベトナム戦争に大きく関わる）。

このテイラーの助言などを基にケネディ政権が新たに推し進めたのが弾力的対応（Flexible response）政策で、これは核兵器だけではなく通常兵器にも重点を置き、「平和か、核戦争で人類滅亡か」という両極端な戦略を放棄するものでした。これは１９６３年のケネディ暗殺後に就任したジョンソン大統領にも引き継がれます。

その政策実現のために先頭に立った切り込み隊長がマクナマラだったというのはこれまで話してきた通りです。ただし、核装備を放棄するという意味ではなく、ＩＣＢＭなどに関してはむしろ強化されていましたから、この点は誤解なきようお願いします。あくまで、「通常兵器による戦争という選択肢を増やす」というのが主旨なのです。

このケネディの弾力的対応政策は、ＳＡＣの地位の低下を意味しましたから、当然、その反対勢力の先頭に立ったのが空軍参謀総長になったばかりのルメイでした。この結果、ルメイはマクナマラやケネディと対立関係に入ってしまいます。

特に自分が大統領に絶対的な忠誠を誓っているのと同様に、部下たちにも自分への忠誠を求めるマクナマラとの相性は最悪だったと思われます（マクナマラは部下たちの自由な発言や意見を認めたが、一度決定したことには絶対的な承服と服従を求めるタイプだった）。

このあたりについては第二次世界大戦時代の両者の衝突が尾を引いていた可能性があります。そのときとは攻守が入れ替わり、かつての下っ端の部下が自分の絶対的な上司になるという屈辱に、ルメイの性格では耐えられなかっただろうと思われる部分もあります。

ただしルメイは上司からの命令には絶対服従するという軍人らしい一面もあり（故に出世したのだ）、その対立は水面下のものに収まっていました。ところがベトナム戦争の情勢がきな臭くなってきた、１９６４年8月のトンキン湾事件のあたりから状況が変わってきます。

3　ベトナムの泥沼化

軍事顧問団を派遣しただけだったアメリカ

ベトナム戦争に関するアメリカの立場は、あくまで南ベトナムの内戦という位置づけでした。資本主義陣営の南ベトナム政権に、国内の共産ゲリラ（いわゆるベトコン）が政府転覆の戦いを仕掛けているというわけです。

当然、その共産ゲリラの背後には北ベトナムがいて、さらにその背後には犬猿の仲ながら中国とソ連が控えていました。なので南ベトナムの内戦と言っても、その背後には別の大国が絡んでおり、話は単純ではありません。

さらに北ベトナムは中国と広く国境を接しており、これがアメリカの政府首脳陣に朝鮮戦争における北朝鮮を連想させました。ウンカのごとき中国共産党の人民解放軍(中国の軍隊は共産党の所属)が国境を突破して朝鮮半島に乱入し、米軍を中心とした国連軍が一時壊滅状態に陥り、以後、停戦まで泥沼の戦いが続いたことを彼らは忘れていませんでした(このとき朝鮮戦争の休戦からまだ11年しか経っていない)。

よって、アメリカ政府は極端に中国の介入を恐れ、このため北ベトナムへの軍事的な侵攻を南ベトナム軍に許可しませんでした。1964年のトンキン湾事件が起きるまでは、あくまでアメリカの軍事顧問団によって支援された南ベトナム軍が、南ベトナム国内だけで戦っている内戦だったのです。

なので南ベトナムは北ベトナム領内に特殊部隊を送り込んだり、高速ボートで港湾施設を攻撃したりしたものの、本格的に北ベトナムに戦争を仕掛けることはしていません。

ちなみにのちにアメリカが北爆で北ベトナム相手に航空戦を仕掛けますが、それでも地上戦は行なわず、南ベトナム軍も最後まで北ベトナムには侵攻しなかったので、地上戦に関しては北ベトナムは一度も戦場になっていません。

ルールを変えたトンキン湾事件

しかしトンキン湾事件により、その暗黙のルールが変わりました。同事件は1964年8月に起きた、北ベトナム艦艇によるアメリカの駆逐艦攻撃です。まずは8月2日、北ベトナムの沿岸で電波情報を収集中だった駆逐艦USSマドックス(USS Maddox DD-731)が、北ベトナム軍の魚雷艇(MTB)から魚雷と機関銃による攻撃を受けました。

これは、その直前に起きていた南ベトナム軍による北ベトナムの港湾襲撃にこの駆逐艦が関係していると見た北ベトナム軍からの反撃でした(マクナマラによると、実際は両者は無関係で、北ベトナム側の思い違いとされる)。

この攻撃に関しては偶発的な要素が大きいことから、アメリカ側も慎重な対応を決め、報復攻撃はしないことを決定しました。ただし、この決定に軍部、さらには南ベトナム大使に転出していた例のマクスウェル・テイラーが強い反対を唱え、報復を強く要請しています。アメリカ相手に直接北ベトナム軍が本格的な攻撃をしてきたのは初めてのことだった点に注意が必要です。

［図7-7］1960年代前半に撮影された、アメリカ海軍のアレン・M・サムナー級駆逐艦ＵＳＳマドックス。魚雷艇より雷撃を受けた事件は、アメリカがベトナム戦争に本格介入するきっかけとなった

さらにその2日後、8月4日の現地時間21時頃、ＵＳＳマドックスと増派されていた駆逐艦ターナー・ジョイ（Turner Joy DD-951）から「魚雷艇による夜襲を受けた」という報告が入ります。ただし夜間であり、本当に攻撃があったのかはっきりせず、マクナマラら政府高官は情報の確認に追われます。

このときはレーダーでボートの接近を感知したとするＵＳＳマドックスから空母ＵＳＳタイゴンデロガに応援要請がなされ、同空母からスクランブルでF-8クルセイダー×2機が飛び立つのですが、両機は最後まで北ベトナム軍の魚雷艇を見かけないまま帰還します。

そもそも夜間の攻撃であり、アメリカ側も当初はこれは暗闇の中で何かを誤認したものでないか、という推測に傾きました。まず攻撃の報告からほぼ4時間後、ＵＳＳマドックスに乗船していた情報収集作戦指揮官の少佐が「襲撃の発生は怪しい」と報告。太平洋方面軍司令官（Commander in Chief U.S. Pacific Command）だったシャープ大将（U.S. Grant Sharp Jr.）もマクナマラからの問い合わせに「攻撃があったとは断言できない」と回答しています。［図7-9］

しかし、その2時間後に少佐は「攻撃はあった」と証言をひるがえし、その直後にシャープ大将も「攻撃を受けた」との報告を行なってきました。

［図7-8］1966年1月、ベトナム近海で、補給艦から補給を受けているアメリカ海軍のエセックス級航空母艦USSタイゴンデロガ。第二次世界大戦終盤に就役し、1950年代に近代化改装を受け、1973年に退役した。艦上には艦載機としてチャンス・ヴォートF-8クルセイダーが見える

［図7-9］トンキン湾事件のとき太平洋方面軍司令官であったシャープ大将(Ulysses Simpson Grant Sharp Jr.)（1906～2001年）

このため、前回の弱腰の対応に軍関係者から反発があったこともあり、統合参謀本部と協議のうえ、マクナマラは報復を決断します。国家安全保障会議でジョンソン大統領がこれに許可を与え、空母USSタイゴンデロガとUSSコンステレーションから艦載機が北ベトナムの魚雷艇基地とその燃料設備へと爆撃に向かうのでした(以上は主にマクナマラが回顧録の中で当時の資料を調べ直して述べた記述による)。

ただし、多くの証言や資料により、この2回目の攻撃だとされた8月4日の夜襲は完全な誤認だったことがのちに確認されます。なのでこの攻撃報告はジョンソン政権がベトナム戦争に本格介入するための狂言だったのではないかという説もあったのですが、マクナマラはこれを否定し、純粋な事故だと

証言しています。

　この件に関しては、いくつかの点から見て、おそらくマクナマラが正しいと思われます。ただしこのときの海軍の対応が怪しいのは事実で、どうも何かを狙ってやった感はぬぐえません。

「空軍力だけでこの戦争を片付けられる」

　このアメリカ軍による北ベトナム領内への報復攻撃が行なわれた結果、二つの不文律が破られてしまいます。一つは、アメリカ軍が直接この戦争に参戦してしまったこと、そしてもう一つは今まで南ベトナムの内戦だった戦争に北ベトナムを巻き込んでしまったことです。

　さらにこの攻撃の後、議会はいわゆるトンキン湾決議により、ジョンソン大統領に議会の承認なしで自由に戦争を遂行できる権限を与えてしまいます。これが戦争の泥沼化へのアクセルを踏み込む原因となりました。

　しかし、これによってアメリカがすぐにベトナム戦争の泥沼に巻き込まれたわけではなく、当初、ジョンソン政権はそれ以上の関与に否定的でした。けれど制服組の軍人の最高意思決定機関である統合参謀本部からマクナマラに対し、強くアメリカの関与が求められ始めます。その中心となっていたのが、航空戦力による北ベトナムへの爆撃、いわゆる北爆の計画でした。

　特に熱心だったのが、言うまでもなく空軍参謀総長だったルメイです。彼は北ベトナムに対する航空戦だけで、北ベトナムがこれ以上南ベトナムのベトコンを支援する意思を破壊できると主張し、熱心に北爆を進言し続けます。当然、それは「空軍力だけでこの戦争を片付けられる」という主張になっていました。

　これは言うまでもなく、第二次世界大戦時の勝利を土台にした戦略爆撃論ですが、これはドイツや日本のように一定レベルの産業や交通機関が存在する場合に有効なのだ、というハロルド・ジョージの理論の核心部は完全に置き去りになっていました。

　農業国にすぎず、戦闘もゲリラ戦であった当時のベトナムでは、産業の中心も、交通網の中心も存在しませんでした。兵器も燃料もソ連や中国からの支援で、さらに軍事物質の多くは自転車や徒歩、せいぜい小型トラックで運ばれるだけであり、ここを叩けばすべてが麻痺するという中枢などどこにも存在しなかったのです。

　よってこの作戦が失敗するのは目に見えていたはずなのですが、最後まで空軍は北爆の効果を疑問視することはありませんでした。

そしてトンキン事件の直後、1964年9月には早くも空軍主導で北ベトナム領内の94ヵ所の爆撃目標が選ばれ、これらの爆撃遂行を推す勧告が統合参謀本部からマクナマラ相手に提出されます。このときアメリカは、北ベトナムに対して宣戦布告もしていません。戦争状態にない国家の領内を一方的に爆撃しろというこの勧告は狂気であり、この時代のアメリカ軍部はどうかしているとしか言いようがありません。

ちなみに陸軍参謀総長のジョンソン大将（Harold Keith Johnson）は北爆の効果を疑問視しており、統合参謀本部内では勧告に最後まで反対していたのですが、これは陸軍に先見の明があったのではなく、単に自分たちに仕事がないから、というだけの話でした。

直接介入の開始とルメイの解任

アメリカ軍の直接介入が始まると、陸軍出身の現地指揮官ウエストモランド（William Westmoreland）は、政府の指導を無視する形でなし崩しに陸戦に参入。ほぼ独断で戦線を拡大し、最終的に55万人を超えるアメリカ兵をベトナムに呼び寄せ、その10％以上の5万8000人もの死者を出す原動力となっていきます（このあたりは1937年頃の日本陸軍における関東軍司令部の行動と驚くほどよく似ていることに個人的には戦慄を覚える。本当にこの時代のアメリカは軍事国家一歩手前だったのだ）。

のちにハルバースタムがベトナム戦争に至る政府の迷走を描いたノンフィクション、『The Best and the Brightest : Kennedy-Johnson Administrations』（邦題『ベスト＆ブライテスト――栄光と興奮に憑かれて』）の中で最大級の批判を受けているウェストモランド大将ですが、ベトナム戦争後には陸軍参謀総長に出世しています。無意味に5万8000ものアメリカの若者を殺して出世したわけです。

翌1965年に入ってから、最終的にマクナマラとジョンソン大統領は北爆の開始に踏み切ります。このあたりの事情は未だによく分からない部分が多く、おそらくは軍の指導部に押し切られた結果のように思います。

その決定の直後、実際の北爆が始まる直前の1965年2月に、ルメイは空軍参謀総長を解任されます。これは両者の対立と、これから本格化する軍事行動に関して大統領と国防長官に対して邪魔になるであろうルメイが切られたと見て間違いないでしょう。

有名なルメイ語録、

「戦闘機を飛ばすのはお楽しみ、重要な任務は爆撃機がやる」

（Flying fighters is fun. Flying bombers is important.）

「爆撃で奴らの生活を石器時代まで送り戻してやる」

（We're going to bomb them back into the Stone Age.）

が連発されたのもこの時期で、精神的にやや追い込まれていたのかもしれません。

ちなみにルメイは後年、石器時代発言は誤解で、言いたかったのは「アメリカにはその能力があるのだからバカなことは止めろ」という警告であって、自分としては余計な犠牲を出したくないという主旨だったと苦しい言い訳をしています。

決定的となったＳＡＣの凋落

最終的にルメイ無き空軍は北爆を開始するのですが、大きな損害が出ることを恐れた空軍は主力の戦略爆撃機Ｂ-52を投入しませんでした。
このためすでに書いたようにＦ-105サンダーチーフ、のちにはＦ-4がその主役となり、ＳＡＣのＢ-52は南ベトナムのベトコン基地や、輸送ルートである獣道があるジャングル一帯の爆撃に向けられ、「アジアの田んぼを耕すのが仕事」と揶揄されることになります。［図7-10］
当時、ＳＡＣはまだ十分な権力を握っていました。このため現地の指令系統に入っておらず、ベトナムの現地司令部どころ

［図7-10］単座の単発機ながら、ベトナム戦争の爆撃任務で主に使用された戦闘爆撃機F-105Dサンダーチーフ。750ポンド爆弾を16発携行している

か太平洋方面指令軍の指揮すら受けませんでした。驚くべきことに本国にあるSAC司令部がその指揮を直接執っていたのです（最後の最後、1972年のラインバッカー作戦Ⅰ&Ⅱでは指揮権を戻していた可能性がある）。

さらに当時のSACは世界展開する戦略爆撃機のために空中給油機もその配下に置いていましたが、これらが現地司令部の指揮下に入らなかったことで非常な混乱を招きました。結局、SACによる爆撃はほぼ効果がなかったことや現地でいらぬ混乱を招いたことなどから、SACの評価はガタ落ちしました。

そこに先に見た核兵器優先戦略の放棄やルメイの事実上の失脚などが重なり、SACの凋落は決定的になります。そういった意味では、ベトナム戦争が戦略爆撃やSACの終焉だったと見ることができます。

その後もICBMを握っていたSACの影響はある程度残り、ルメイ後も3代続けてSAC出身者が空軍参謀総長となっていたりしますが、それでも戦略爆撃が空軍の心臓部という雰囲気はすでに消えてしまいました。

ちなみに北爆は、ジョンソンとマクナマラの介入によって港湾施設や発電所などの重要設備が当初の爆撃目標から外されました。また敵の基地ですら、反撃を受けない限り攻撃を認めないという無茶苦茶な状況で開始されました。これは二人が北爆に乗り気でなかった結果ですが、これが作戦にとって大きな負担になったのも事実です。

無駄だった北ベトナムへの空爆

最後の大規模攻勢となったラインバッカー作戦はニクソン政権下の作戦だったため、二人ともすでに政府に不在でしたから、こういった規制はなく、ある程度徹底的に北ベトナムを叩くことができました。

これによって北ベトナムをある程度追い込んだのは事実で、空軍関係者などは、最初からそうしてればベトナム戦争はもっと早く終わったとしていますが、それは疑問でしょう。

北ベトナムはラインバッカー作戦で大損害を受けますが、それで降伏するか、南ベトナムから手を引くかは別の話です。地上軍の侵攻も核兵器も使えなかったうえに、先に見たような交通網や産業機関の心臓部なんて存在しなかったベトナム戦争では、いくら空爆を行なっても最終的に北ベトナムが負けを認めたとは思えません。特に北ベトナムは対フランス戦からすでに25年以上も戦い続けており、降伏する気なんてさらさらなかったと思われます。

実際、ラインバッカー作戦終了後、アメリカがベトナムを撤退する根拠となった1973年1月のパリ協定では、「195

4年のジュネーブ協定まで遡ってベトナムの状況を整理する」とされただけで、何らアメリカに有利な条件は含まれていません。すなわち北ベトナムは何一つ譲歩していないのです。主な条文を見れば、

第1条　米国および他の諸国は1954年のベトナムに対するジュネーブ協定によって承認された独立、主権、統一、領土保全を尊重。
第4条　米国は南ベトナムに対する軍事、内政介入を止める。
第15条　ベトナムの再統一は、南北ベトナム間の協議と合意により、どちらかによる強制や併合を伴わず、諸外国の干渉なしで、平和的手段により段階的に実現されること。再統一の予定は、南北ベトナムの合意によってなされること。

このようにアメリカの8年近い戦いはまったく意味がなかったと言ってもいい内容であり、そして結局、3年後の1975年に南ベトナム政府は北ベトナムによって崩壊させられます。ラインバッカー作戦はアメリカのプライドを保つための最後っ屁であり、それ以上の効果は何らありませんでした。そして、北爆がすべて無駄だったということの証左でもありました。

このように戦略爆撃と核兵器至上主義が終焉を迎えつつあるなか、ボイドのエネルギー機動性理論が登場し、戦闘機の時代の再来を告げることになります。

第八章　これ以上やさしく書けない　エネルギー機動性理論「超」入門

1 「エネルギー機動性理論」完成への道

熱力学からエネルギーの概念を学ぶ

さて、アメリカ空軍初の空戦マニュアルを完成させたボイドは、1960年の夏に長年勤めた戦闘機兵器訓練学校（FWS）教官の地位を去ることになりました。

次はどこに行ったのかというと、別の部隊に移動にはならず、ジョージア工科大学（Georgia Institute of Technology）で学ぶことになります。アメリカ南部では最高レベルと言われる工科系の大学で、軍に籍を置いたまま、ここに学生として入学しました。ちなみに同大学はのちのカーター大統領の母校でもあります（カーターは珍しい理系大統領）。

このときボイドは33歳ですが、大学1年生です。ただし、ボイドはこの大学を2年で終了しているので、どうも正式に卒業したというよりは聴講生みたいな形で通っていたようです。アメリカの大学の場合、成績が良くてやる気があれば2年で卒業も不可能ではないですが、当時の成績表によると、そこまで優秀ではなかったようです。

なぜまた33歳になってから再び大学に行ったのかというと、これも1957年のスプートニク・ショックが原因の一つだったりします。

弾道核ミサイル時代に突入した後のアメリカ空軍は、数学で戦争する軍隊の最たるものになっていました。弾道ミサイルの軌道を計算するだけでも高度な数学が必要で、さらにこれを制御するとなると、力学と工学的な高度な知識と経験が要求されます。空気抵抗まで考慮すると、死にたくなるような計算の嵐です。

このため空軍はスプートニク・ショックの後、積極的に理系の人間の確保、さらには育成に力を入れており、その一環としてボイドはジョージア工科大学に入れてもらえたようです。もっとも、彼は元は文系の人なので、よほど独学で頑張ったのだと思われます。

ただしボイドは弾道ミサイルになんて興味はなく、自分の空戦論をきちんと数学や力学によって理論化できないか、という考えから工科大学への進学を希望したようです。

先にも書いたように決して成績優秀な生徒ではなかったボイドですが、大学では熱力学という分野を知ることになりました。熱力学におけるエネルギー保存の法則を知ったとき、彼は自分が探していたものを見つけたことに気が付きます。もっとも当時のボイドの同級生（といっても19歳で、14も年下だが）によると、ボイドは熱力学を理解するのに苦労していたようです。

［図8-1］退役軍人の技術者に空軍への復帰を促す主旨と考えられる、1960年代頃の空軍の人員募集ポスター。スプートニク・ショックの後、空軍は積極的に理系の人間の確保・育成に力を入れていた

勘と経験の世界だった空戦に初めて持ち込まれた「エネルギーの概念」

それでもジョージア工科大学で熱力学との出会ったことで、ボイドはエネルギー機動性理論（E-M理論）の基本となる考えを得ることになります。それまで、速度や高度、加速度（G）だけで考えられていた空の戦いに、おそらく彼が初めてエネルギーという概念を持ち込むことになり、これが世界の空の戦いを根底から変えていく第一歩となるのです。

ボイドが最初に思いついたのは「飛行中の機体がもつエネルギーは形を変えながら、常に一定のまま保たれるはずだ」という単純なエネルギー保存の法則でした。飛行中の機体がもつエネルギーはエンジンの力を蓄積して得られる「運動エネルギー」と、高度（厳密には重力中心点に対する距離）を蓄積して得られる「位置エネルギー」の二つしかありません。そしてこれらのエネルギーが機体を動かす力を生みます。

力（F）＝エネルギー（E）÷移動距離（L）

特に音速飛行以下なら造波抵抗と熱によるエネルギー損失はほぼ無視できるので、空気の抵抗力によるエネルギー損失だけを考えればよく、だったら機体のもつ全エネルギーから空戦に利用できる力の大きさは計算で求められるのでは？　と彼は考えます。

ここまでなら、多くのパイロットも数式を使わずとも体感的になんとなく理解していたのですが、ボイドのすごいところはそこにエネルギーの変換速度の考え方を持ち込んだことです。

すなわち、「どんなに大きなエネルギーをもっていても、ゆっくりとしか使えないのでは意味がない。素早く使える奴が強い」ということです。素早くエネルギーを貯めて、素早く使えるPump and Dump（エネルギーの貯め込みと放出）の高速化となります。

ちなみにPump and Dumpは元々かなり下品な意味をもつスラングで、さらに1990年代後半あたりから、株式市場において風説によって株価を吊り上げて売り逃げる違法手段を指すようになってしまったので、あまりいい言葉ではありません。戦闘機パイロット以外の英語圏の相手にはこの言葉を使うのは注意しましょう。

重要なのは「エネルギーを素早く変換できること」

話を戻します。エネルギーの変換速度とは何か。

例えば高高度偵察機のU-2は、戦闘機では到達できない高高度を飛び、巨大な位置エネルギーをもちます。しかしその飛行速度は遅く、位置エネルギーを力に変換するのに時間がかかりすぎるため、戦闘機相手に空中戦なんてできません。より低い高度で小さい位置エネルギーをもっているだけの戦闘機に空中戦を挑んでも勝てないのです。すなわち、単にデカいエネルギーをもっているだけじゃダメ、ということになります。

これが彼のエネルギー機動性理論の肝であり、それはエネルギーの使用と蓄積の速度、つまり速さの問題であると考えることもできます。

機体のもつエネルギーが大きいほど有利というのは、すでに第二次世界大戦中から戦闘機パイロットは勘で理解していましたが、これをきちんと理論的に整理し、さらにエネルギーの

［図8-2］高度2万7,000メートルが通常活動高度であるU-2は巨大な位置エネルギーをもつ。しかしグライダーのような長い主翼で、かつ構造的にも高いGに耐えられないため、その位置エネルギーを利用して戦闘機相手に格闘戦を仕掛けることはできない。これは高いエネルギーをもつ者が必ずしも有利ではない、ということを意味する

使用速度、すなわち変換効率という考えを持ち込んだのがボイドのエネルギー機動性理論なのです。この点については次節の【2　エネルギー機動性理論「超」入門】（81ページ）で詳しく説明します。

実際、最初にボイドがこの考えを思いついたとき、理屈の上では単純な話であるため、おそらく先行した研究があるはずだと彼は考えました。そのためしばらくそれを探すことになりますが、そもそもボイドは戦闘機兵器訓練学校の教育部で指導監督をしており、この手の情報の最前線に何年もいたのですから、そういった理論があるなら何らかの形で情報は入ってきたはずです。

しかし「エネルギーで空中戦を説明する」なんて話を彼は聞いたことがありませんでした。念のため、大学の熱力学の教授にも確認したようですが、そんな研究は知らんと言われて終わります。

この結果、ボイドは自分が何か大きな発見の入り口にいる、と気が付くのです。そして、彼はこの考え方をもっと突き進めて、より厳密な理論にすることにこの後の2年間を費やすのですが、あくまで個人での活動であったため、空軍からは何ら援助を得られませんでした。

1962年にジョージア工科大学での勉強を終えたボイドは空軍に復帰します。すると今度は、アメリカ東南の果てと言っていい、フロリダ州のエグリン基地への配属を告げられます。

同時にボイドは少佐（Major）に昇進するのですが、これが彼の長い少佐時代の始まりになります。ちなみにこの時期のボイドのニックネームは〝狂った少佐（Mad Major）〟でした。

1962年だとすでにケネディ政権ですが、空軍の最高責任者である空軍参謀総長の地位にいたのはあのカーチス・ルメイであり、未だSACの力は衰えていませんでした。よってボイドの戦闘機に関する研究を続けたいという願いはまったく受け入れられず、基地の通常業務に就くようにとの辞令を受けます。この結果、エグリン基地での仕事に不満を募らせたボイドは上官とトラブルを起こし続け、万年少佐への道を邁進することになります。

それでもボイドはエネルギー機動性理論の追求を諦めず、仕事が終わってからと週末の時間を使って、狂ったようにこの理論を追求し続けました。どう考えても彼のキャリアにとって何のメリットもなく、金にも何にもならないアイデアでしたが、ただ知りたいというだけで追求し続けるのはボイドの個性の一つで、これは晩年まで続くことになります。もっとも、このおかげで彼の家族はそれこそ大迷惑を被ることになりました。

ボイド理論の真逆を向いていた当時の空軍

ボイドがエネルギー機動性理論と格闘していた時代、空軍がどのような環境に置かれていたかをここで再度確認しておきます。1962年の段階では先に書いたようにルメイ〝閣下〟が空軍の頂点に君臨していたわけですが、と同時にその天敵マクナマラが国防長官に就任しています。これは戦略爆撃至上主義の終焉の始まりを意味しました。

そして彼の「戦闘機を統合せよ！」という指示で、空軍がF-4を採用する羽目になっていたのもちょうどこの時期です。さらにはベトナム戦争の足音が徐々にアメリカ軍に近づきつつあった時期でもあります。やがて起こる大変革の直前、静かにマグマが溜まりつつあったというのが。この1962年前後と考えておけば間違いないでしょう。

そのような環境で独自に理論を固めつつあったボイドですが、それが正しいのかを確認するには、あまりに膨大なデータを一人で計算する必要があり、さすがに厳しい状況になりつつありました。さらに2年ほど工科大学に通っただけで、元々数学に関する知識が少なかったボイドは限界を感じ始めます。

そんなとき、彼は基地内にコンピュータを運用する組織があると知り、興味をもちます。エグリン基地は空軍の研究開発部門という傾向が強い基地の一つで、ここには当時まだ珍しかったコンピュータを運用する組織が置かれていたのです。当時はまだコンピュータがどんなものかもよく知られていなかった時代ですが、ボイドはこれを使えば膨大な計算もなんとかなるのではないかと直感的に見抜いたようです。

当時、空軍の大型コンピュータの運用は軍に雇用された民間人が行なっていました。ボイドは正面からこの事務所に乗り込み、自分の研究のためにここのコンピュータを使わせろと要求しますが一蹴され、速攻で追い出される結果になります。

同志・クリスティとの偶然の出会い

このような状況に行き詰まりを感じていたボイドは、週末に基地のバーに乗り込んでは手当たり次第に誰かを捕まえ、自説を説明しては気炎を上げていました。しかしそのあたりを直感的に理解できるパイロットは「当たり前だ、だからどうした!?」という顔をし、理解できなかった人間は話をほとんど聞いていないという状況が続きます。

なので、すべてはここで終わってしまっても不思議はなかったのですが、前向きに突き進む人物には、時として運命とも言える出会いがあったりするのです。

ある週末、例によってボイドが基地のバーで気炎を上げていると、知り合いの士官から一人の男を紹介されます。紹介が終わるとボイドは、さっそく自分のエネルギー機動性理論を説明し始めます。そしてボイドの話が終わったとき、その男は静かに一言、感想を述べます。

「あんたは正しいと思うよ。そんな考え方は初めて聞いた」

これにはボイドのほうが驚いたようで、彼はナプキンに慌てて数式を書き、興奮したように説明を続けました。そして一方的に話を続けていたボイドは、突然思い出したように相手に尋ねます。

「ところであんたは、この基地で何の仕事をしているんだ?」

「爆弾投下用のチャートを開発している。コンピュータを使ってね」

ボイドの理論に初めて賛同してくれた男の名はトーマス・P・クリスティ。基地のコンピュータを使う権利をもつ人物であり、さらにボイドがもっていなかった高度な数学の知識をもっていました。二人は意気投合し、共同でその理論の研究を行なうことに同意します。この瞬間、エネルギー機動性理論が生まれることになったと考えてよいでしょう。

そしてその夜、ボイドが言った言葉を、クリスティは忘れませんでした。

「俺たちはコンチクショウなほどいい仕事ができそうだぜ、タイガー」

(Tiger, We are gonna do some goddamn good work.)

タイガーというのは当時の空軍の戦闘機乗りが仲間に呼びかけるときの言い方で、これをボイドはパイロットどころか軍人ですらない、コンピュータ技術者のクリスティに使いました。そして彼とボイドの不思議な友情は、ボイドが死ぬときまで変わらずに続くことになります。

クリスティの申請で大型コンピュータを使えることに

ボイドと運命的とも言える出会いをしたクリスティですが、彼はそのコンピュータと数学に関する知識によってエネルギー機動性理論の完成に貢献することになります。

ただし、この段階ではまだこの理論に正式な名前はなく、ボイドは「余剰力理論(Excess power theory)」と呼んでいたようです。エネルギー機動性理論と名付けたのは研究がだいぶ進んでからだったとされます。

ちなみにボイドは理屈で考えるタイプで、クリスティは数式で考えるタイプでした。理屈で納得できるまで動かないボイドと、計算結果がそうなら従うまでというクリスティはある意味で水と油だったのですが、なぜかこの二人は馬が合い、以後もそのコンビは続くことになります。

ちなみにクリスティのほうが8歳年下なのですが（当時27歳）、はるかに思慮分別があり、常に保護者的な立場からボイドをバックアップしていきます。

そして何よりボイドにとって幸運だったのは、クリスティが基地にあったコンピュータ施設に勤務する民間人であり、さらにはコンピュータのプログラム作成と運用について、重要なポジションに就いていたことでした。これによって、散々門前払いされたボイドのコンピュータ使用許可申請が簡単に通ることになってしまいます。

クリスティは戦術核爆弾による攻撃計画をコンピュータシミュレーションで組み立てるという、1962年にしては先進的な研究を行なっていました。彼が研究のためにコンピュータを使いたいと言えば、何の問題もなく使えてしまったのです。

とりあえず最初はクリスティが個人的に使えたワン・コンピュータ（Wang Computer）という、当時そこそこ普及していた小型マシンを使っていたのですが、やがてそれではとても追いつかない、ということになってきます。

こうなると基地に1台しかないIBM704大型コンピュータを使うしかなく、これをクリスティの個人的な研究のため、空き時間に使用させてほしいと申請することで利用してしまったのだとか。［図8-3］

［図8-3］IBM704大型コンピュータ。これにオープンリール式のテープレコーダが何台も付いている。キーボードもまだないので、おそらく予めパンチカードで入力したのだと思われる（Photo：NASA）

ちなみに、ＩＢＭ７０４は世界で初めて音声合成と人工音源で音楽をつくったコンピュータであり、歌うコンピュータでもありました。歌った曲は「デイジー・ベル（Daisy Bell）」。これを見学したアーサー・Ｃ・クラークがのちに脚本に参加した映画「２００１年宇宙の旅」で、命乞いをするＨＡＬ９０００コンピュータに歌わせたのがこの曲でした（ちなみにＩＢＭのアルファベットを一つずつ前にずらしてＨＡＬコンピュータになったという話は映画公開後に広まった誤解で、クラークはこの点を否定している）。

よってＩＢＭ７０４は世界で初めて歌を歌って、世界中の戦闘機を革新する原動力となったエネルギー機動性理論を生み出したコンピュータということになります。

検証データをめぐる一悶着

ここまで来ると、ボイドの理論はほぼ正しいと見做せるようになってきました。となると、後は実際の航空機のデータを使って検証していくという方向に研究は進んでいきます。

エネルギー機動性理論に必要となるデータは、主に次の４つでした。

①飛行中の機体の正確な重量
②エンジンの高度（＆気温）ごとの最大出力
③さまざまな迎え角における機体の抵抗係数
④各高度でエンジンを最大出力にしたときの最高速度

ここでボイドは空軍在籍中、常に対立し続けることになる最大の敵に出会うことになります。それがオハイオ州のライト・パターソン基地にあった空軍の航空力学研究所（Flight Dynamics Laboratory）でした。

ここがアメリカとソ連の主な機体の試験データをもっており、空軍関係者なら、申請すればそのデータを入手することは可能でした。なのでボイドはこのデータを請求し、これを受け取るために自らＴ-33を操縦してフロリダからオハイオまで飛んでいます。

ただし、そのときボイドはまだ知らなかったのですが、空軍がもっている機体データには実は二つの種類があるのでした。一つは外部に公表していい、都合よく数字がいじられた表向きデータで、もう一つが一部の人間、具体的には航空力学研究所関係者と軍首脳部などにしか与えられなかった正しい数値データです。このとき、ボイドが渡されたのは当然、前者の表向きデータのほうだったのでした。

空軍としては、わざわざ正確なアメリカ軍のデータを公表して、敵が情報を手にしてしまう危険性を犯す必要は何もなく、しかも数字をゴマかして渡したところで、相手はこれを確認する術がありませんからバレません。よって、それで問題ないわけです。ちなみに、これは21世紀の現在もおそらく変わっておらず、多くの機体の空軍公称データはいろいろ怪しいので要注意です。

そんなわけで、どこの馬の骨だかも分からない少佐相手に彼らが正しいデータを渡すはずはなく、当然のごとくパチモンデータを与えたのでした。

ところが今回は相手が悪かったようです。

ボイドは異常な勘の持ち主でした。クリスティによれば、コンピュータから用紙にプリントアウトされた、ひたすら数字が羅列されただけの数メートルもの長さの計算結果にざっと目を通すだけで、データの入力ミスと思われる間違いを即座に見つけてしまい、そこを修正させていたそうです。

このため計算結果を見て、このデータは出鱈目であることに彼はすぐに気が付いたようです。ボイドは騙されて大人しく引っ込んでいるようなタマではないですから、激怒してライト・パターソン空軍基地に殴り込んでいきます。

このとき正義はボイドにあったため、最終的に正しいデータを彼は手に入れるのですが、この件での感情的な対立は後々まで尾を引きました。ボイドがペンタゴン（国防省）で働くようになっても、ライト・パターソン航空力学研究所は彼への協力を徹底的に拒み続けることになります。

もう一人の技術者、ヒルカーとの出会い

そんなエネルギー機動性理論の研究中に、ボイドはもう一人の人物と出会います。のちのF-16の開発で重要な役割を果たす、ジェネラル・ダイナミクス技術責任者のハリー・ヒルカー（Harry Hillaker）です。当時彼はF-111の開発に参加していましたが、1962年末にエグリン基地を訪れたとき、たまたま基地のバーに立ち寄ってボイドに会うことになります。［図8-4］

ちなみにF-111の機体設計の担当はウィッドマー（Robert H. Widmer）ですから、ヒルカーは計画全体の進行管理のような立場だったようです。［図8-5］

その後、ヒルカーとウィッドマーはF-16の開発でも同じチームとなります。意外な印象がありますが、あのおデブで使い物にならなかったF-111とエネルギー機動性理論の申し子のような軽量機F-16は同じ人材が中心になって開発した機体なのです。

ただし、この1962年末の段階ではF-111はまだ試作機もできておらず、初飛行までまだ2年近くありましたから、

［図8-4］写真の一番左がエグリン基地のバーでボイドと会って意気投合したハリー・ヒルカー（1919〜2009年）。写真は1978年頃、強化型戦術戦闘機（ETF）計画のためにF-16の派生型F-16XLの模型を開発していた当時のもの（なお、ETFにはF-15Eストライクイーグルが選ばれた）

［図8-5］1962年、自身が設計したアメリカ空軍初の超音速爆撃機コンベアB-58ハスラーの前で写真に収まるロバート・ウィッドマー（1916〜2011年）。この後、問題作のF-111に携わることとなる（Photo：General Dynamic）

どんな戦闘機になるか、まだ混沌としていた時期でした。それでも海軍と空軍が採用し、上手くいけばイギリス空軍も採用する可能性もあり、ヒルカーとしては得意絶頂というタイミングでした。彼が基地のバーでボイドに出会ったのはそんなときでした。

実はヒルカーは、バーで見かけた大声でしゃべりまくっているボイドにあまりいい印象をもっておらず、紹介されたとき、困ったなと思ったそうです。さらに、ボイドの挨拶代わりの言葉が追い討ちをかけます。

「5万8000ポンド（26．3トン）もあるゴミみたいな飛行機をつくって、戦闘機と呼んでいるんだって？」

それを聞いたヒルカーは一瞬ムカっとしますが、

「戦闘爆撃機だよ」

と大人の対応をするのでした。ボイドはそんなことはお構いなしに、可変翼による重量増がもたらすデメリットを延々とまくしたてます。

ヒルカーが驚いたのは、ボイドが設計段階のまだまだ極秘だったF-111の性能を極めて正確に見積もっていた点でした。彼は戦闘機パイロットといえば、ワーッと飛んでいって、ワーッと帰ってきて、ワーッとバーで騒ぐ人種だと思っていたのですが、どうもこのボイドという男はただのバカではないと気が付きます。

そこで、第一印象こそ最悪だった両者ですが、ヒルカーはボイドのエネルギー機動性理論を聞いて理解し、そして強く魅入られてしまいます。

この結果、F-111開発の目処が立つと、彼はその理論に基づいた新しい戦闘機の設計チームを密かに立ち上げ、ボイドやスプレイと組んでF-16という傑作戦闘機を形にすることになるのでした。

ただし、こう書くと軽量戦闘機（LWF）の開発競作は出来レースで、競争相手のYF-17には最初から勝ち目がなかったような印象を受けるかもしれませんが、実はボイドは最後までYF-17が勝つと思っていました。なので、YF-16がパイロットから強い支持を受けて採用になったことにむしろ驚いたのです。

基地司令官の協力を得て、報告会へ

1963年夏になるとエネルギー機動性理論も、ある程度形になってきました。実はエグリン基地の基地司令官はネリス空軍基地時代からのボイドの知人で（名前不明。ボイドの伝記の作者ロバート・コラムが取材したときには名前の公開を拒否されたらしい）、ボイドが基地で問題を起こしまくりながらクビにならなかったのは、この基地司令官のおかげという部分もありました。

やがて、この人物がボイドの理論を知り、そのバックアップをしてくれるようになります。この結果、なんらかの形で上層部へ内容の報告することを求められるのですが、クリスティはレポートの形でまとめることを考えたのに対し、ボイドはブリーフィングの形で自分が直接説明することを希望します。結局、ボイドの意見が通って、スライドフィルムを使ってのブリーフィングとして、冒頭の報告会が開かれることになるのでした（【第六章 "Mad Major" ジョン・ボイドの登場】7ページ）。

この「文章にしないで報告会で直接説明する」というのもボイドの一つの特徴で、以後の彼の理論でも文章でまとめられたものはたった一つしかありません。それ以外はすべて彼の頭の中にあるという状態で終わり、現在、我々が見ることができるのは、そのときに使われた簡単なパンフレットのみ、ということが多いのです。

よって本書も、それらの断片的なパンフレット、そして当時の関係者の証言を中心にまとめられています。この点はご了承のほどを。ただし彼の理論は極めて論理的ですから、順を追って理解していけば、ほぼ間違えることはないはずです。

2　エネルギー機動性理論「超」入門

「位置エネルギー」と「運動エネルギー」

いよいよエネルギー機動性理論（Energy-maneuverability theory）、いわゆるE-M理論の内容を具体的に見ていきます。ボイドは航空機がもつ運動性能を「機動能力（Maneuverability）」と呼びました。エネルギー機動性理論はそれを数字で比較できるように計算可能にしたもの、と考えてもらえば大筋で問題ありません。

1963年にボイドとクリスティの共同研究として発表されたこの理論を簡単に説明すると、「機体がもつエネルギーの総量と重量との比、そしてその使用速度によって機動性能は決定される」ということです。つまり「位置エネルギーと運動エネルギーの二つをより多くもっている機体、さらにこれらを素早く充填し、かつ利用できる機体が最強の機動力をもつ戦闘機となる」ということになります。

単に大きなエネルギーをもっているだけではダメで、その補充と利用速度が速い必要がある、という点が重要であることに注意してください。単なるエネルギーのやり取りだけでなく、このあたりに注目したのがボイドの慧眼であり、この理論の最大のポイントです。

基礎知識①——エネルギーって何？

最初に、エネルギー機動性理論を理解するための最低限の知識を簡単に確認しておきます。

とりあえず理論の名前にもなっているエネルギーの定義から。そもそもエネルギーって何だ？　という話です。

といっても、これは厳密な定義は不可能に近く、ガソリンもエネルギーなら、食事の糖分もエネルギーです。地球中心点からの距離だって位置エネルギーになるうえに、かわいいあの子の声援は心のエネルギーに変換可能です。

しかし私の知る限り、かわいいあの子の声援で戦闘機は飛ばせないので、ここでは、以下の力学的な定義に従います。

力を発生させて、〝仕事〟を行なうのに必要なものが〝エネルギー〟である。

あらゆる〝仕事〟は、エネルギーの消費と引き換えに発生する力を使って行なわれます。少なくとも地球上の我々の生活環境では力はなんらかのエネルギーがないと絶対に生まれません。車やバイク、航空機もエネルギー源である燃料がないと力が生じず、自由に動くことができないわけです。ここでの〝仕事〟とは力学的な意味の仕事量のことですが、機体を運動させることだと考えてもらえば大丈夫です。

航空機の場合、上昇や旋回といったすべての機動に翼の揚力、つまり機体に対して上向きの力を使います。そのため、揚力に変換できるエネルギーの大きさが、機動力の大きさを決定します。当たり前と言えば当たり前です。

そして機体を運動させるのに必要な〝力〟を直接生じさせることができるエネルギー、すなわち消費することで即座に力に変換できるエネルギーは2種類しかありません。「速度によって得られる運動エネルギー」と「高度によって得られる位置エネルギー」です。それ以外のエネルギー、例えば熱エネルギーや、かわいい彼女の声援による心のエネルギーなどは直接力に変換できないので、ここでは考える必要がないと思ってください。

なお、熱エネルギーによって物体の膨張・爆発を引き起こし、力に変換して利用するのがエンジンですが、人類は未だに熱エネルギーを力に直接変換する方法を知りません。このため爆発・膨張を媒介に運動エネルギーに変換しています（例外としてゼーベック効果による熱発電があるが、これも熱エネルギーによって電気を生じさせるだけで、力に変換されるわけではない）。ちなみにかわいい彼女の声援については、未だ力学的な解明がなされていないのでここでは割愛します。

基礎知識②——二つのエネルギーの総量は常に一定

二つのエネルギーを理解するために、それぞれの量を求める数式をここで説明しておきます。どちらもきちんと理解するには積分の理解が必要ですが、ここでは丸暗記で構いません。

運動エネルギー（E）＝1／2×質量（m）×速度（v）×速度（v）

位置エネルギー（E）＝質量（m）×加速度（a）×高度（h）

異なる数式ですが、計算してみればどちらも単位（次元）は$kg \times m^2/s^2$になり、同じ種類の量（エネルギー）であることが分かります。ちなみに$1kg \times m^2/s^2 = 1J$（ジュール）ですが、私はSI単位（国際単位系）は死ぬほど嫌いなので、ここでは無視します。

ただし航空機がもつ位置エネルギーは重力加速度($g=9.8m/s^2$）によるものだけなので、その位置エネルギーは

航空機のもつ位置エネルギー＝質量（m）×重力加速度（g）×高度（h）

と表記されることが多いです。よってこの記事でもこちらを使います。

とりあえず運動と位置の両エネルギー共に、機体の質量が増加すると大きくなることと、運動エネルギーでは速度が、位置エネルギーでは高度が増大するとエネルギーが大きくなることを見ておいてください。

ちなみに仕事量＝エネルギーとなることが力学的に知られていますので、質量が大きいほど〝仕事〟をすることになります。つまり動かすには大きなエネルギーが必要で、速度と高度を大きくするにも大きなエネルギーが必要、ということでもあります。

航空機の場合、運動エネルギーはエンジン出力によってもたらされる速度から、位置エネルギーは単純に飛行高度から、それぞれ得られます。

そして両者はエネルギー保存法則によって形を変えながら、常に一定の総量を維持します。例えば位置エネルギーで高度を失うと、その落下によって速度が上がり、運動エネルギーが大きくなります。逆に上昇に入ると速度が落ちて運動エネルギーが落ちますが、高度を稼ぐことによって位置エネルギーが増えるのです。

こういった変換によって、両者の総量は常に一定に保たれます（ただし現実には空気抵抗の力によって少しずつ失われていく）。この点も覚えておいてください。

基礎知識③——力の発生量はエネルギーを使い続ける距離に反比例する

では必要知識の最後に、エネルギーと力の変換式を述べておきます。

力（F）＝エネルギー（E）÷移動距離（L）

この式は、力はエネルギーから生じることと、その発生量はエネルギーを使い続ける距離に反比例する、ということを意味します。つまり同量のエネルギーを使うなら、距離が長いほど発生する力はどんどん小さくなり、逆に短い距離で一気に使うならより大きな力となる、ということです。

そしてこの式を変形すると、もう一つのエネルギーを求める式、

エネルギー（E）＝力（F）×移動距離（L）

が求められます。この式は後でエネルギー機動性理論の式を求めるのに使うので、覚えておいてください。

ちなみに、力と移動距離のどちらかのエネルギーだけでも飛行は可能です。例えばグライダーは高度から得られる位置エネルギーだけで空を飛んでいます。その代わり、派手な機動をしてエネルギーを消費すると、どんどん位置エネルギーを失って高度が落ち、自力でこれを回復させることができません。

通常の航空機はエンジン推力で速度を得て、運動エネルギーを再度蓄積します。それを翼の揚力に変換して高度を維持するのですが、グライダーではそれは無理なのです。

なお、実際のグライダーの飛行では上昇気流を捉えて上昇し、高度を稼ぐことも可能ですが、それは自力のエネルギー回復ではないのでここでは考えないこととします。

質量が軽いほうがより長い距離を動かせる——比エネルギー

では、ここからは具体的なエネルギー機動性理論の数式を考えていきます。

ここまでに見てきたように、機体のもつエネルギーの大きさが航空機を動かすすべての力の元になるので、その総量を比較すれば機体の機動性能が分かることになります。ただし単純

に大きなエネルギーをもっていればいいという話にはなりません。

まず同じエネルギー量なら、機体質量が軽いほうがより長い距離を動かすことができ、逆に重ければわずかな距離しか動かせない、という点を考慮する必要があります。

この点を比較するため、全質量で全エネルギーを割り算し、質量1キログラムあたりのエネルギー量を求める必要があります。これは次の式で求められ、「比エネルギー（Specific energy）」と呼ばれます。

比エネルギー＝全エネルギー量÷機体質量

これは、車などで使われるパワーウェイトレシオ（Power-weight ratio：重量出力比）に近い考え方だと思ってください。質量1キログラムあたりがもつエネルギー量を求めるものですから、当然、数字が大きいほうが有利になります。

余談ですがSpecific energyを余剰エネルギーと妙な翻訳している日本語資料が多いですが、どこをどうやっても余剰という言葉は出てこないはずです。これは日本語としても、力学的にも完全な誤訳ですから気をつけてください。比エネルギーという日本語が一番実態に近いでしょう。

また、本書では「質量」と「重量」の意味を厳密に使い分けています。簡単に説明しておくと、物質がもっている基本的な動かしにくさの量が質量、それに地球の重力加速度が加わって力となったものが重量です。

あと私の知る限り、「比エネルギー」は決められたアルファベット表記がありません。さらにSI単位にも指定がないため、J／kgという訳が分からない単位表記になります。ただし実際の単位（次元）は

$$kg \times m^2 / s^2 \div kg = m^2 / s^2$$

という、ちょっと変わったものになり、キログラム（kg）は消えてしまうことに注意してください。当然、これはm^2/s^2、すなわち速度の二乗を意味します。

比エネルギーの計算が複雑になる3つの理由

では、飛行中の機体の比エネルギーを求めていきます。

まずは飛行中の機体がもつ全エネルギーを計算します。これは先述の通り、位置エネルギーと運動エネルギーの合計ですから、［図8-6］という式で求められます。

$1/2m \times v^2$が運動エネルギーで、mghが位置エネルギーです。後はこれを機体の質量（m）で割れば、［図8-7］のよう

$$1/2mv^2 + mgh = E \text{（全エネルギー）}$$

m＝質量（kg）
v＝速度（m/s）
g＝重力加速度（＝$9.8m/s^2$）
h＝高さ

［図8-6］

に比エネルギーが出ます。

極めて簡単な話で、ボイドはかなり早い段階でここまでは到達していたはずです。実際、これでもある程度の機体性能の推測はできるのです。

しかし、これだけではダメだということにも、間もなくボイドは気が付いたと思われます。

まず一点目は、同じエネルギー量でも、〝どれだけ素早く使って力に変換できるか〟が問題になります。これのおかげで高高度偵察機U-2などは、位置エネルギーの優位を使えないのです。

よってエネルギーの使用速度を比較する必要があり、このため時間で微分（割り算）し、その使用＆消費速度を求める必要があります（移動距離を時間で割ると移動速度になるように、量を時間で微分する［割り算して比を取る］とその速度になる）。

もう一点は、理論と現実の差です。現実の機体はこのエネルギーをすべて機体の運動のために使うことができません。空気抵抗の力が生じるため、エネルギーの一部がそれに食いつぶ

$$\frac{(1/2mv^2 + mgh)}{m} = \text{比エネルギー}$$

m＝機体重量（kg）
v＝機体速度（m/s）
g＝重力加速度（＝$9.8m/s^2$）
h＝高度差

［図8-7］

されてしまうからです。すなわち実際に使えるエネルギーはもっと少ないのです。よって、機体のもつエネルギーから空気抵抗を抑え込むために消費されてしまうエネルギーを差し引かねばなりません。

そして3点目は、派手な機動を行なう戦闘機では、「質量」に対するエネルギー量の比を取るのではなく、「重量」に対するエネルギー量の比にしないと参考になりません。強烈な旋回を掛けると機体には強い加速度（G）が掛かって大きな力が生じ、機体の「重量」が変化するためです。

当然、それを支える主翼の揚力も大きくしなくてはなりません。そこから発生する揚力が機体のもつ全エネルギー量だからです。「質量」だけでは旋回時に掛かる大きな力と、それを支える主翼の揚力、そしてその揚力を発生させるための膨大なエネルギー量の比較ができないのです。

なぜ「質量」ではなく「重量」で比較すべきか

なぜ質量ではなく重量で比較すべきかについては、根拠をもう少し詳しく説明しておきます。ただし、この部分は少し複雑な話になるので、難しいという人は「重量で計算する」とだけ知ってもらって、次項まで読み飛ばしてもらっても構いません。

力学の基本中の基本、力を求める式は

力（F）＝質量（m）×加速度（a）

でした。

そしてあらゆる曲がる運動は加速度運動ですので（等速直線運動ではないのだから）、旋回に入るだけで新たな加速度（いわゆるG）が発生し、より大きな力が掛かってきます。戦闘機だと最大で9G、地上重量の9倍くらいまでの重量増加になりますから、これは無視できません。

その力に対抗して機体を支える力はどこから来るかといえば、主翼で生じる揚力です（近年のジェット戦闘機では大出力エンジン推力だけで機体を支えることも可能だが、それでも長時間は無理であり、現実的にはやはり主翼の揚力となる）。よって、Gに対抗するために主翼の揚力も大きくしなくてはなりませんが、その揚力は何から生じるかといえば機体のもつエネルギーの消費しかありません。

同じ「質量」の機体でも、旋回に入ると、より大きなエネルギーを消費するのです。そして掛かるGによって消費するエネルギー量も変わってきます。

この違いを公平に比較するため、不変である「質量」ではなく、増加してしまう「重量」で比較する必要があるのです。

エネルギー機動性理論の数式

そこで、エネルギー機動性理論の数式をもう少し検討していく必要があります。まず、空気抵抗で失われるエネルギーを考えます。

しかし、空気抵抗で失われるエネルギー量を速度から計算するのはかなり大変です。ただし抵抗力、すなわち力（F）としての抵抗量は比較的簡単に計算で求めることができ（あくまで近似値だが）、さらに運動エネルギーを生じさせるエンジン推力も予め分かっています。

そして両者の力のベクトルは正反対方向に向くので、単純な引き算でその差を求めることができます。よってエネルギーを求めるもう一つの式、

エネルギー（E）＝力（F）×移動距離（L）

　から運動エネルギーを求めることが可能になります。そしてとりあえず、前出の【比エネルギーの計算が複雑になる3つの理由】（85ページ）の項で考えた式から1/2m×v^2の運動エネルギー部分を差し替えて、[図8-8]のように式を書き換えることができます。

$$(T-D)\times L = \text{運動エネルギー}$$

よって ⬇

$$\frac{((T-D)\times L + mgh)}{m} = \text{比エネルギー}$$

T＝エンジン推力
D＝抵抗値
L＝1秒間の飛行距離

[図8-8]

　距離が1秒間の飛行距離なのは、1秒が力学における時間の基本単位で、計算上のお約束だからです。問題は位置エネルギー（mgh）です。これは実際の落下距離が分からないと、どうしようもありません。

　実はボイドのエネルギー機動性理論では、機体性能を高度ごとに別々に求め、機体の性能比較は各高度ごとに行ないます（上にいるほうが有利に決まっているのだから、同高度以外の比較はしない）。つまり落下は考えなくてよいのです。よって、位置エネルギーを求める高度差（h）は「0」であり、このため、位置エネルギーはなくしてしまえます。だったら計算を楽にするため、これを消してしまいましょう。

　すると[図8-9]のように、より簡単な式にできます。

$$\frac{((T-D)\times L + 0)}{m} = \text{比エネルギー}$$

よって ⬇

$$\frac{(T-D)\times L}{m} = \text{比エネルギー}$$

T＝エンジン推力
D＝抵抗値
L＝1秒間の飛行距離

[図8-9]

　お次は質量（m）に重力加速度（g）を掛け算して「重量」に変換します。これは単純な加速度（a＝1kg×m/s^2）でもいいのですが、先に見たように航空機では地球の引力を基準にした重力加速度（g＝9.8×m/s^2）を使用するのが慣例なので、それに従うと、[図8-10]になります。

　とりあえず、これで飛行中の機体のもつ比エネルギー、つまり「重量」1キログラムごとのエネルギー量は出ました。

ここで加速度（g）の値は旋回中、常に変化することに注意が必要です。1G状態の1kgf、すなわち地上重量と同じ値になるのは直線飛行時のみです。

最後にそのエネルギーの充填と使用速度を求めるため、全体を時間で割り算（微分）し、比エネルギーの速度を求めます。そこが［図8-11］です。

ちなみにこの計算で求められるのは比エネルギー速度といったものになりますが、熱力学にそういった概念はなく、ボイドはこれに独自にPsという記号を与えています。

とりあえずこれでエネルギー機動性理論に必要な計算式は完成です。

$$\frac{(T-D)\times L}{m\times g} = \text{比エネルギー}$$

T＝エンジン推力
D＝抵抗値
L＝1秒間の飛行距離
m＝質量
g＝重量加速度

[図8-10]

$$\frac{(T-D)\times L}{m\times g} \div t = \text{比エネルギー (Ps)}$$

T＝エンジン推力
D＝抵抗値
L＝1秒間の飛行距離
m＝質量
g＝重量加速度
t＝時間

[図8-11]

数式の完成――エンジン出力量が鍵

この式は［図8-12］のようにもう少し単純化できます。掛け算である1秒間の移動距離（L）を切り離し、これを先に時間（t）で微分することで機体速度（V）としてしまうわけです。

これが一般に出回っているエネルギー機動性理論の数式となります。計算で出てくる単位（次元）は速度（m／s）になってしまうのですが、それがなぜなのか私には上手く説明できません。ここではとにかくそうなるのだ、とだけ述べることに留めたいと思います。

ちなみにこの数式だけを見てしまうと、理論の全体を見誤りやすいので要注意です。機体の「重量」1キログラムあたりがもつエネルギー量を求め、その使用速度を比較するものである点は確実に理解してください。エネルギーの量だけではなく、その使用速度と充填速度も重要だということです。

なお、比エネルギー速度（Ps）の数値がマイナスになると、エネルギーの損失が生じることになります。すなわち高度か速度、あるいはその両者を毎秒ごとにそれだけ失うことを意味します。逆に数値がプラスになると、エネルギーに余剰が生じ、これを速度か高度のどちらにでも変換できる優位に立てるのです。

$$\frac{(T-D)\times L}{m\times g}\div t$$

$$\Downarrow$$

$$=\frac{(T-D)}{mg}\times L\div t$$

$$\Downarrow$$

$$=\frac{(T-D)}{mg}\times L\times\frac{1}{t}$$

$$\Downarrow$$

$$=\frac{(T-D)}{mg}\times\frac{L}{t}$$

$$\Downarrow$$

$$=\frac{(T-D)}{mg}\times V=\text{比エネルギー速度 (Ps)}$$

V＝機体速度

［図8-12］

そしてPs＝0の場合は、エネルギーの損失も余剰の発生もなく、よってそのままの速度と高度を維持して飛び続けることになります。このあたりは次項で詳しく説明しますが、エネルギー機動性理論では、このPs＝0の状態を機体性能の基準値とします。

ついでに、この数値がプラスになるかマイナスになるかは単純に推力が抵抗値より大きいかどうかだけで決まることに注意してください（基本的に位置エネルギーを考えない以上、マイナスGになることはない）。

そうすると位置エネルギーを使わない状態では機体の推力はエンジン出力だけですから、これが大きい機体ほど優位だというのもすぐに気が付きます（空気抵抗の小さい方も有利だが、１９７０年代以降の戦闘機だと空気抵抗で大きな差は付かないだろう）。

エネルギー機動性理論から見たF-15とF-16

よって強力な出力をもつエンジンを二発積んだF-15は、ボイドによるエネルギー機動性理論に対する一つの回答でした。これによって大きな機動性を確保するわけです（ただし、この機体はボイドが思った以上に重くなってしまい、彼は満足しなかったのだが）。

同時に推力と抵抗力の差がプラスであるなら、機体重量が軽いほど比エネルギーの数値が大きくなります。なので、同じ加速度（G）が掛かった状態なら機体質量は小さいほうが有利だということも、この式から分かります。

こちらの利点に注目してつくられたのが軽量戦闘機F-16です。

F-15と同じエンジンですが、こちらは一基だけ（単発）の搭載にして、重量物であるエンジンと、同じ航続距離なら倍近い量になる燃料を減らし、その推力低下を軽量化でカバーしています。どちらが有利とは一概には言えないのですが（本来F-15はボイドの構想ではもっと軽く、よりエネルギー機動性理論の理想に近い強力な機体になるはずだった）、ここでコストの問題が出てきます。

エンジンは最も高価な機体部品で（近年は一部の電子装備もかなり高価になっているが）、これを二発にすると値段も2倍かかるわけです。当然、そんな高価な機体は多数配備できません。対して単発エンジンではエンジン価格が半分になるうえに、それ以外の部品も大幅に減るため、その製造および維持コストは低くなります。

例えばF-16の機体調達価格は１９９８年頃のC型で1機あたり約１８８０万ドル、対して同年のF-15Cは約３０００万ドルなので、約１．６倍もの差がついてしまっていました。単純な話、F-15を１００機調達するコストで、F-１６は１６０機買えてしまうため、F-16が数で圧倒してしまう可能性が出てきます。

おそらく維持・管理コストまで含めると、F-16のほうが倍近い数を配備できるはずで、必要十分な性能をもっていて、しかも数ですり潰しにいけるF-16に対してどこまでF-15が耐えられるかは難しいところでしょう。アメリカ空軍がF-16を事実上の主力戦闘機として大量配備したのはこのあたりの事情があります。戦闘機の能力というのは、単機の能力だけでは判断しかねる部分もあるのです。

さて、とりあえずこれで機体ごとの性能比較をするための計算式は求められました。これにより、機体のもつエネルギーの大きさ、そしてその使用速度を数字で比較できるようになったわけです。

3 E-Mダイヤグラムの読み解き方

エネルギー機動ダイヤグラムの見方

次は、その計算結果をどうやって実際に利用するのかを見ていきます。

とりあえず航空機の機動性能で大きな比重を占めるのが旋回性能で、この旋回性能をエネルギーの点から見るのがエネルギー機動性理論とも言えます。それを見やすく表現するため

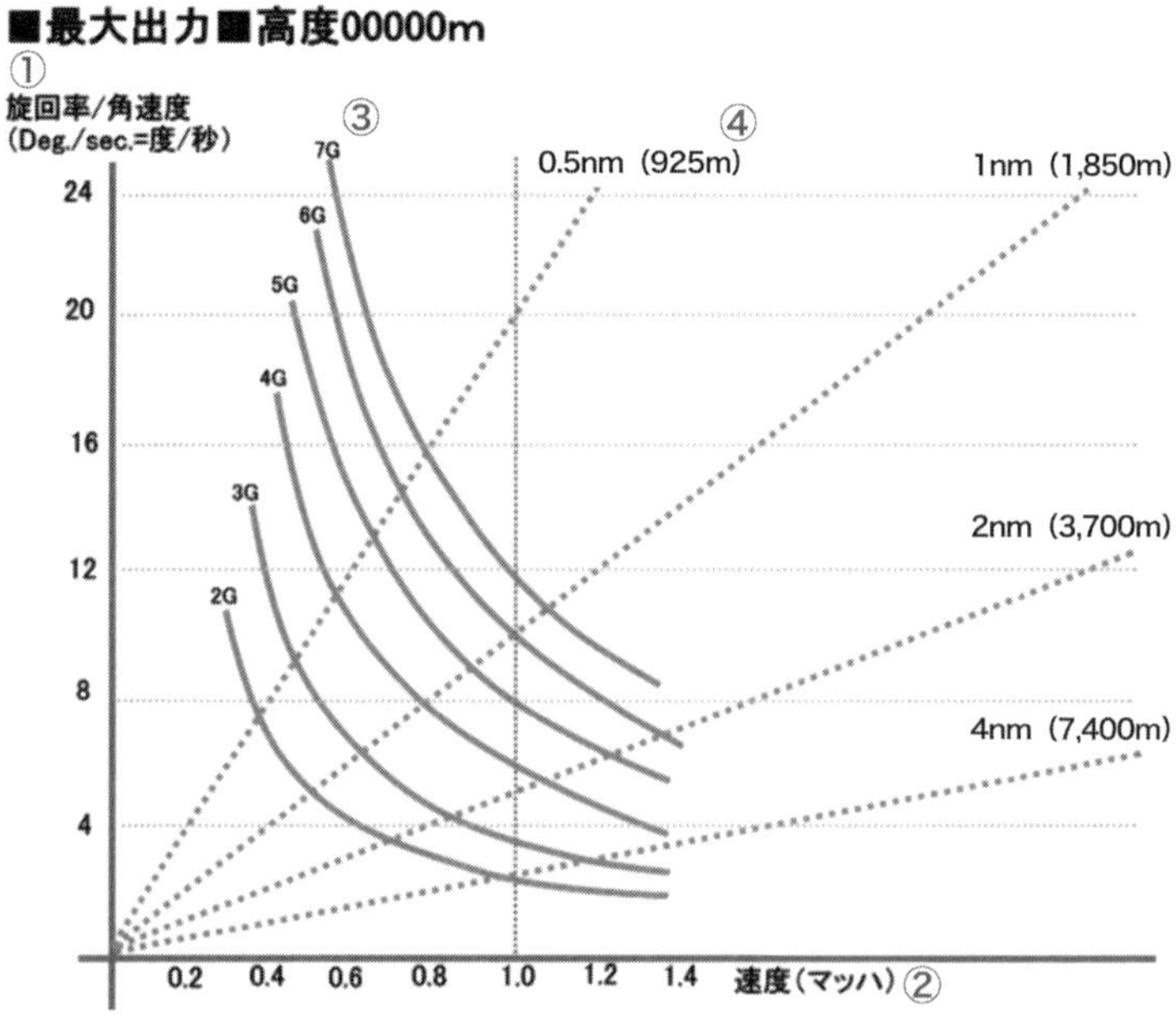

［図8-13］エネルギー機動ダイヤグラム

にボイドが考案したのが、「エネルギー機動ダイヤグラム（Energy Maneuverability Diagram：E-Mダイヤグラム）」でした。これはグラフなのですが、説明なしで読み解くのはほぼ不可能であろうというくらい特殊なもので、何のデータも入っていない状態で、次の［図8-13］ような形となります。

最初はこれの読み方から説明していきます。

まず、一番左上にエンジン出力と飛行高度の条件が書かれています。

エンジン出力は最大に設定されたうえでアフターバーナーあり／無しの2種類、さらにその条件で高度ごとのグラフが数種類つくられるのが一般的です。高度が上がると一般に性能は悪化するので、1枚だけのグラフでは判断ができないからです。

よって、アフターバーナーあり／無しで、低高度／中高度／高高度と通常6枚前後のグラフが機種ごとにセットになって作成されます。

まずはこのグラフの縦軸と横軸を見てください。

①縦軸……角速度

1秒間に何度旋回したか、を示しています。基本的にグラフの上に行くほど角速度が大きくなり、旋回率のいい機体ということになりますが、実際は旋回半径、つまり小回りの良さと併せて見る必要があります。この点はまた後で説明します。

角速度の単位はラジアン／秒のほうが計算が楽なのですが、なぜか度／秒単位で示されているグラフが多いです。パイロットが直感的に理解できるようにでしょうか。ちなみに前項で見た比エネルギー速度（Ps）を求める式は、重量1キログラムあたりの比エネルギーと機体速度から求めていました。［図8-12］

よって本来なら、グラフの縦横軸はこの二つになるべきなのですが、そうはなっていないことに注意してください。速度はそのまま横軸に入っていますが、縦軸は旋回速度に置き換えられて、比エネルギーの項目はグラフ中にはどこにも出てきません。そういった意味でもちょっと特殊なグラフとなっています。ちなみに機体の角速度は

角速度（ω）＝速度÷旋回半径

で求められますので、後で出てくる【④旋回半径】（95ページ）で指定された旋回半径と、すでに分かっている機体の飛行速度から計算します。ちなみにωはオメガと読みます。

ただしこの計算で求められる角度の数字はラジアンになり

ますから、度数に直すには変換が必要です（角速度の単位はラジアンのほうが計算は速いが）。

②の横軸……飛行速度

横軸は計算でも使われていた機体速度がそのまま入ります。ただし通常は音速のマッハ数が単位として使われるようで、このグラフでは途中にある点線がマッハ1を示し、ここからが音速となります。なぜ音速表記なのかはよく分かりませんが、ボイドのことなので何かメリットを見つけていたのだと思われます。

ちなみに音速は高高度になるほど遅くなるため、同じ数字でも高度によって時速は異なる点に注意してください（海面高度に比べ、高度1万メートルだと音速は10％以上低速となる）。

ちなみに［図8-13］だとマッハ1．4までしかありません。でも空中戦をやる場合、これ以上の速度では（空中戦を行なうこと自体が）困難になるので必要ないのでしょう。例えば高度3000メートル前後でマッハ1．4だと、1秒間で475メートル近く移動しますから、すれ違った1秒後には両者は900メートル近くも距離が離れてしまいます。相手を補足しないと成立しない空中戦では、これじゃ勝負になりませんから、このあたりの速度が実用限度なのでしょう。

③G曲線

次に、左上から右下へ走る曲線③は機体に掛かるG、重力加速度（g）を示しています。例の計算式で質量に掛け算していた量です。旋回中の機体に掛かるGはほぼ遠心力（厳密には機体が直進しようとする慣性に対抗する内向きの加速度）なので、これを求める計算は、

加速度（g）＝（速度［V］×速度［V］÷旋回半径［r］）÷9．8

$$g = (v^2/r)/9.8$$

の式で求めることができます。

9．8は重力加速度Gに換算するための重力の係数で、単なる加速度（a）を求めるだけなら要りません。ちなみに、この加速度Gは単に加速度であり、力の大きさではないことに注意してください。これを機体の質量（m）に掛けて初めて、力（F）になります。この点はよく勘違いされていますので要注意です。

ちなみにこの計算で、答えが1Gとなれば地球の重力加速度と等価で、地上で普通に感じる下向きの力が生じます。これが

２Gなら自分の体重が２倍、３Gなら３倍になるような力が掛かってくる、と思ってください。通常、４～６Gあたりが人間の耐えられる限界で、Gスーツの装着や訓練を受けても９G前後が限度のようです。

この機体に掛かる巨大な力を支える主翼の揚力は、エネルギーを消費して得られるものです。よって旋回中はどんどんエネルギーが消費されます。このためより大きなエンジン推力が必要になり、アフターバーナーを使うことが多くなるのですが、それでもエネルギーが足りなければ位置エネルギーを消費することになって、どんどん高度が低下していきます。

戦闘機もしくはアクロバット機のパイロットの方や、フライトシミュレータをやっている人は知っていると思いますが、航空機で高いGのかかる急旋回をやると、急速に高度（＝位置エネルギー）が失われます。その要因がこの消費エネルギーの増大です。

膨大なエネルギーの消費に、エンジン出力（＝運動エネルギー）が追いつかなくなると、次は高度（＝位置エネルギー）が消費されてしまうことになるわけです。空中戦やアクロバット飛行における３Gを超えるような急旋回では、エネルギー消費は急速に増大し、その補充が焦点になってきます。この点がエネルギー機動性理論の要の一つです。

ちなみに逆にこれを利用し、旋回によってエネルギーを消費して速度と高度を落とし、着陸に備えるという飛び方もあります。

エネルギーの損失、つまり高度と速度の低下を伴わず、さらに両者の上昇も起こらない一定高度と一定速度を維持した旋回を「維持旋回（Sustained turn）」と呼びます。この状態、つまりＰｓ＝０の状態の性能を比較するのがエネルギー機動性理論の基本となっていきます。

④旋回半径

④の線は旋回半径を示しています。これと先に見た角速度を一緒に見ることで、機体の旋回性能が分かります。

このグラフでは海里（nautical mile：１海里＝約１．８キロ）の単位で半径の長さが示されていますが、フィートで示されるタイプもあります。

ちなみに上に向かうほど小さな数字ですが、旋回半径は小さいほうがいいので、角速度と同じように上にあるほうが優秀ということになります。このため同じＰｓ量の機体なら、より上部にあるほうが機動能力が高いと覚えておいてください。もちろん、Ｐｓ量が異なる数字での比較は意味がありませんから注意してください。

とりあえずグラフの説明は以上です。このグラフ上に各機体の比エネルギーの計算数値を書き込んでいって、機体の機動性の優劣を判断するのがE-Mダイヤグラムとなります。

実例で見るE-Mダイヤグラムの読み解き方

ここからは実際のE-Mダイヤグラムを見ていきます。ボイドが米空軍向けのブリーフィングで使ったと言われている朝鮮戦争におけるライバル機、アメリカのF-86Fとソ連のMiG-15の性能比較ダイヤグラムを見てみます。［図8-14］

ただしこれはあくまで参考用のグラフですので、そもそも設定高度も分かりません。さらに〝実際のデータ〟はこんなにきれいなグラフには絶対にならないはずで、どうも当時のコンピュータの性能の限界などから、〝多少全体をならした数字〟という印象もあります。

それでもグラフの読み取り方を覚えるにはちょうどいいと思われるので、とりあえず見ていきます。

やや薄く下側にある線がF-86Fの、やや濃く上側にある線がMiG-15（サブタイプ不明）の性能を示します。マッハ0.2あたりからグラフは始まり、MiG-15はマッハ0.9あたり、F-86Fはマッハ1あたりまでグラフが続きます。ちなみにF-86Fがマッハ1まで出てしまっているのは位置エネルギー（重力）を使った急降下時のデータで、エンジン出力だけの水平飛行ではこの速度は出せません。

最初に、両機とも線が途中で2本に分岐するのに注意してください。これは分岐した下側がエネルギーの損失および上昇がない維持旋回状態（Ps＝0）の線で、上側がエネルギーの損失（高度や速度の低下）を伴う（Ps＝マイナス）旋回の線です。

下側のPs＝0の線は当然、例の計算式の答えがPs＝0になる条件の数字の位置を繋いだもので、上の線はエネルギーの損失、すなわち高度の低下を伴いながらの限界性能の数値を繋いだものです。

すでに説明したように上にあるほうが優秀なのですが、上側の線の条件で飛行すると、位置エネルギー、すなわち高度を盛大に喪失しますので通常は使えません。なので、エネルギー機動ダイヤグラムでは比エネルギー速度（Ps）＝0の線（矢印で示した線）が基準線となり、こちらで大筋の性能比較を行ないます。

Ps＝0の線は高度（位置エネルギー）と速度（運動エネルギー）が増えることもない代わりに失われることもない、すなわち同じ速度と同じ高度を維持して旋回（維持旋回）できる条件を示しています。つまりエネルギーを失わずに旋回できる

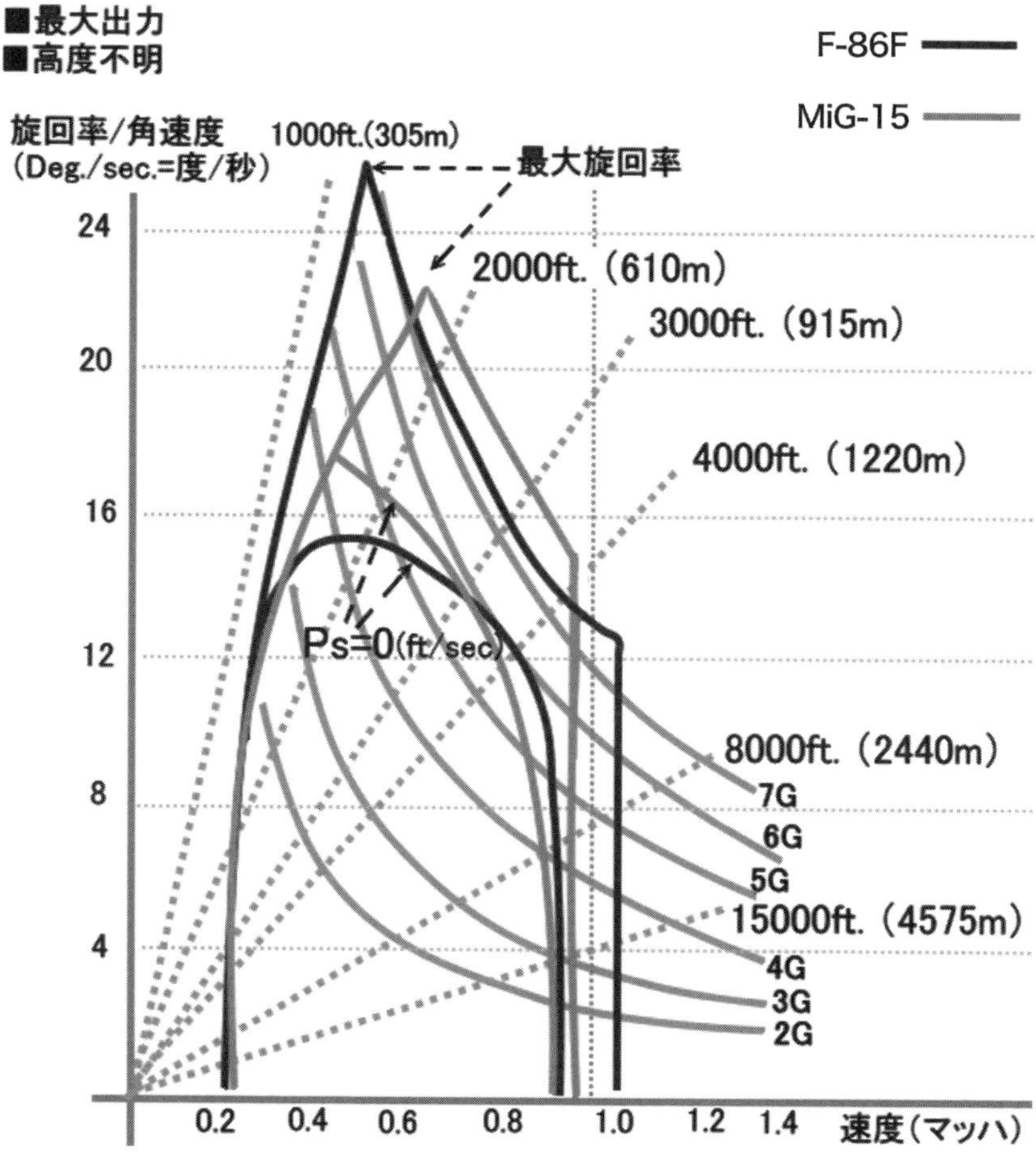

［図8-14］高度不明、F-86FとMiG-15

ギリギリの線であり、これは最も効率よく旋回できる条件を示している線でもあるのです。

同時に、この飛行に必要な機体に掛かるGを「維持加速度(Sustained G)」と呼び、これらがすべての飛行中の機動の基準値となります。

グラフ上でPs＝0の線より上にある線は、Ps＝マイナス、すなわちその速度を維持する旋回で位置エネルギー（高度）の損失が発生する条件であり、当然、空戦には不利です。

ちなみにこのグラフにはありませんが、Ps＝0の線より下のエリアにある線だと、Ps＝プラスとなり、逆にエネルギーが増大し、これを高度でも速度でも自由に上昇させられますから空戦を有利に運べます。

なお、このグラフでは2本に分岐する前段階部分の線もエネルギー比（Ps）＝0を示します。

【例1】F-86F vs MiG-15

ここでE-Mダイヤグラムの基準線、エネルギー比（Ps）＝0の線でF-86とMiG-15の性能を比べてみます。［図8-14］

するとマッハ0．4～0．8という最も戦闘に使われる速度領域において、MiG-15がF-86Fを常に上回っているのが読み取れると思います。マッハ0．8あたりからF-86Fが優位に立ちますが、ほぼ速度限界であり、この速度で空戦を行なうのはかなりの困難を伴うと思われます。

よって実際の戦闘ではMiG-15が完全に優位に立っていたと見て問題ありません。F-86FはMiG-15に性能的には負けていたのです。

そしてこのMiG-15の性能の優位は、すでに朝鮮戦争中にアメリカ空軍もある程度気が付いていましたから、ボイドがグラフにすることでより論理的に説明がなされ、これが多くの関係者がエネルギー機動性理論の有用性に気付くきっかけとなったようです。

ちなみに、そんな優秀なMiG-15に対しF-86Fは朝鮮戦争を通じて互角以上の戦いを行なっています。それはなぜか？　と考えたボイドがたどり着くのが観察と行動の速度の問題である「OODAループ」となっていきます。

最後に、ちょっと実用的な話をすると、このダイヤグラムは単なる性能比較以外にも意味をもちます。

例えば、最も効率よくエネルギーを使って旋回したいなら、Ps＝0（維持旋回）の線を見て飛行速度とGをそれに合わせて飛べばいいのです。例えば速度がマッハ0．4前後なら、両機とも3Gの加速度をかけて回るのが理想的であることがグラフから読み取れます（旋回半径は機体性能によって自動的に決まってしまう）。

このため経験豊富なパイロットでなくても、あっさりその機体の限界性能を引き出せることになるわけです。

【例2】F-4E vs MiG-21

次はＥ-Ｍダイヤグラムで、ベトナム戦争世代の戦闘機であるＦ-４とＭｉＧ-21の性能比較をやってみます。［図８-15〜20］

このデータの出所は、アメリカの州軍でパイロットをしている人が、あるフライトシミュレータの掲示板で機密指定を受けていない資料として公開していたものです。その後、あちこちに拡散して、今でもネット上でたまに見かけます。

厳密に言えばそのデータの信憑性はやや微妙なのですが、データシートは間違いなくアメリカ空軍の仕様で、ダイヤグラムのＧや旋回半径の線などもきちんと引かれていたので、それなりに信用していいものじゃないかと思います。今回は、それらを手作業でトレースして使っています。

機種はＦ-４が空軍最終型のＦ-４Ｅ型ですが、ＭｉＧ-21はサブタイプが不明。さらに両機のデータは別々に試験されてまとめられたものなので、グラフのＧの線の引き方が微妙に異なるほか、旋回半径もＦ-４Ｅはフィート単位、ＭｉＧ-21は海里だったため換算してから作図しています。そこら辺も含めて、細かい部分はあくまで参考値と思っておいてください。

また、今回のグラフではＰｓ＝プラスの線が登場する点も注意してください。とりあえずＰｓ＝０より外側ならエネルギー不足で高度が低下する、内側なら高度か加速に変換可能なエネルギーの余裕がある、ということになります。

テスト条件は両機ともアフターバーナーあり（Ｗｅｔ）の最大出力、武装は通常の空中戦装備あり（機銃弾とミサイル搭載）、燃料はＦ-４Ｅが機内タンクの３分の２まで、ＭｉＧ-21が約半分の搭載となっています。

まずは高度約５０００フィート（約１５００メートル）のデータから見ていきます。低すぎて、ジェット戦闘機が空中戦をやる一般的な高度ではありませんが、戦闘爆撃機でもあるＦ-４Ｅならこの高度でＭｉＧ-21と戦う可能性もあったはずで、参考にはなるでしょう。（［図８-15］がＭｉＧ-21のもので、［図８-16］がＦ-４Ｅ、そして［図８-17］が両者を重ねたものです。［図８-17］では見にくければ、［図８-15］と［図８-16］を見比べてください）

Ｆ-86Ｆ vs ＭｉＧ-15に比べて線がグニャグニャなのは、より正確にデータを計算した結果だと思われます。ちなみにＭｉＧ-21においてマッハ１以上のデータが取られていないのですが理由は分かりません。

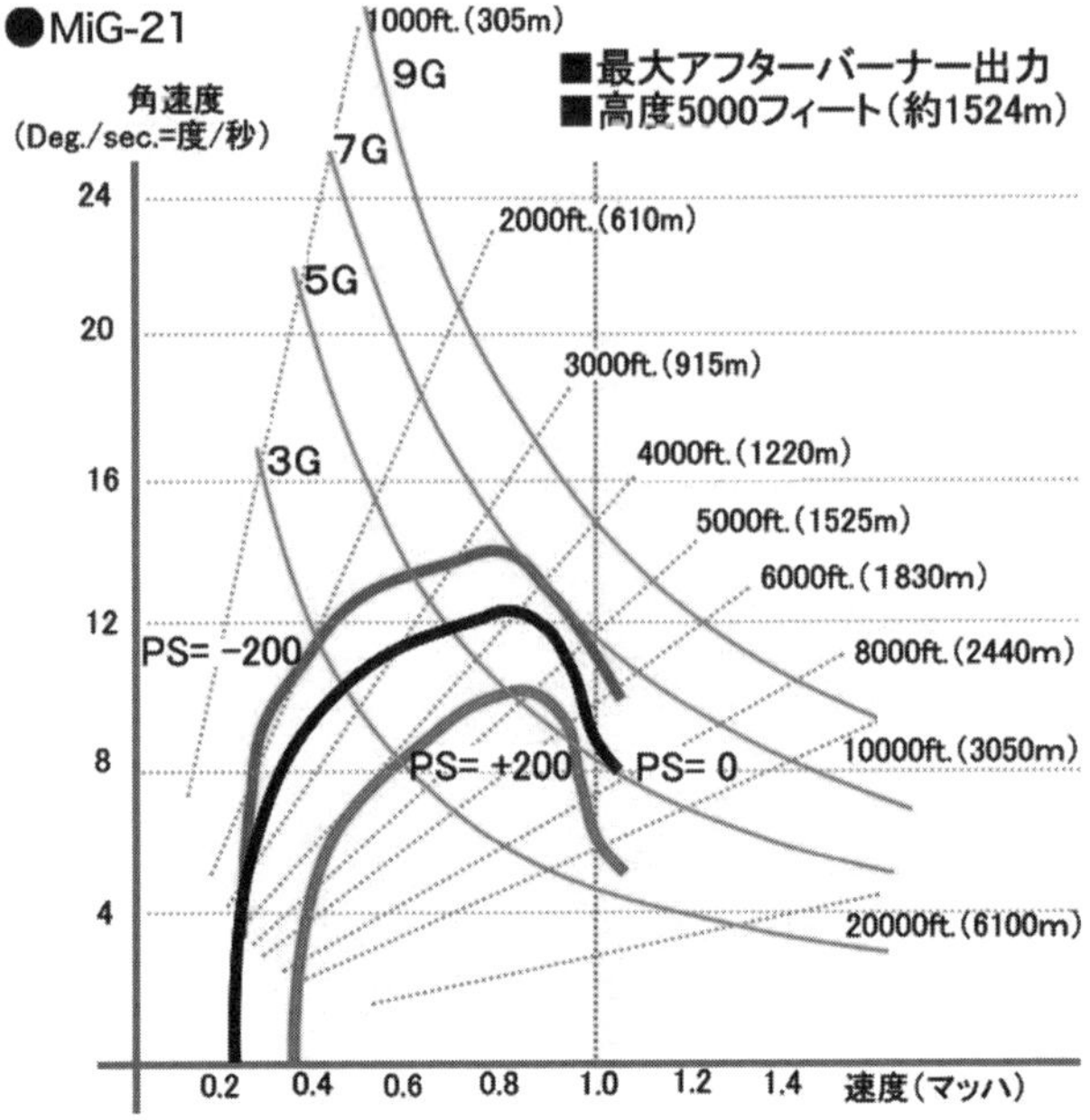

［図8-15］ 高度5,000 フィート、MiG–21

先にも書いたように、グラフの上にあるほうが基本的に優位です。まずは基本となるエネルギー比（Ps）＝0の線に注目してください。マッハ0．4前後まではわずかにMiG-21のほうが優位ですが、その差はごくわずかで、ほぼ誤差に近いとも言えるでしょう。

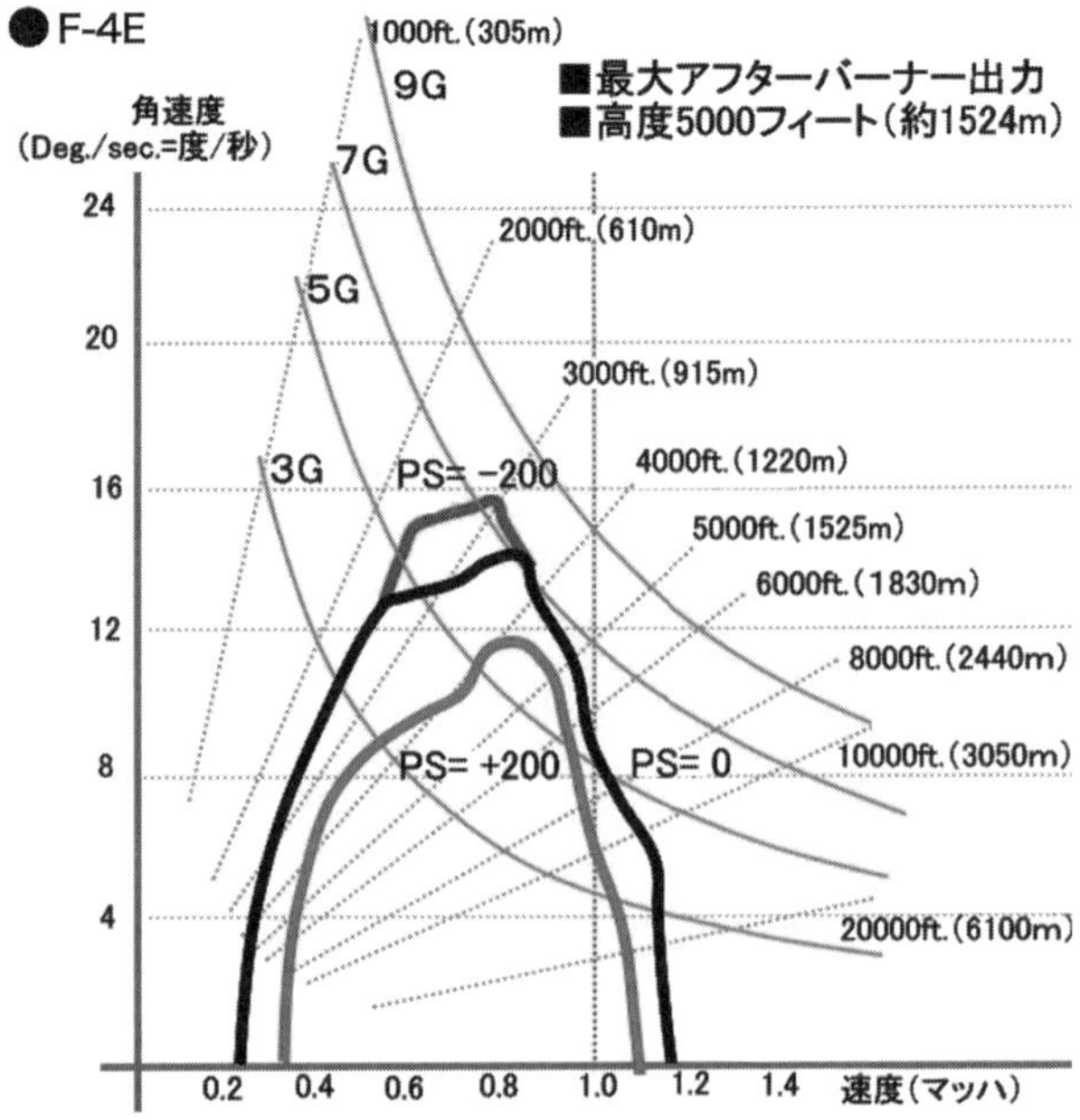

［図8-16］ 高度5,000 フィート、F-4E

明確な差が付くのはマッハ0．5からマッハ0．9あたりまでで、これは明らかにF-4Eが優位です。また、エネルギーがプラスになる条件でもF-4Eが優位なのもこのグラフから

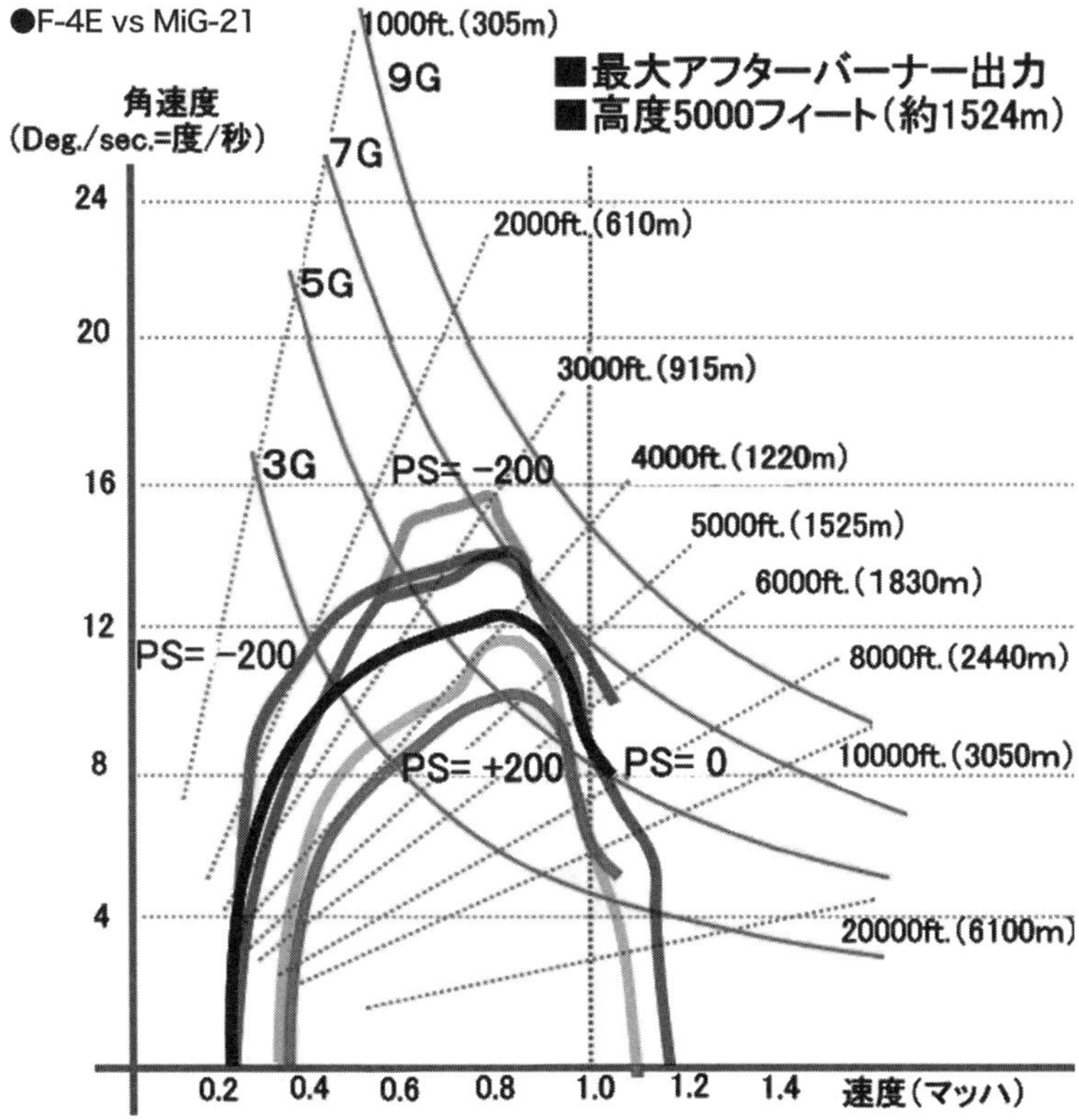

［図8-17］高度5,000フィート、F-4EとMiG–21

見て取れます。
　こうして見ると、Ｆ-４Ｅが低高度に強いというのは事実のようで、この高度でならＭｉＧ-21に対し、実際に空戦を行なう速度域で優位な性能をもっていると見ていいでしょう。ただし、よく言われる低速での優位は確認できませんから、この点は要注意。

　次はもうちょっと高く、そこそこ実戦的な高度、つまり中高度と言える約1万5000フィート（約4572メートル）の条件でデータを比較してみます。両者とも全体的に性能の数字が落ちていますが、高度が上がって空気が薄くなったぶん、主翼の揚力が落ちた影響だと思われます。（同様に［図8-18］がＭｉＧ-21、［図8-19］がＦ-４Ｅ、［図8-17］が両者を重ねたもの）
　この高度になると、（Ｐｓ）＝０の条件ではほぼ互角で、大きな差がありません。低速と音速域でＭｉＧ-21がやや有利、音速以下の高速でＦ-４Ｅがやや有利ですが、誤差に近い差で、明確な優位とは言えません。
　エネルギーに余裕がある旋回も同じような感じですが、マイナス２００の線、エネルギーを失いながらの旋回では、低速時において明らかにＭｉＧ-21が優位に立っています。
　どうやら中高度では、ＭｉＧ-21がＦ-４Ｅに完全に追いついて両者互角になると見ていいようです。となると、高度６０００メートル以上、実際の空戦の主舞台となる高高度ではＭｉＧ-21の性能が逆転すると予想されるわけですが、残念ながら

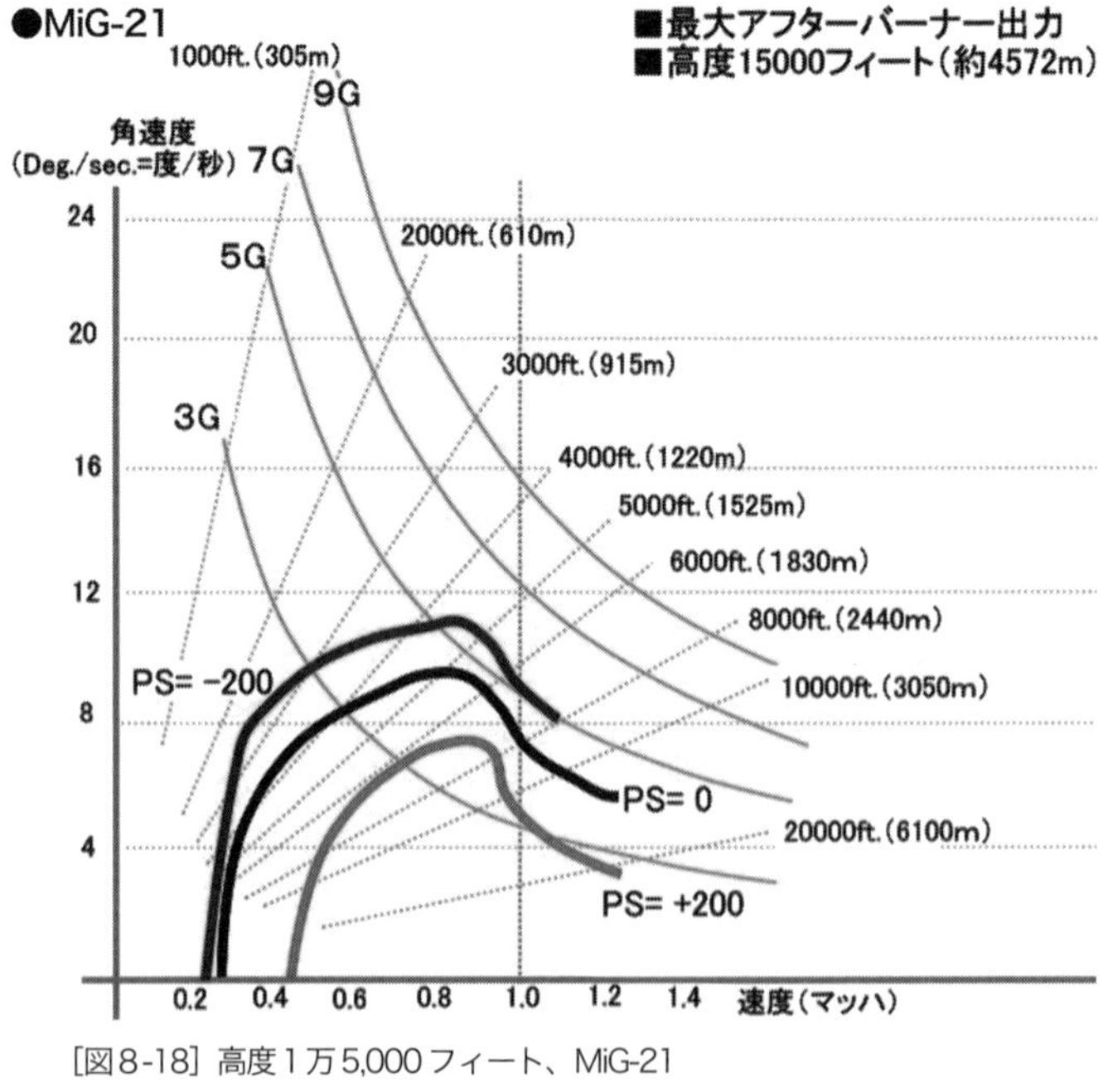

［図8-18］高度１万5,000フィート、MiG-21

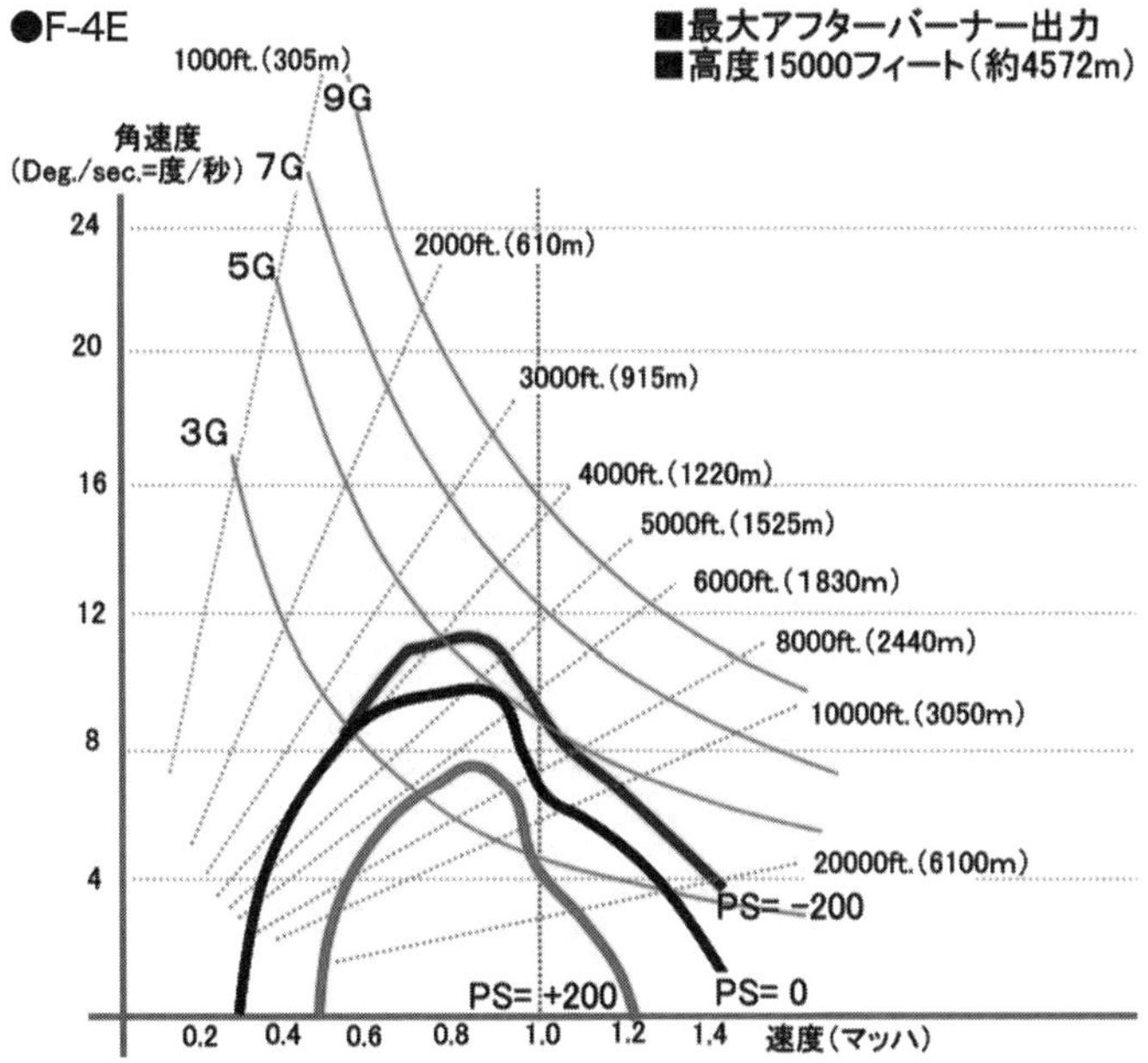

［図8-19］高度1万5,000フィート、F-4E

資料がありませぬ……。

一般に低空で強いと言われたＦ-４Ｅがその通りだったので、高高度で強かったとされるＭｉＧ-21もそうだったと思うのですが、データがないので断言はしないでおきます。とりあえず今回のデータで確認できるのは、１５００メートル前後の低高度ではＦ-４Ｅが有利、５０００メートル前後の中高度では両者は互角、というところまでですね。

なのでＦ-４ＥでＭｉＧ-21に挑むなら高度５０００メートル以下に引きずり込む、ＭｉＧ-21でＦ-４Ｅに挑むならその逆、ということになるようです。

こうしてみると両機は中高度以下でなら良いライバルとも言えますが、実際はエンジンが単発で、パイロット（搭乗員）も一人、さらに製造コストは半分以下というＭｉＧ-21はＦ-４Ｅを生産数や配備数で圧倒してしまえます。大きな性能差がないなら、これまた数の優位で相手をすり潰してしまえる可能性があるわけです。

よって、もしベトナム戦争のような制限戦争でなかったなら、つまり米ソが全力でぶつかる戦争だったなら、同じような性能で、確実に倍の数が揃えられるＭｉＧ-21が有利になる可能性が高いでしょう（ただしＭｉＧ-21は元海軍機のＦ-４Ｅに比べると半分程度しか航続距離がない欠点があるので、迎撃戦闘機として使うことが前提となる）。

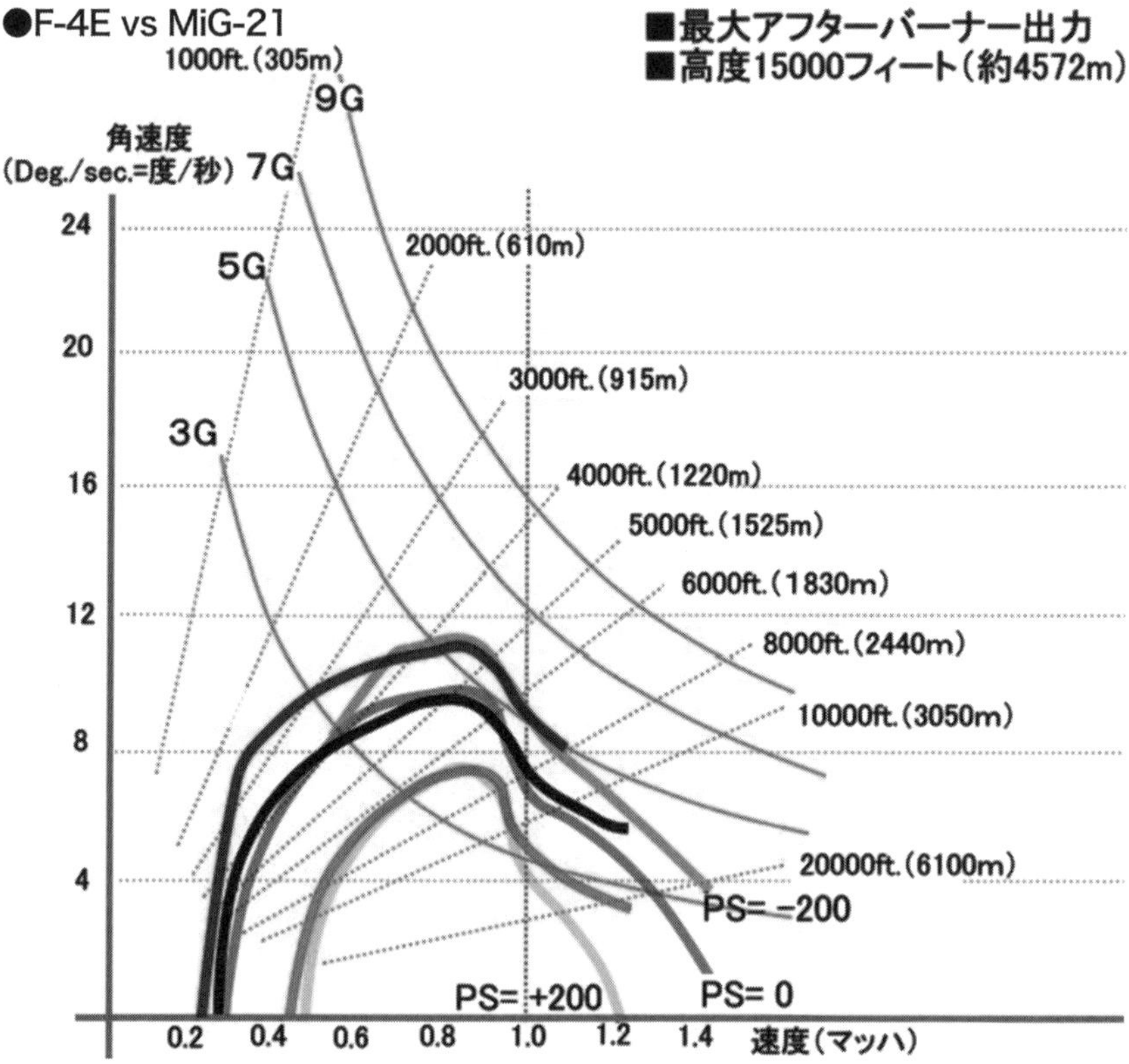

[図8-20] 高度1万5,000フィート、F-4EとMiG-21

E-M理論以降の機体の場合

最後に、同じデータの出所による最初のF-16（A型）のE-Mダイヤグラムを見ておきます。［図8-21］

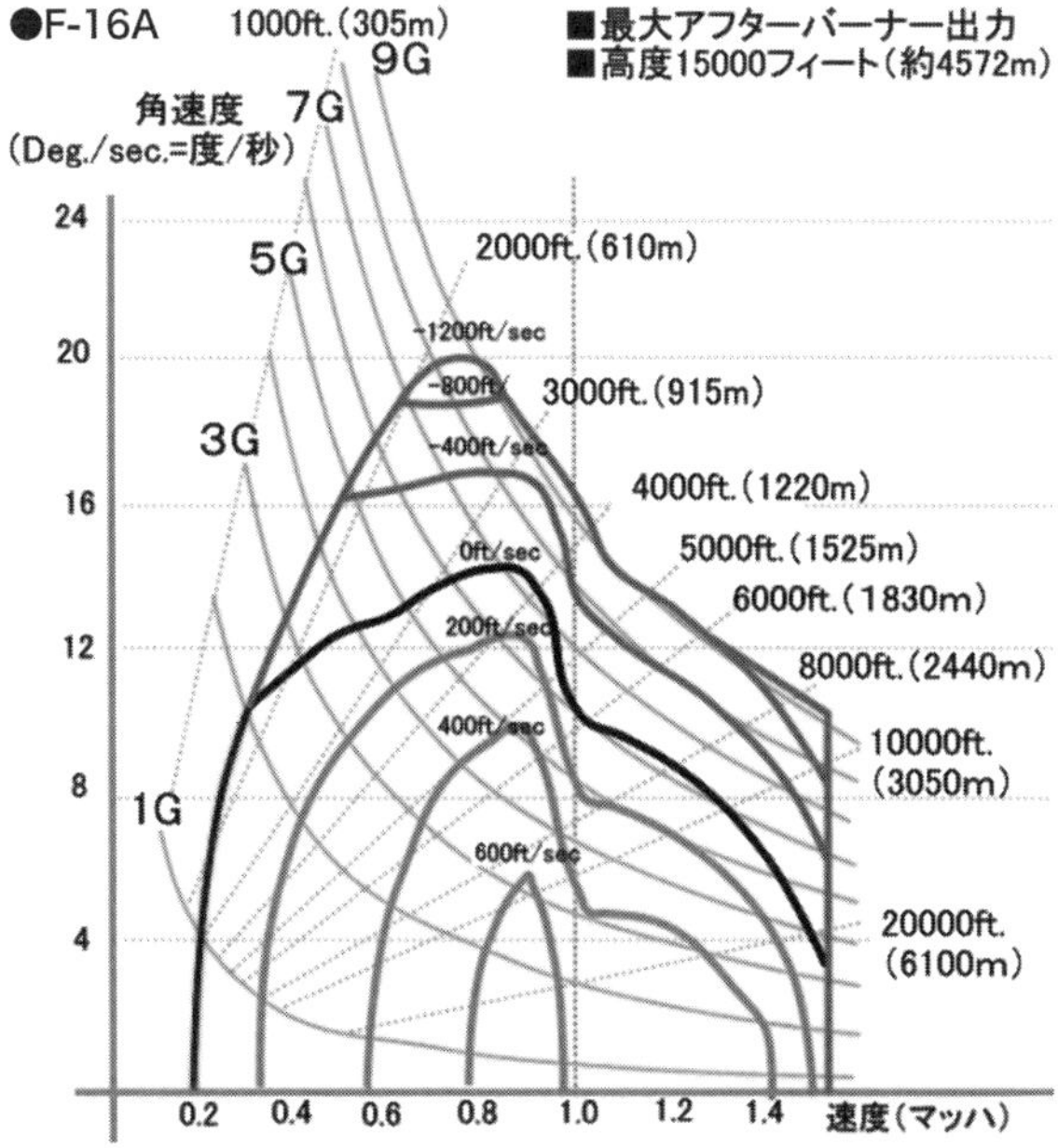

［図8-21］１万5,000フィート、F-16A

これも中高度、約1万5000フィート（約4572メートル）のデータです。

＋600の線まで存在するように、圧倒的な比エネルギー速度をもっているのが一目で分かるかと思います。これが、ボイドがエネルギー機動性理論の理想形としてつくり上げた戦闘機の機動性能です。

ただしよく見ると、音速直前（マッハ1を超える前後）でストンと性能の低下する現象が見られます。どうもエリアルールの設計が甘かったようで、もしF-16と戦うなら、このあたりの速度域に引きずり込むのが得策になるようです。

それでもF-4Eはもちろん、MiG-21ですら足元にも及ばない世界が展開され、しかも機体価格が安くて大量配備ができますので、「F-16スゴイ！」という他ないでしょう。

さて、これでエネルギー機動性理論の概要は掴めたかと思います。次章からはこのエネルギー機動性理論を実際の機体の開発に持ち込んだボイドの戦い、F-15とF-16の開発の歴史を見ていきたいと思います。

第九章　迷走するF-X（F-15）と送り込まれたボイド

1　ボイドとF-X（F-15）との出会い

エネルギー機動性理論の確認

ここからは、ボイドたちによって生み出されたエネルギー機動性理論の運用を見ていきます。再度エネルギー機動性理論の内容を要約すると、エネルギーを素早く蓄積し、素早く力に変えて最も効率の良い比エネルギー速度（Ps）＝0の維持旋回を行なうには、

エンジン推力が大きいほうが、そして機体重量（機体質量×G［重力加速度］）が少ないほうが有利。どちらも同じなら、旋回時に機体にかかる力が小さいほうが有利

という結論になります。当たり前と言えば当たり前ですが、これを数値できちんと見られるようにしたのがこの理論の肝なのでした。

さらにベトナム戦争での実戦を通じ、〝機動能力〟の重要性が別の角度からも再認識されることになります。それが対ミサイル回避能力です。誘導ミサイルは撃ったら後は自動的に当たると思われていたのですが、ミグ戦闘機が猛烈な回避運動をし、あっさりミサイルから逃げ切ってしまう事態がベトナムの空で頻発します。

そしてアメリカ側でも高い機動能力で激しく動き回れば、当時の最大の強敵だったソ連製地対空ミサイルを避けられることが確認されました。この結果、ドッグファイトだけでなく、ミサイルを喰らわないという意外な一面からも戦闘機の機動性は重視されていくことになります。

どんな戦闘でも一方的に攻撃するだけで終わることはありませんから（それは不意打ちの成功であり、機動戦に入る前に終わってしまうことを意味する）、機動性能による回避能力も戦闘能力に大きく影響することになるわけです。

空軍内の公式な理論として認められる

1963年中には形になっていたエネルギー機動性理論ですが、1964年に入ると空軍上層部が彼らの理論に興味を示し始め、書類で概要を報告するように求められます。ただし書類にまとめるのが嫌いなボイドがいつまで経っても提出しなかったため、途中でいたたまれなくなったクリスティが代理で書き上げて提出していたのだとか……。

その後に二人はF-105、F-100、F-4を使って理論通

りの維持旋回や機動が可能なのかを確認する実験の許可を取り付け、エグリン基地でこれを行ないます。そして、その結果から彼らの理論が正しいという確証を得ます。

そして理論の発表から1年以上すぎた1964年の秋、ついに戦術航空司令部（TAC）のボス、スウィーニー大将相手にエネルギー機動性理論のブリーフィングを行なえ、という命令が来たのは冒頭で見ました。

これによってエネルギー機動性理論は空軍内の公式な理論と認められることになり、空軍内で数々の賞を受けてその地位を固めていきます。ここからいよいよボイドの時代の始まりとなるわけです（まあ、それはボイドによるトラブルの連続発生の始まりをも意味したが……）。

とりあえず、その後ボイドは彼の古巣、戦闘機パイロットの聖地であるネリス空軍基地にも乗り込み、エネルギー機動性理論の講演を行なっています。このときは〝世界初の音速突破野郎〟チャック・イェガーも聞きに来たそうです。［図9-1］

こうして戦闘機部隊の中心地、エグリンとネリスの両基地でブリーフィングを終えたボイドとクリスティは、今度は全米各地にある航空機メーカーに説明を行なうため、アメリカ中を飛び回ることになります。このとき、クリスティが書いたＩＢＭコンピュータ用の計算プログラムを配布して歩いており、これが以後、国防産業が兵器のコンピュータシミュレーションを採

［図9-1］超音速飛行記録を打ち立てたベルX-1の前でポーズをとるチャールズ・エルウッド・〝チャック〟・イェーガー（1923年〜）。写真は1947年当時のものだが、1962年には宇宙飛行士を養成するパイロットの学校（USAF Aerospace Research Pilot Schoo）の校長となり、翌年には高度記録を狙う飛行なども行なう有名人であった

用するきっかけの一つにもなったと言われています。

さらに空軍のベトナム戦争への本格参戦が始まりつつあったため、これらの作業と並行して、ボイドとクリスティはより実戦的なデータの解析を開始しました。ライト・パターソン基地にあった海外の機体に関する研究部門からソ連機のデータをすべてもらい、その解析を始めたのです。

余談ですが、この海外機の情報部門はボイドと険悪だった航空力学研究所と同じく、ライト・パターソン基地の研究施設でした。しかしこの組織はボイドに対して好意的で、のちにエネルギー機動性理論に疑問をもった空軍関係者から問い合わせが来たときも、ボイドの理論を支持するような回答をしています。このあたり、すべての空軍研究部門がボイドを敵視していたわけではなかったのでした。

ソ連戦闘機の高い運動能力が証明される

ここで改めて、ボイドとクリスティはソ連機のドッグファイト能力の高さに驚きます。あまりの性能差に驚いたクリスティは細部を秘密にしたまま、外部の研究者に数値データだけを見せて確認を取っていますが、計算上の間違いは発見されませんでした。

この結果、どうやら事実らしいと、このデータを以後のブリーフィングに取り込んでいきます。ただし空軍内部にも「そんなバカなことがあるか！　我々は世界最強なのだ!!」という意見は根強く、この点に関する論争にボイドはしばらく悩まされることになったようです。

しかし結局、このエネルギー機動性理論による予言は完全に正しかったとベトナム戦争において立証されることになったのはすでに見てきた通りです。ソ連機は空中戦で、最後まで強いままでした。最新のF-4Eをもってしても、低空以外でMiG-21と戦うことは危険だったのです。

同時に彼らが行なったのがアメリカ軍の空対空ミサイルの性能分析でした。エネルギー機動性理論から見ると、その運動能力は予想以上に貧弱で、それに加えて当時の誘導装置の完成度の低さが兵器としての信頼性に疑問を投げかけざるをえなくさせていました。このため誘導ミサイルは思ったほど有効な兵器ではなく、十分な機動力をもった戦闘機ならあっさり振り切れてしまうことをボイドたちは発見します。

そもそも危険すぎて人間が操縦する機体相手に実射試験はできず、直線飛行もしくはゆるい旋回しかしない無人機相手のテストしかできかったため、そこから得られるデータだけでは誘導ミサイルの性能を推測するのには限界があったのです。「十分な機動力をもった機体が、十分に訓練されたパイロットに操縦されている場合、空中戦でミサイルを振り切ることは決して不可能ではない。よって誘導ミサイルとはいえ、過信はできない」というのが彼らの結論でした。

この〝予言〟もまた、ベトナムで見事に果たされることになりました。ちなみに目標から外れて地面に向かって落下していくAIM-9サイドワインダーがあまりに多かったため、パイロットたちが付けたベトナムでのニックネームは「〝サンド〟ワインダー（Sand winder：地面の砂巻き上げ機）」だったそうな。

空軍内外に数え切れないほどの敵をつくる

こうして1964年から65年にかけて、ボイドの理論は全面的にと言っていい勢いで空軍に取り入れられていくのですが、その過程でもボイドは常にトラブルメーカーでした。

のちにクリスティが語っているように、彼がそばに居てもボイドが引き起こす他人とのトラブルを防ぎ切れなったというくらいですから、ボイド一人で行動しているとき（クリスティは民間人なので別行動も多かった）、彼が空軍の内外にどれだけ敵をつくっていたのかは想像すらつきません。ライト・パターソンの航空力学研究所との対立はすでに説明しましたが、それだけではなく、のちに空軍内のF-111の開発チームも敵に回します。

実際、戦闘機としては失敗作だったF-111は、ボイドのブリーフィングにおいて完膚なきまでに批判されていました。ブリーフィングのたびにボイドは「翼を外して爆弾庫にイスをつけ、機体を黄色く塗って地上で超高速タクシーとして使うのが一番有効な使い道だ」と皮肉っていたため、開発関係者のさらなる怒りを買っていたのです（もっとも、この機体を戦闘機として見た場合、酷い性能だったのは事実だったが）。

F-111のE-Mダイヤグラムはあまりに衝撃的なデータだったため、1964年の秋以降はブリーフィングでの使用が禁止され、さらにボイドがこの機体にコメントすることすら禁止されてしまいます。当時はまだ海軍がこれを使うはずでしたし、イギリス空軍が興味を示していたこともあり、失敗作であると公には言えない環境だったわけです。それでも結局は、すでに見たようにベトナムのデビュー戦で三連続行方不明というとんでもない事態になって、失敗作のレッテルを貼られてしまうのですが……。

余談ですが、このF-111の連続行方不明事故の原因究明委員会の委員の一人としてボイドが入っていた、という話があるのですが確認できませんでした。

そんな状況のなか、1965年になって突然、ボイドの元に軍の監察官が訪れることになります。

理由はそもそも彼個人の研究であったエネルギー機動性理論に対して、彼が基地のコンピュータを無断で使用した件でした。これは軍の資産の窃盗行為に当たる可能性があるというのです。

しかしクリスティを通じて彼は確かに無断で使用していたわけですが、どう考えてもボイドに個人的な利益はないので私的利用とは言えず、この件に関しては最終的には無罪放免になります。

そもそもこれは本来は監査が入るような問題ではなく、どうもボイド反対派からの嫌がらせだったようです。同様に、彼の出世は徹底的と言えるくらいに妨害されます。１９６４～65年にかけて数多くの賞を受けながら、彼は少佐のままであり続け、１９６６年にF-X（F-15）プロジェクトのためにペンタゴンへ乗り込んでいったときも少佐のままなのです(このときすでに39歳)。

この結果、少佐にすぎない男がペンタゴンの新型戦闘機プロジェクトの主要メンバーとして開発を主導する、という前代未聞の状況が発生することになります。

迷走するF-Xの立て直し役に任命される

こうしてベトナム戦争に空軍が本格参戦した１９６５年春以降も多忙な活動をしていたボイドですが、１９６６年に入ると突然、現地での戦闘機パイロットに志願します。ボイドは第二次世界大戦のときは整備員で終わり、朝鮮戦争のときは実戦の機会にほとんど恵まれないまま終戦を迎えたため、今回こそパイロットして活躍したいという思いがあったようです。

彼の実力は申し分なかったわけですから、これは許可され、タイに駐屯していたF-4部隊への配属も正式に決定します。〝40秒のボイド〟がついに実戦のエースになるというチャンスがやってきたわけです。

しかし彼がタイに向けて出発する直前、この辞令は取り消されてしまいます。そしてベトナムとはまた別の意味で困難な戦場と言える、ペンタゴン（国防省）への勤務を突然命じられました。この命令変更は、１９６５年末からスタートしていた次期主力戦闘機（F-X）の開発計画が迷走と言っていい混乱に陥りつつあったためでした。

この解決を、一介の少佐であるボイドが命じられたのです。ベトナム行きのキャンセルに少なからず失望したボイドでしたが、この新しい仕事には魅力がありました。こうして１９６

6年の秋、彼はエネルギー機動性理論と共にペンタゴンに乗り込んでいくことになり、これがのちのF-15の誕生への第一歩となります。

アメリカがベトナム戦争の泥沼にはまりつつあった当時、もう一つの泥沼になりつつあったF-X（のちのF-15）開発のためにボイドは国防省に呼び出され、以後、その中心メンバーとして数多くのトラブルを引き起こしながら（笑）、計画全体を主導していくことになります。

ちなみにF-Xの"X"はファイター・アンノウン（Fighter-Unknown）の略称です。数学のx（Unknown）と同じ意味で、ナンバーのない戦闘機なのだとか。F-XをFighter-Experimental（実験的な戦闘機）の略称と解釈している説明も見かけますが、少なくともF-15の開発名だったF-Xにはそういった意味はないと考えていいようです。

このF-Xの研究は、ルメイが空軍から去った1964年頃からスタートし、1965年までにはそれなりの形で要求仕様がまとめられていました。これはF-111の配備前ですから、空軍もどうもF-111はダメだと早い段階から気が付いていたわけです。

ところがその頃からベトナムでのアメリカ空軍機の体たらくが明らかになり、「どうも今までの考え方で戦闘機をつくってもダメっぽいぜ……」という話になっていました。

そのため計画は最初からやり直しになり、F-Xはここから迷走を始めます。そしてルメイの跡を継いで空軍参謀総長の座に就いていたジョン・マコーナル（John McConnell）の判断により、急遽、ボイドが呼び出されることになったわけです。ちなみにマコーナル自身がボイドのブリーフィングを受けたことはないようですが、例のクリスティがまとめたレポートでエネルギー機動性理論を知っていたのかもしれません。[図9-2]

このため空軍参謀総長であるマコーナルの後ろ盾で、ボイドはF-15の開発に臨むことになります。一介のオッサン少佐に

［図9-2］右の人物が第6代アメリカ空軍参謀総長のジョン・P・マコーナル（1908〜86年）。戦闘機パイロット出身という当時はまだ珍しかった経歴の参謀総長だったが、戦後はSACの派閥に加わり、第2航空軍、第3航空軍などの司令官を歴任した

すぎないボイドが、計画全体に強い影響力をもつことができたのはこのためです。

ちなみにマコーネルの在任中にA-10の開発もスタートしています。これにもボイドは間接的に関係していますから、この人の存在は、のちの空軍を考えるうえでも意外に重要だったりします。

ついでながら、マコーナルという人は部下の将軍連中からの報告が適当で都合のいい話ばかりなのにウンザリし、ボイド以外にも数人の士官クラスの連中と密接に連絡を取りあって、空軍内の情報の把握に努めていたのだそうです。なかなか興味深い人物だと思います。

スプレイとの出会い

ところがボイドは、ペンタゴンに赴任直後にF-X計画責任者の大佐といきなり衝突、ここから出ていけと宣告されました。さすがです（笑）。

しかしマコーナルのとりなしで、すぐに開発チームに復帰を果たします。こうしてF-X計画はボイドという強力な人材を得たことで、迷走から立ち直っていきます。

ただし彼の保護者的な存在だったクリスティは（8歳年下ですが……）、まだこの段階ではエグリン基地に居り、毎週ペンタゴンまで出張という形で参加しているだけで常にボイドと一緒に行動することはできませんでした。ボイドは極めて孤立した立場だったのです。ただでさえトラブルメーカーの彼にとっては厳しい環境と言えますが、このとき思わぬ形でボイドは最強の盟友と出会うことになりました。

その男の名はピアー・M・スプレイ。マクナマラ国防長官がペンタゴンに送り込んだ例のウィズ・キッズ（Whiz Kids）の一人で、15歳でアイビーリーグの名門イェール大学に入学、19歳で卒業してしまった天才児でした。［図6-6］

以前に説明したように、マクナマラ国防長官はペンタゴン内にウィズ・キッズと呼ばれる民間人のチームを派遣し内部調査をやらせていました。そのなかで、空軍のヨーロッパ方面の戦略を検討するために派遣されていたのがスプレイだったのです。

そこで彼はまだルメイ健在の空軍に対し、戦略爆撃が過去のモノになりつつあることや、さらに空軍は航空優勢の確保と地上軍への近接支援（CAS）にもっと力を入れるべきだという ことを早い段階から主張していました。このため、まだルメイと戦略航空司令部（SAC）の影響力が強かった空軍上層部からは、常に目の敵にされていたようです。

このスプレイとボイドの出会いは、必然のような偶然のような不思議なものでした。例のボイドと揉めたF-X開発チーム責任者の大佐がこれまたスプレイの存在にウンザリしており、「問題児ボイドと奴（スプレイ）を対決させれば、両者相打ちになるはず……」と思いついたのがきっかけだったようです。

そんな素敵な上司の導きによって、ある日ボイドはスプレイと対決することになるのですが、豈図《あにはか》らんや、両者は速攻で意気投合してしまい、以後、空軍上層部にとって最大の悩みのタネとなる最強コンビが誕生するのでした。

数々の新しい開発手法が採用される

こうしてF-15を生み出す最強のチームが誕生し、いよいよF-X計画は本格的に始動することになります。ここでF-X計画におけるボイドの仕事の内容を確認しておきます。彼は少佐にすぎませんから(途中の1967年に40歳でようやく中佐に昇進)、計画全体を取り仕切っていたわけではなく、F-Xに求められる基本的な性能要求の取りまとめと競作参加メーカーとの交渉が主な仕事でした。

なのでボイドがF-X計画に参加して最初に始めたのは、機体性能の基本ラインの決定、すなわちどれだけの大きさ（重さ）の機体で、どのような性能が必要なのか、という設定でした。逆に言えば、こんな部分ですら、まともに決まっていなかったわけです。

ここに途中からスプレイも参加してアイデアを出し、さらに1000キロ近く離れたフロリダのエグリン基地から毎週呼び出されていた、気の毒なクリスティが機体性能のコンピュータシミュレーションを担当していきます。

つまりF-15の段階で、すでにアメリカ空軍は機体開発にコンピュータシミュレーションによる性能評価を採用していました。

ここでボイドは基本的にエネルギー機動性理論に則った性能要求を考え、とにかく軽量で、十分なエンジンパワーがあることを大前提とします。ただし流体力学の知識が要求される空力部分はまったくの素人でしたから、その部分は軍の航空力学研究所やNASA、メーカーの技術者たちに任せていたようです。

なかでもNASAは空軍の依頼を受けて、多数の空洞実験を行なうなど中心的な役割を果たしています。実際、のちに決定されたF-15の基本的な形態はNASAの発案によります。

ちなみにF-15の開発において、空力的な設計以外でもNASAは大きな貢献をしています。例えば1973年にNASAが行なったF-15の3／8縮尺模型による遠隔操作機空力テスト（Remotely Piloted Research Vehicle Project）などです。

すでに実機が初飛行した後ですが(1972年7月初飛行)、

有人飛行では危険な失速&スピン試験には多大な時間がかかってしまうため、墜落しても人が死なない無線操縦の無人機で試験飛行を行ないました。機体はマクダネルが製造を担当し、1万2000メートル前後までB-52によって運ばれてから切り離されます。そこから位置エネルギーによって飛行し、その間に地上からの無線操縦で各種実験を行ないました。［図9-3］

こういった開発手法も含め、F-15は新世代の機体である部分に満ちていたのですが、その多くの側面にボイドとスプレイ、そしてクリスティが絡んでいたのです。

2　要求仕様をめぐる大論争とMiG-25ショック

基本性能要求をめぐる数々の大論争

そのような感じでボイドが乱入したF-X計画は、その要求される機体性能の策定が始まりました。

先述のようにボイドが考えていたF-Xはとにかく小型軽量で強力なエンジンを搭載した機体というものでしたが、当時の空軍では「大型戦闘機こそがこれからの戦闘機だ」という風潮がありました。実際、海軍から押し付けられたF-4やその次

［図9-3］B-52に懸架されたF-15の3/8縮尺模型（Photo：NASA）

のF-111のように、ボイドに言わせると重すぎる戦闘機が次々と採用されており、誰もF-86Fの軽さを思い出すことはなかったわけです（F-104スターファイターのことは忘れましょう。あれは〝ケリー〟・ジョンソンの一発ギャグ）。

その結果、あれもこれも取り付けたいとする開発チームと、重量増加を理由にこれを拒否するボイドとの間で熾烈な戦いが繰り広げられます。

例えば、海軍の戦闘機のように乗降用の引き出し式ステップをコクピットの下に装備するという要求をボイドは拒否。同様に点検作業用のステップをつけることも拒否し、大論争になっています。空軍機は基地で運用されるのだから、そんなものハシゴを使えと主張するボイドが最終的に勝つのですが、たったこれだけのことにもかなりの長い議論があったようです。

ちなみに当初、ボイドが計画に乱入した段階では、機体の離陸重量（Loaded weight）の目標は6万2500ポンド（約28.3トン）でした。F-111よりは3割ほど軽くなっているものの、ボイドに言わせれば問題外の数字でした。彼の要求は3万5000ポンド（約16トン）以下で、揉めに揉めた結果、最終的に4万ポンド（約18トン）を目標値とすることになります。

ただし、その後も重量はジワジワと増え続け、結局4万2500ポンド（約19.3トン）となってしまいました。この段階でボイドもスプレイも、F-Xを彼らの理想とする軽量戦闘機に仕上げるのは無理だと悟り、この無念さが、のちの軽量戦闘機（LWF）YF-16とYF-17の開発に繋がっていくのです。

ボイドを後押しした三大事件①——機関砲不要論を一蹴する実戦データ

そしてボイドが参加した後、1966年の年末以降に以下の3つの大きな事件があり、これがF-Xの性能要求を決定するにあたって重要な要因になっていきます。

- ●ベトナム戦争におけるミグ戦闘機相手の実戦データが集まってきた。さらに1967年夏には、イスラエルのミラージュⅢによる六日《むいか》戦争（第三次中東戦争）での対ミグのデータも手に入った。
- ●1967年夏に、ソ連の新型戦闘機MiG-25の試作型が公開された。
- ●F-111の受け取りを拒否した海軍が、秘密裏に開発を進めていたVFX計画（のちのF-14）を1968年夏に公表。開発が先行しているこの機体の採用を、議会を通じ空軍に迫った。

当時、機体重量に次ぐ争点となっていたのが、機関砲の装備でした。レーダー誘導の長距離空対空ミサイルＡＩＭ-７スパローの配備が本格的に進みつつあり、近距離用のＡＩＭ-９サイドワインダーと合わせることで空軍は機関砲はもう要らないと考え始めていたのです。

しかし、この機関砲不要論に対し、ネリス空軍基地の戦闘機兵装訓練学校（ＦＷＳ）の教官時代にサイドワインダーミサイルの使い難さを痛感していたボイドが徹底的に反対。これも大論争に発展していきます。

そしてベトナム戦争でのスパローとサイドワインダーの実戦データがもたらされはじめると、事態はボイドに有利に展開します。当時のミサイルは、性能も信頼性もまだまだイマイチで、とにかく命中せず、極めて不安定なことが判明してきたからです。

また、ＦＷＳ時代の教え子の多くがベトナムに参戦しており、彼らからの情報の影響も少なくなかったようです。ちなみにボイドの教え子である複数のパイロットが、ボイドの教本とエネルギー機動性理論が実際の空戦で有用だったと証言しています。

さらに１９６７年６月に起こった六日戦争で、アラブ連合相手に圧勝したイスラエル空軍（ＩＡＦ）の戦果のほとんどが機関砲によるものだと判明し、この論争に完全な決着がつくことになりました。

ベトナム戦争と同時期に戦われ、同じようなソ連機を相手に戦ったイスラエル空軍のミラージュⅢは、実に６：１に近いキルレシオを達成したとされます。１機の損失に対し、ミグ戦闘機を６機も撃墜したというわけです。［図9-4］

あくまでイスラエル空軍の発表ですから実際はせいぜいその半分以下だと思いますが、それでも圧倒的な数字です。これはベトナム戦争でミグ相手に苦戦していたアメリカ空軍には驚くべき戦果であり、ミラージュⅢの小型軽量さと機関砲の有効性が再認識されることになったのです。

ボイドが速度より重視したキャノピーの視界

そしてもう一点、ベトナムの戦訓と、視界を重視するボイドの意見によって採用されたのではないかと思われるのが、Ｆ-15のコクピット周りの設計です。従来の戦闘機と異なり、かなり高い位置に置かれて、視界の良い全周視界の水滴型キャノピー（天蓋）を搭載しています。［図9-5］

ボイドは自分が最初に乗ったジェット戦闘機、Ｆ-86の全周視界型のキャノピーを高く評価していました。第二次世界大戦においては必須となった広い視界を確保したものでしたが、Ｆ-１００以降のアメリカ空軍の機体は空気抵抗は小さくなるものの視界が悪化するファストバック型や、キャノピー後部が胴体に直結してしまっているタイプのコクピットが主流となっていました。

［図9-4］フランスのダッソーが開発した、無尾翼・デルタ翼が特徴的なミラージュIII。イスラエル軍が六日戦争（第三次中東戦争）で同機を使用し、小型軽量さと機関砲の有効性を印象づけた（Photo：Medium69）

これはベトナム戦争で、どこから飛んでくるか分からない地対空ミサイルの発見が困難になるという致命的な欠点となりました。その対策がこの全周視界型の操縦席の採用だったとされます。

［図9-5］F-15の水滴型キャノピー（天蓋）

当然、空力的には不利で、この後ろに生じる渦（乱流）によって時速数十キロ前後も速度が落ちるはずです。しかし、そんなことよりパイロットの視界を優先する、つまり近代ジェット機による空中戦は時速数十キロ程度の速度差では決まらん、という判断だったわけです。

ちなみに視界を軽視しがちだったのは海軍も同じで、F-8

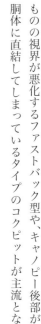

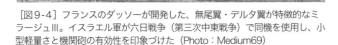

は優れた戦闘機でしたが後方視界はないに等しく、F-4も一見すると視界がありそうですが、実はパイロットからだと後ろはあまり見えません。同じくF-14トムキャットも複座であるためパイロットはあまり後方がよく見えないらしく、このあたりが改善されたのは、ボイドが開発に絡んだYF-17を土台にしたF／A-18からとなります。

ボイドを後押しした三大事件②――MiG-25ショック

F-X計画にボイドが乱入してから半年以上過ぎた1967年7月9日（ソ連時間）、意外な衝撃が北の国からやってきます。アメリカの独立記念日からわずか数日後のこの日、ソ連は開発中の新型戦闘機MiG-23とMiG-25を国内の航空ショーで初めて公開したのです。［図9-6／-7］

MiG-25はすでに1965年頃から西側にソ連の新型戦闘機として知られていた機体ですが、ついにそれが姿を現したことになります（ただし実はまだ試作段階だった。1964年3月に初飛行したものの、量産や部隊配備は1970年から）。

本来はMiG-23のほうが主役で、当時の主力戦闘機MiG-21に置き換わるべく登場した機体でした。しかし、F-111の悪い影響を受けて（笑）、重くてかさばる可変翼機とした結果、イマイチな戦闘機になってしまいました。結局、対地攻

［図9-6］ソ連の新型機としてアメリカ空軍に衝撃を与えたMiG-25。西側呼称はフォックスバット（FOXBAT）で、そのまま読むとキツネコウモリとなるが意味不明（Flying fox というコウモリはインドにいるが、FOXBAT なる生物は実在しない）。本文に出てくる偵察用のR型は戦闘機型の派生型と見られがちだが、実はむしろ（偵察用のR型のほうが）主役だったりする（Photo：Alan Wilson）

［図9-7］ミグ設計局がMiG-21の後継機として開発した戦闘機MiG-23（写真は1989年当時のM型）。実はMiG-25と同時デビューの機体だったがあまり知られておらず、地味な存在だった。西側呼称はフロッガー（Flogger）だが、これはカエルではなく「鞭打つ人」の意味（カエルならFrogger）。翼の後退角は16、45、72度の間で飛行中に調整でき、乗員は1名

撃機などに転用されていき、ＭｉＧ-21の時代はまだしばらく続くことになります。

ちなみに、ボイドを始めとする可変翼反対派は「Ｆ-１１１の唯一の功績は、ソ連にＭｉＧ-23をつくらせたこと」とまで言っていました。ただ、実際はそこまで酷い機体ではなく、アメリカ空軍が実際に入手して試験したところ、意外に高性能だったことが判明します。ただしＭｉＧ-21に比べると運動性や整備性で大きく劣り、さらに価格も高価になってしまったのが致命傷でした。

そしてＭｉＧ-25は公開直後に高度3万メートル（厳密には2万9977メートル）、時速2900キロを達成したという情報が入ってきます（速度の達成高度が不明だが、高度1万メートル前後なら約マッハ2.7となる）。これによって、ソ連がアメリカの戦闘機では到達できない高高度をマッハ３近くで飛ぶ戦闘機を手に入れた、と判断されたのです。これはソ連の機体開発能力を甘く見ていたアメリカには衝撃でした。

当時のアメリカでは、ＭｉＧ-25に匹敵する高度と速度をもつＳＲ-71ブラックバード偵察機がようやく実用化された段階で（１９６４年12月初飛行。１９６６年部隊配備開始）、誰もこの機体には追いつけないと考えられていたのです。なのでＭｉＧ-25の登場は極めて衝撃的であり、ＣＩＡはソ連内陸部

［図9-8］MiG-25とほぼ同世代機であるSR-71（初飛行は9ヵ月遅いが、量産と部隊配備は4年近く早い）。ソ連領空を侵犯して偵察するための機体であったため、運用はCIAの管轄だったが、空軍もその開発と運用には深く関わっていた。そのため空軍は「高度3万メートルをマッハ3で飛行することがどれほど困難か」を理解でき、ソ連の技術力に驚愕したとされる

へのSR-71に飛行を一時中止したと言われています。［図9-8］

ちなみにアメリカ空軍にもA-12（SR-71の原型）を改造したYF-12というマッハ3級試作戦闘機があったものの、極めて特殊で扱いにくい機体となったうえに高価でもあり、最終的に開発は中止になっていました（正式な計画キャンセルはMiG-25の公開から半年後の1968年1月）。よって、マッハ3級の高高度戦闘機という段階でアメリカにとっては驚きだったのです。

そもそもマッハ3近い高速性の確保には、衝撃波背後熱の高熱に耐える軽量金属を使う必要があり、そのためには通常は精製や加工が極めて困難なチタンを使う技術が必要と考えられていました。そしてロッキードはA-12とその後のSR-71の開発でこの点において極めて困難な状況に陥り、最終的にチタンの製造管理にまで自社で乗り出すはめになっていました。

同時に高度3万メートルを飛び、マッハ3近くを出せる戦闘機用ジェットエンジンの存在も驚きでした。アメリカのA-12やSR-71に積まれていたプラット&ホイットニーのJ-58はあまりに特殊な構造で、とても普通の戦闘機に搭載できるようなものではありませんでした。

よってアメリカ空軍は、ソ連が10年分近い技術的な大ジャンプをMiG-25で達成したのかと驚いたのでした（この点はのちに、そうではなかったことが判明。別の意味でアメリカ軍を驚かせる）。

ＭｉＧ-25ショックにも冷静だったボイド

　そしてその衝撃の影響が、Ｆ-Ｘ計画にも及んできます。「ソ連がマッハ３なら、ウチもマッハ３だぜ！」という大変分かりやすい発想をする将軍がアメリカ空軍にもいて、この数字が新たに最大速度の要求として求められたのです。

　しかし、ボイドはこの点、極めて冷静でした。マッハ１．５を越える超音速はアフターバーナーのパワーのごり押しで達成される速度であり、すなわちメチャクチャな燃料消費と航続距離の低下を招きます。当然、搭載燃料も増えますから、機体重量も増えます。そんな条件でつくられた戦闘機がまともな機動能力や戦闘行動半径（航続距離）をもつわけがない、と彼は判断したのです。

　これはのちに完全に正しかったことが判明しますが、この段階ではアメリカ空軍も軽いパニックになっており、大論争となりました。最終的にはボイドも妥協し、Ｆ-Ｘはマッハ２．５を達成するという条件で折り合うことになります。

　ちなみにこれもかなり無理のある速度で、航空自衛隊の元Ｆ-15パイロットによれば、普通はそんな速度は絶対に出さないし、そもそもエンジンの限界と膨大な燃料消費から考えても「出せても一瞬だ」ということらしいです。つまり実用性はまったくありません。Ｆ-15といえど、通常はマッハ２以下で飛んでいると考えるべきでしょう。

エジプトに派遣され西側を驚かせる

　ＭｉＧ-25が実戦配備されて間もなく、ソ連はこれを西側にひけらかすような示唆行為に出ました。１９７１年、エジプトに偵察型のＭｉＧ-25を送り込み、エジプトと対立していたイスラエルに対する写真偵察と電波偵察（ＭｉＧ-25Ｒは電波偵察能力ももつ）を行ないます。

　これは、１９７０年に配備が開始されたＭｉＧ-25がトラブル続きで、そのため実戦環境で運用して改善しようという提案が出された結果だとされます。そのために選ばれたのがソ連寄りの政権であり、イスラエルと緊張関係にあったエジプトでした。

　派遣されたのは全４機で、純粋な偵察機型のＲ型と戦闘偵察型であるＲＢ型の２機ずつでした。まだ実用性の低かったＲＢをもっていったのは、当時のエジプト空軍の防空能力の低さから、万が一、イスラエルのＦ-４が飛来した場合の対策だったようです。

　といっても、後で見るようにＭｉＧ-25は事実上空中戦はできないので、気休めにしかならないのですが。そして当然、ソ連の空飛ぶ最高機密ですから、その運用はすべてソ連軍が行なっています。

空輸されたＭｉＧ-25は１９７１年４月からエジプト領内でその飛行試験を開始、10月になるとイスラエルに対する初偵察飛行に２機を出撃させました。このときはイスラエルの海岸線から17マイル（約27キロ）まで接近して飛行。これを受けてイスラエル側もＦ-４を出撃させたのですが、接触することすらできずに逃げられてしまいます。

この後、ＭｉＧ-25はその偵察活動を本格化させ、そして一度もイスラエル側のＦ-４に捕捉されることなく逃げ切ってしまっています。これで頭に血が上ったイスラエルはＭｉＧ-25の基地を突きとめ、離着陸時を狙ってＦ-４による強襲を企てるのですが、エジプト空軍が基地周辺に護衛用のＭｉＧ-21を飛ばしたり、ＭｉＧ-25と同時に囮のＭｉＧ-21を離陸させたりという対策を講じたため、これまた失敗に終わってしまいました。

その後約９ヵ月間、１９７２年の初夏頃まで月２回のペースでこの偵察飛行は繰り返されます。その間にニクソン大統領とブレジネフ書記長の会談が行なわれ、さらにエジプトのサダト大統領がソ連はどうも最新戦闘機をテストしたいだけだと気が付いてＭｉＧ-25の活動中止を命じたため、１９７２年７月、ソ連のＭｉＧ-25テストチームはエジプトから去ることになります。

翌年１９７３年に発生したヨムキプール戦争（第四次中東戦争）では、このときの偵察データが活用されたとされますが、詳細は不明。そして、この戦争が始まると再度ＭｉＧ-25の偵察型がエジプトに派遣されています。

どうもこの２回目の派遣のときに、アメリカ軍は海軍のレーダー艦を派遣し、詳細なデータを取ったらしいのですが、そこで彼らは衝撃的な事実を目撃することになります。ＭｉＧ-25は７万フィート（約２万１３４０メートル）という高高度を飛行し、そこでアフターバーナーを全開にしてマッハ３．２の速度で飛び去るのがレーダーによって確認されたのです。

これにより、やはりＭｉＧ-25は高高度・高速度の恐ろしい戦闘機だとアメリカは認識することになります。

（以上はソ連機の研究家、Yefim Gordon の『OKB Mikoyan : A History of the Design Bureau and Its Aircraft』の記述による）

飛行後ＭｉＧ-25のエンジンが破損していた!?

ただしアメリカ軍は同時に別の情報も得ていました。おそらく世界一勤勉な情報機関、イスラエルのモサドがもたらした情報だと思われますが、マッハ3.2で飛行してエジプトに帰還したMiG-25のエンジンが破損していたというのです。ただし、これが不運な事故だったのか、そもそもMiG-25のエンジンがそれほど信頼性がないからなのかまでは判断がつきませんでした。

ところが、意外なところからその回答がやってきます。ソ連のエリートパイロット、ビクトル・イワノビッチ・ベレンコ中尉がMiG-25に乗って、1976年9月、日本の函館空港に亡命してきたのです。のちにこのMiG-25はソ連に返還されますが、それまでに徹底的に調べ上げられ、さらにベレンコ中尉の証言からアメリカはMiG-25に関して驚くべき情報を得ます。

ジョン・バロン（John Brron）がベレンコとアメリカ側の関係者にインタビューしてまとめた『MIG PILOT : The Final Escape of Lieutenant Belenko』（邦題『ミグ-25ソ連脱出――ベレンコは、なぜ祖国を見捨てたか』）によると、このときの調査で、MiG-25はそもそもアメリカが考えていたような機体ではなかったことが明らかになったとされます。

MiG-25は当時のアメリカに匹敵する最新技術でつくられた恐るべき戦闘機ではなく、高速で素早く高高度に到達して遠距離からミサイル攻撃することだけを目的にした機体でした。それ以外の性能はすべて無視されてつくられた特殊な機体だったのです。すなわちソ連の全天候型迎撃戦闘機で、F-102デルタダガーやF-106デルタダートのような機体だったということです。

亡命機からもたらされた事実

函館に飛んできたベレンコのMiG-25は間もなく百里基地に移動され、そこでの調査が始まると、明らかに機体全体の強度が不足していることが判明します。

このあたりからまともな空戦はそもそもできないのでは？　という疑問が生じるのですが、これはベレンコに対する聴聞でその通りであることが判明し、アメリカ側を驚かせます。そもそもMiG-25は空中戦を行なって航空優勢を確保するための、F-15のような戦闘機ではなかったのです。

そしてベレンコの証言により、以下の事実が次々と明らかになりました。

- MiG-25は燃料満載状態だと2.2Gを超える旋回の加速度に耐えられない。これは主翼内の燃料タンクの構造が貧弱で破裂してしまうため。さらにそもそも主翼構造が弱いため、主翼内燃料タンクの燃料を使い切った後でも5G超える旋回は危険で、これを行なうことはできない。

近代戦闘機が最大９Ｇ前後までかけて旋回し、格闘戦を行なうことを考えると事実上まともな空中戦は不可能であることを意味する。つまり、戦闘機としてはまったく使い物にならない。

●最高速度はマッハ2．5までで、それ以上での飛行は禁止されていた（つまりF-15と同速）。それ以上の速度、特にマッハ2．8を超えるとエンジンの内部が溶解して破損する可能性があり、極めて危険な状況になる。つまり先に見たエジプトに進出していたＭｉＧ-25のエンジン破損は不運な事故ではなく、ＭｉＧ-25の性能限界からくる当然の結果だった。

●計算上の最大航続距離は１０００キロ前後だが、燃料を食う戦闘飛行時の行動半径は３００キロ（全６００キロ）にすぎない。実際、８００キロ前後の飛行で函館に飛んできたベレンコの機体はほぼ燃料が空だった（ただし偵察型は武装なしで増槽を積むので、もう少し長い距離を飛べるはず）。ちなみにアメリカ側は戦闘行動でも２０００キロ（行動半径だと１０００キロ）は飛べると考えていた。

●実際の運用限界高度はミサイル×2発で2万４０００メートル、ミサイル×4発だと2万１１０００メートル。よって通常任務で高度2万６０００メートル前後を飛ぶＳＲ-71には届かなかった。上昇しながらミサイルを下から撃ち上げればその高度に到達できるが、速度が落ちるため、マッハ３近くで飛ぶＳＲ-71に追いつけるミサイルはなかった。すなわち実はＳＲ-71の迎撃は事実上不可能だった。

●電子装備は真空管を使った旧式なものだったが、強力な出力をもち、あらゆる電波妨害を打ち消してしまった。ただしその走査範囲は極めて狭く、ほぼ機体の真正面しか見えない。このためミサイルのロックオン以外にはほぼ使えない。索敵、そして接敵には地上レーダーからの補助が必須となる。また、地上高度５００メートル以下だと、地上からの反射ノイズに埋もれて目標を識別することができない。

ちなみにベレンコは下方への走査能力（高度５００メートル以下の探知能力）が強化された新型レーダーを積む新しい戦闘機（ＭｉＧ-31）の情報ももたらしており、これが後にＢ-1戦略爆撃機無用論の決定打の一つになった。もはやＢ-1の主要戦術であるレーダーに発見されない低空高速侵入は不可能になる可能性が高くなったからだ（ちなみにＭｉＧ-31の初飛行はベレンコの亡命とほぼ同時の１９７６年9月だったから、まさに最新情報だった）。

ＭｉＧ-25は「恐ろしくはないけれど、驚くべき機体」

　これらの調査結果から、ＭｉＧ-25はアメリカの新型戦闘機と戦うための戦闘機ではなく、開発中止になったアメリカの超音速爆撃機のＸＢ-70、そしてＳＲ-71高速偵察機を迎撃するための〝直線番長〟であることが判明します。すなわち強力なアフターバーナー付きエンジンで一気に高高度まで上昇し、高速で飛行して（高高度偵察機などを）迎撃するための戦闘機であり、間違ってもＦ-15やＦ-16と格闘戦を行なうような機体ではなかったのです。そもそも通常で２．２Ｇ、最大でも５Ｇ以上の機動ができないのでは、Ｆ-４相手でも勝ち目がありません。

　ちなみに衝撃波背後熱の高温に耐えるため、衝撃波が発生する部分は主に重いステンレス製で（ただしベレンコ機には錆が出ていたという証言があるので、ただの鉄鋼の可能性もある）、軽量なチタンはごく一部に使われていたにすぎませんでした。この点もアメリカにとって予想外で、ソ連が突然チタン加工技術を手に入れたわけではなかったのです。

　さらに先に述べたように、電子装置には真空管を使っていたため、あまりの古臭い技術に日米の調査員は驚くのですが、逆にそんな古臭い技術だけで、高度２万４０００メートルをマッハ２．５で飛べる機体をソ連がつくってしまったことにアメリカ側は驚きます。Ｆ-15やＦ-16の敵ではないが、見くびるわけにはゆかぬ、という部分もあったのです。

　重い鉄（ステンレス）を多く使い、トランジスタではなくガラスの真空管を使用している以上、機体の重量もかなりのものになってしまいました。そうなると、もはや戦闘機と呼んでいいのかも疑問でしたし、実際、ソ連やインドなどでは戦闘機としてよりもＳＲ-71のような高速偵察機として活躍することになるのですが、それでもソ連は頑張った、という面も大きいのも事実です。

　この点については、当時のアメリカ側の調査員が、

「ソ連の技術者は明確な性能目標をもち、それを達成することだけに集中し、手持ちの技術だけで、費用対効果が最も高い設計を行なっている。彼らをアメリカに招けば原価を意識した管理・設計で、我々が学ぶ点も多いはずだ」

　と述べていますが、この戦闘機に対する適切な評価だと思われます。まったくもって恐ろしくはないけれど、驚くべき機体ではあったのです。

3　VFX（F-14）採用を迫られた空軍とボイドの駆け引き

ボイドを後押しした三大事件③——海軍VFX計画の攻勢

この時期にボイドは一度ペンタゴンを離れ、太平洋およびヨーロッパ方面の空軍司令部を訪問、F-Xの性能要求について現場の意見の聞き取りを行なっていました。その最中に、ソ連が驚異の新型戦闘機を登場させたことになります。

ついでにこのときのヨーロッパ訪問で「我が戦闘機部隊は無事故である」と誇る現地の指揮官（大将級だったとされる）に対して「死者が出るくらいの訓練をやるべきです」と進言し、不興を買っています。

この司令部訪問はボイドがまだ少佐であり、その階級で軍に留まれる限界年齢に達しつつあることから、外部出張中という形で退役を引き延ばして、その間に中佐への昇進を図るという意味もあったようです。結局、その後にようやく中佐への昇進が認められるのですが、あちこちで敵をつくりまくっていたボイドが中佐になるのは困難を極めたようでした（笑）。それでもなんとか昇進できたのは、MiG-25の脅威に驚いた空軍が彼の存在を重要と認識したから、という可能性もあります。

［図9-9］2004年、空母ハリー・トルーマンのフライトデッキから撮影されたF-14トムキャット。可変翼の付け根部分が大きく盛り上がっているのが分かる

1968年の夏、先述したF-X計画中の三大事件のなかで最も厄介な事態が、身内のアメリカ海軍からやってくることになります。それがF-14トムキャットに繋がるVFX計画です。［図9-9］

1968年2月にマクナマラが国防長官の座を去ると、その5月には待ってましたとばかりに海軍はF-111の採用をキャンセルします。そして当然、次の手を用意しておりました。これがVFX計画、のちのF-14で、1968年7月には要求仕様書を発表し、ジェネラル・ダイナミクス、グラマン、LTV（ヴォート）、マクダネル・ダグラス、ノースアメリカン・ロックウェルの5社がこれに応じて競争試作の設計案作成に取り掛かります。

このVFX計画において、NASAはこれまでの軍用機開発にないほど深く関係しました。海軍は可変翼機の研究をしていたNASAに対し、機体の基本デザインを依頼。同時に風洞実験データも求め、これを基に各社が設計案を提出したのです。さらに1969年1月に競争試作の勝者に指名されたグランマンは、採用決定後もNASAと共同でF-14の細部形状を決定していくことになります。

これは先に可変翼機の独自研究を行なっていたNASAが、「着艦時の低速飛行」と「戦闘巡航時の高速飛行」の両者が要求される艦載機に、可変翼機を提案した結果でした。このとき、NASAのラングレー研究所が製作し、海軍に示したのがLFAX-4と呼ばれる機体形状で、やや左右幅が小さく単座であるという点を除けば、ほぼF-14の完成形に近いスタイルになっています。［図9-10］

F-111の開発で可変翼にはある程度知識があった国防省と海軍はこの提案を受け入れ、VFX計画は可変翼でいくことに決定します。

ですので、F-14の基本的な形状はNASAが設計したことになります。

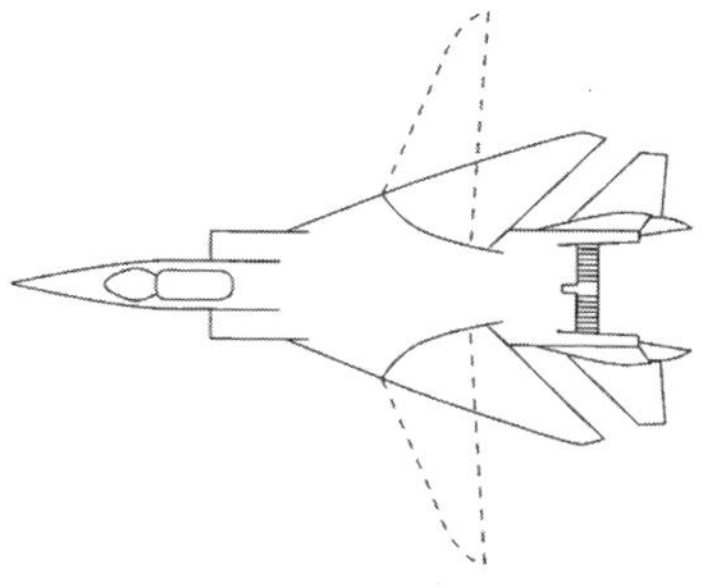

［図9-10］NASAラングレー研究所の設計による可変翼案「LFAX-4」（『Partners in Freedom: Contributions of the Langley Research Center to U.S. Military Aircraft of the 1990's』）

しかしＮＡＳＡはその幅広い速度性能に注目して可変翼を艦載機向けとしましたが、実際の可変翼機はその機構のため重量がかさむという欠点をもっていました。そもそも軽い機体なら、何もしなくてもずっと遅い速度で普通に着艦でき、また上空ではずっと速く飛べるのです。つまり重い機体では、可変翼による低速対応のメリットがすべて消えてしまうわけです。

さらに、次章で紹介するＬＥＲＸ技術によってデルタ翼機の離着陸&高迎え角時の速度は劇的に低下し、もはや可変翼は完全に過去の技術となってしまいます。このため、F-14はこの世代の戦闘機としては短命で、運用開始から32年後の２００６年にはアメリカ海軍の空母から姿を消すことになりました。

ちなみに翌１９６８年に今度は空軍が国防省を通じて同じような依頼を行ない、これに対しＮＡＳＡはＬＦＡＸ-4を固定翼にしただけという感じのＬＦＡＸ-8というモデルをつくりました。これがマクダネルのF-15の原型となります。F-14とF-15が共に双発エンジンで、両脇に斜めに切り取られた形状の大きな空気取入れ口があるのは、その基本設計がどちらもＮＡＳＡによるからです。

ちなみにF-15についても他にもいくつかのモデルを提案しており、このあたりのF-X計画とＮＡＳＡについては後で詳しく紹介します。

海軍のＶＦＸ採用を迫られた空軍

１９６８年7月の段階で、まだ空軍はF-Xの要求仕様書(Request For Proposal：ＲＦＰ)が完成していませんでした。それどころか固定翼か可変翼かすら未定だったのです。

さらに現場の戦術空軍司令部（ＴＡＣ）はF-１１１のような大型の多用途機を希望しているのに対し、空軍の一番偉い人である参謀総長のマコーナルと彼が引っ張ってきたボイド一派は、あくまで空中戦に特化し航空優勢を確保する機体の開発を主張して、両者が譲りませんでした。

その結果、海軍がこの点に付け込んでくるのです（ちなみにこの段階ではまだＭｉＧ-25の正体が不明だったので、ＭｉＧ-25に勝てる戦闘機といった要求も出されていたが、ボイドは無視していたふしがある）。

空軍はボイドとクリスティ vs 他全員というバトルロイアル論争を続けていて、１９６７年秋の段階で基本的な設計方針すら決まっていない状態でしたが、一方の海軍のＶＦＸ計画は密かにスタートしていました（F-１１１を拒否する半年以上前）。すなわち開発進行状況ではほぼ1年先を行っていたわけです。

このため１９６８年夏、海軍と太いパイプをもつ議員たちが在籍していた、議会の戦術航空小委員会（Tactical Aviation Subcommittee）が空軍のF-X開発責任者を呼び出し、経費削減のため海軍のVFXを採用したらどうだと詰め寄る事態になります。軍の予算のヒモを握る議会の要請ですから、これは深刻な事態でした。

このとき、査問に呼びされた空軍の将軍は、俺だけが嫌な思いをするのはごめんだとばかりに、F-Xの現場責任者としてボイドを引っ張っていきます。しかし結果的に、これがF-15を救うことになりました。

常に敵対関係にあったと言っていいボイドと空軍上層部ですが、このときは完全に利害が一致しており、両者とも「F-4の二の舞は避けたい、海軍の機体なんて要らない」という点では一緒だったのです。

ボイドはF-4の空中戦能力の低さから、海軍の次期戦闘機にも常に疑惑の目を向けていました。特に、F-111と同じような可変翼は重量を増やして性能を低下させると以前から指摘し続けていたのです。一方、空軍の上層部は上層部で、戦闘機開発に関する予算も利権もすべて海軍にもっていかれてしまったF-4を目の敵《かたき》にしていました。

ここで初めて両者の利害関係は一致することになります。

将軍たちを驚かせたボイドの回答

この査問委員会で最大の論点になったのが、「空軍のF-Xは、海軍のVFXと何が違うんだ？」という点でした。明確な差がないのなら、わざわざ空軍専用の戦闘機を開発する意味がない、だったらコスト削減のために先行している海軍のVFXで統一せよ、ということです。

しかし、どこが違うかと聞かれても、この段階ではまだ基本的な要求仕様すら決定していませんでしたから、答えようがないのでした。エネルギー機動性理論による高機動能力をもった戦闘機といっても、議員の皆さんに通じるはずがありません。

ちなみに査問委員会での答弁においてボイドはあくまでアドヴァイザーとしての参加だったのですが、計画の細部に関してはボイド自身が証言することになりました。

こういうときには異常に頭が回るのがボイドでして、彼は議員の皆さんを説得し、なおかつ自分の考えを既成事実として空軍に押し付けてしまう方法を思いつきます。

彼は両軍の機体における相違点について発言を求められると、「空軍の機体は固定翼であり、可変翼の海軍機より小型で安価な機体になる」と述べます。これは明確な相違点でした。

「安価」という言葉も受けがいいですから、戦闘機に関して素人の委員会の議員たちも最終的に空軍の新しい機体の開発を認めることになります。実際はF-15は決して小型で安価にはならなかったのですが、それでもF-14よりはマシでしたから、嘘ではないでしょう。

ただし、ボイドの発言を聞いてアゴもはずれんばかりに驚いたのが、同席していた空軍の将軍でした（笑）。実はこの段階ではまだ固定翼でいくか可変翼でいくかの論争中で、ボイドが敵に回していた元F-111開発チームと航空力学研究所が可変翼案を強く支持していたのです。

ところがボイドが議会の小委員会相手に固定翼と宣言してしまったことで、固定翼採用が既成事実として成立してしまいます。驚いたのはボイドの反対勢力ですが、議会に報告されてしまった以上、手が出せません。下手をすれば、せっかく確保された予算が取り消されてしまうからです。

そして最後は今回も空軍参謀総長マコーネルがこれを追認し、「F-Xは固定翼でいく」ということが決定するのでした。

ようやく完成した要求仕様

空軍と海軍の機体ナンバーはマクナマラの時代に両者通算と決まっていましたから、先に開発が進んでいた海軍機がF-14、空軍がF-15ということでその名称も決定されました。

［図9-11］ノースロップP-61を基に写真偵察機として開発されたF-15A。決して優れた機体ではなかったが、朝鮮戦争時にアメリカ空軍がもっていた戦術偵察機のなかでは遠くまで飛べたため、地図製作用の航空写真撮影に投入された

余談ながら、この新通算ナンバーはグラマンF-11からスタートし、YF-12は空軍の超高速高高度戦闘機の試作型でした。となると「次は縁起の悪い〝F-13〟は海軍機だよ、ざまーミロ」と空軍は思っていたようなのですが、F-13という数字はパスされてしまったのでした……。

ちなみに第二次世界大戦中、Fナンバーはファインダーの意味で偵察機が使っており、陸軍航空軍が開発したB-29の偵察型がF-13という名称でしたから、必ずしも13を避けるというわけでもないようです。ついでにP-61ブラックウィドウ夜間戦闘機の偵察型がF-15という名称でして、F-15イーグルは正

確には二代目F-15となります。［図9-11］

F-X計画はその後、1968年9月にようやく要求仕様書（REP）が完成します。これで要求されたのが、

・離陸重量が4万ポンド（約18．2トン）以下
・最大速度がマッハ2．5
・機関砲（ヴァルカン砲）を搭載
・単座で双発エンジン

というものでした。実際はエネルギー機動性理論に基づいた機動能力やさらには航続距離に関する要求もあったはずですが、そこまでの資料は手に入らなかったので、詳細は不明です（普通、REPはどんなに少なくても10ページ以上の厚さにはなる）。

こうしてF-15に求められる性能仕様の決定は急速に進みます。のちにボイドは機体の開発監督のような仕事を任されますが、もはや仕様の変更ができない立場に彼はあまり魅力を感じていなかったようです。

実際、これ以降の機体性能を決める仕事は徐々にNASAが引き継いでいきます。

NASA案をベースに4社が機体設計

こうして1968年9月に示されたF-Xの要求仕様へ各社が応募。その中から1968年12月に採用されたのが、ジェネラル・ダイナミクス、マクダネル・ダグラス、フェアチャイルド・リパブリック、ノースアメリカン・ロックウェルの4社の設計案でした。以後はこの4社での競争設計となっていきます。

そしてF-14に続き、F-15においても国防省はNASAに協力を要請し、今回は実際の要求仕様書を渡してNASAにそのデザイン案をつくらせます。これはマクナマラ前国防長官が国防省の技術開発部門責任者に抜擢していた物理学者ジョン・フォスター（John S. Foster, Jr.）の発案によるもので、NASAのもつ技術力を軍用機メーカーに波及させ、同時に最新技術の投入のよる開発の迷走を抑えることを狙っています。なので1968年9月の要求仕様がNASAにも渡され、それに基づきラングレー研究所が制作した設計案が各社に提示されました。これを基に各社が機体設計を行なうことになったのです。［図9-12］

とりあえずNASAが空軍に提案した機体案は4つとされますが、LFAX-4はすでに見たF-14の原型となった可変翼

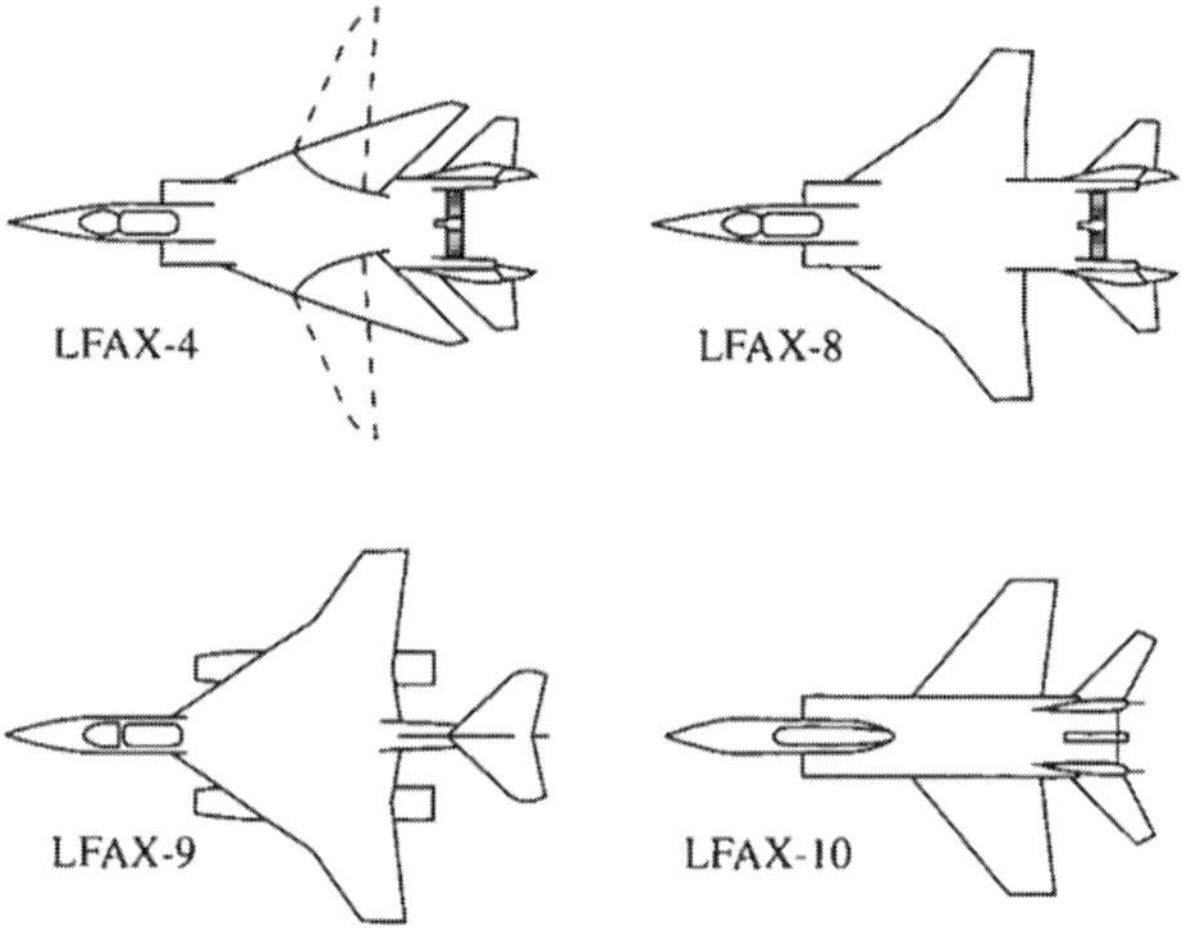

［図9-12］NASAラングレー研究所によるF-X設計案（『Partners in Freedom: Contributions of the Langley Research Center to U.S. Military Aircraft of the 1990's』）

機で、当然却下されました。またＬＦＡＸ-10はソ連のＭｉＧ-25の性能を推測するためにその形状を模したもので、これは純粋に研究用のものだと思われます。よって、基本的にはＬＦＡＸ-８と９の２案がＦ-Ｘ向けの設計提案となったようです。

ちなみにＬＦＡＸというのはLangley Fighter/Attack Experimentalで、ラングレー戦闘攻撃試作機の略。空軍が制空権を取るための純粋な戦闘機だと言っているのに、攻撃機の文字が入っているのはラングレーの理解力不足によるものです。そもそも艦隊護衛用ミサイル戦闘機として開発されたＦ-14にもこの名前が使われていますしね。また、ＬＦＡＸ-５から７までが欠番になっていますが、これがどういったものだったのかはよく分かりませぬ。

こうして競争試作に参加したメーカーのなかで、ＮＡＳＡの設計案の吸収に最も熱心だったのがマクダネル・ダグラスで、彼らはＬＦＡＸ-８に強い興味を示し、ほぼこれを全面的に受け入れてその設計を行ないました。［図9-13／-14］

そして１９６９年12月、そのマクダネル・ダグラス案が競争試作に勝利した、と国防省から発表されることになります。

敗れた3社の設計方針と空気取入れ口

ちなみに敗者のなかで最もＮＡＳＡの研究を取り入れることに熱心だったのはフェアチャイルド・リパブリックで、こちらはＬＦＡＸ-９に影響を受けた主翼の半ばにエンジンを置く、一枚尾翼の設計に向かいました。［図9-15／-16］

残りのノースアメリカン・ロックウェル案はNASAの提案をほぼ無視して（笑）、胴体下に空気取入れ口を置いた、のちのMiG-29によく似た設計となっていました（ただしこれも垂直尾翼は1枚）。こちらはなぜか実物大模型までつくってしまったのですが、残念ながら不採用になりました。ちなみにこの案は、海軍のVFX案でボツになった機体をほぼそのまま流用したという説もあるのですが、確認できません。

よく分からないのがジェネラル・ダイナミクス案で、私は未だにこのデザインを見たことがありません。風洞用模型をつくる前に撤退説もあるんですが、これも未確認。

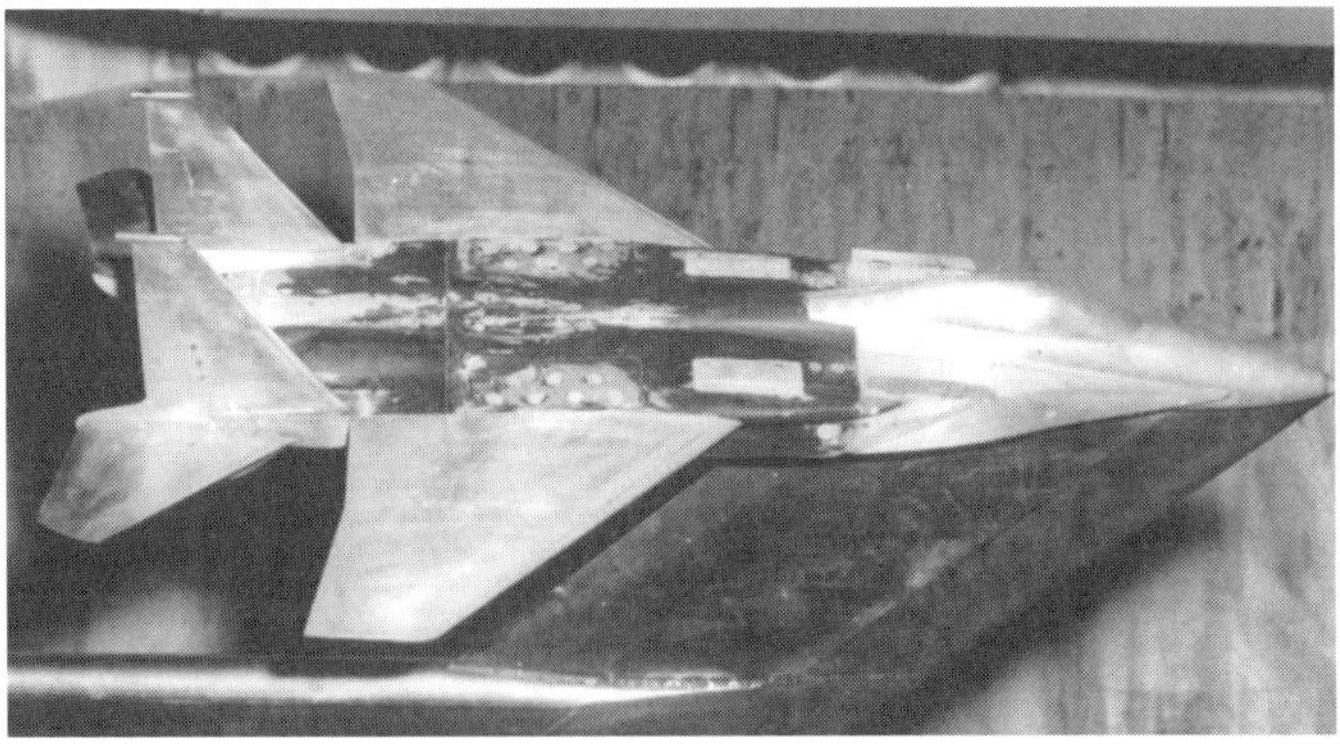

［図9-13］LFAX-8に準拠したマクダネル・ダグラス案。ただし空気取入れ口が機首前部まで張り出しているなど違いも見える（のちに修正される）（Photo：NASA）

［図9-14］1970年12月から行なわれた風洞実験で使われたMODEL-3と呼ばれる形状の、マクダネル・ダグラス案の模型。この段階では水平尾翼が切り欠きのある犬歯翼ではなく、主翼の翼端が真っすぐになっているなど、F-15実機と微妙な違いもある（Photo：NASA）

とりあえず一番素直にＮＡＳＡの言うことを聞いたマクダネル・ダグラスが勝った、という感じです。

その後、１９７０年2月27日にマクダネル・ダグラスと空軍が正式に契約を交わし、2年半後の１９７２年8月には初飛行に成功。いよいよF-15が誕生することになるのでした。ただし、その頃にはボイドと愉快な仲間たちは、すでにまったく別

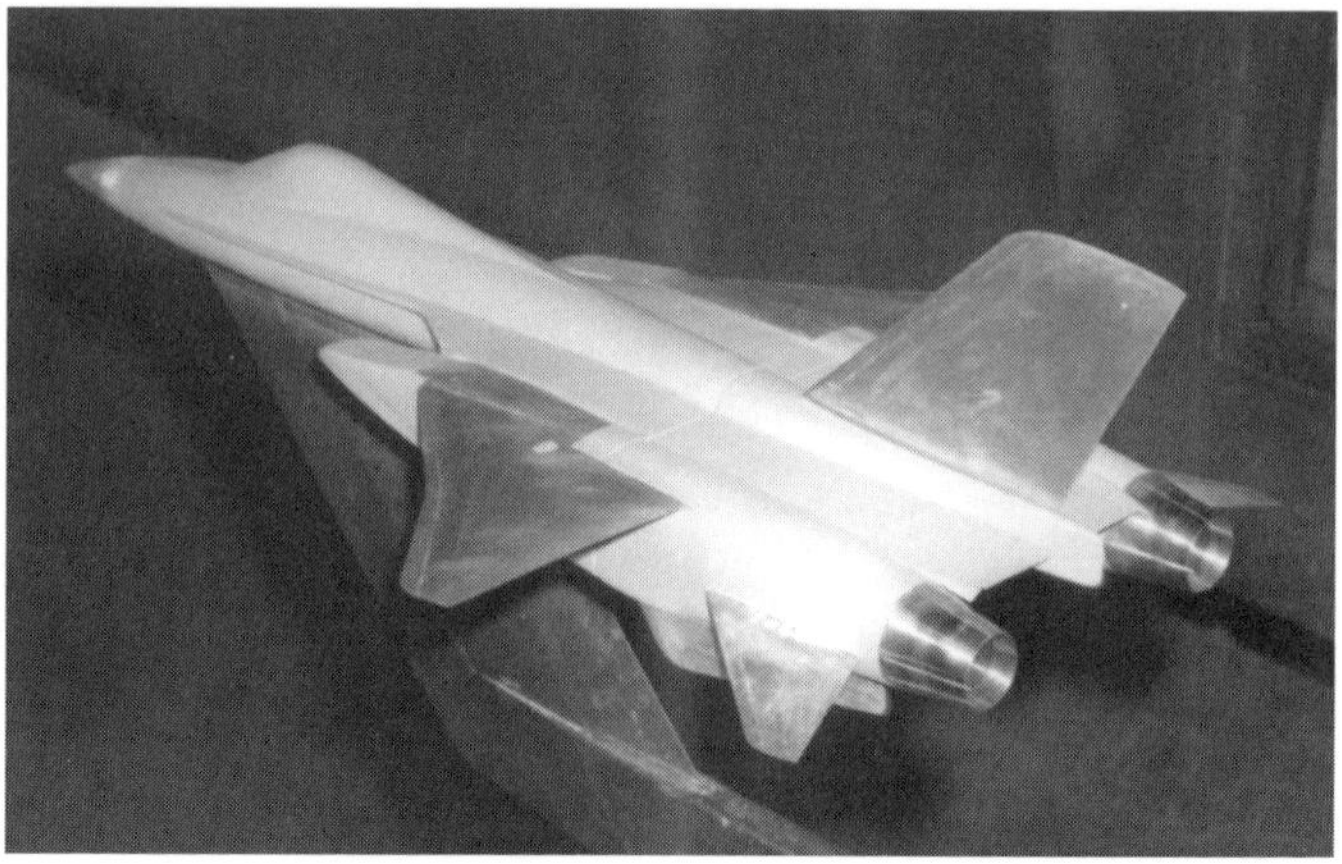

［図9-15］LFAX-9に影響を受けつつも独自色が強いフェアチャイルド・リパブリック案。主翼と胴体が一体化し、エンジンはその外縁部に付いている。そしてさらにその外側に小さな主翼がある（Photo：NASA）

［図9-16］斜め前から見たフェアチャイルド・リパブリック案（Photo：NASA）

の戦いを始めています。それがのちにF-16として結実することになるのですが、この点はまた後で。

ちなみにF-14でも採用されていますが、上側に天井がある四角い空気取入れ口は、大きな迎え角を取ったときに空気が入りにくくなる問題や、最もエンジンパワーが必要な離陸、あるいは戦闘旋回時に空気が足りなくなる問題を解決するための対策です。

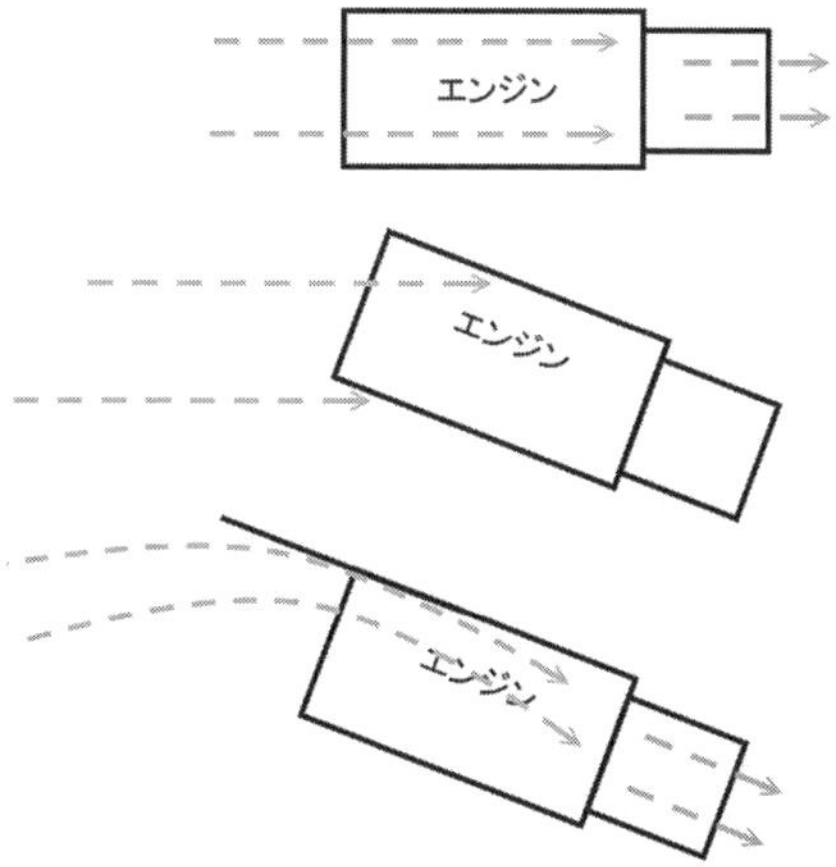

［図9-17］空気取入れ口への空気の流れを示した図。上が従来の空気取入れ口で、真ん中が大きく迎え角をとったとき、下が上側に天井を付けた空気取入れ口で迎え角をとったとき。天井があることで、高迎え角時に空気が足りなくなる問題が解決できることが分かる

［図9-17］のように機体が進行方向に対し上を向いたら、普通は空気の流量が減ってしまいます。その対策として、天井部分に空気の流れがぶつかるようにして、エンジン内まで導く仕組みです。同時に、音速超えの飛行時にはここで第二弾の衝撃波を発生させ、その背後に生じる高圧・高温部をエンジン内に効率よく取り込むことを狙っています。よくできた設計でしょう。

このあたりの構造はMiG-25もまったく同じで（ただしF-15は可変式で開口部の大きさを速度に応じて変えられる）、これをMiG-25が設計をパクったとする資料がありますが、誤りです。この設計の元祖は〝高速機の創造神〟ノースアメリカンが海軍向けに独自に開発したA-5ヴィジランテがルーツです（1958年初飛行）。MiG-25もNASAもこれを参考にしたと考えるべきでしょう。［図9-18］

レッドフラッグ「F-14 vs F-15」の真実

ちなみに、1977年、配備から1年半しか経っていないアメリカ空軍の最新鋭機F-15と、すでに配備から3年経っていたF-14が非公式に編隊vs編隊の模擬空戦を行なったことが

［図9-18］ノースアメリカンが開発し、アメリカ海軍が1960〜70年代に運用した超音速核爆撃機／偵察機A-5ヴィジランテ。〝高速バカ一代〟ながら、他の高速機の10年先を行っていた。「機体の両脇に、斜めに切られた四角い空気取入れ口を付ける」というアイデアを取り入れた機体の元祖となる。写真はNASAが1963年に研究用に導入した機体（Photo：NASA）

ありました。これは１９７７年の、空軍の実戦を想定した大規模演習「レッドフラッグ」に海軍の飛行隊ＶＦ-１（第１戦闘飛行隊）が招かれ実現したものです。

当時のＶＦ-１司令官が、非公式に空軍側の司令官に話をもちかけて実現したとされています。おそらくＦ-14とＦ-15が実戦規模の真剣勝負を行なった唯一の例が、この空戦演習でしょう。

この件は航空雑誌「Flight International」の１９７７年11月26日号でＦ-14が空戦で勝利という見出しですっぱ抜かれたものの、長年、本当にそれが行なわれたのかすら謎のままでした。しかし、のちにＶＦ-１側のＦ-14パイロットだったJohn Chesire氏がこの件についてネット上で手記を公表し、これでこの空戦の詳細が判明します。

彼の回想によると、海軍のＦ-14のパイロットはＦ-15の性能（おそらく空軍得意のニセ情報ではなく、きちんとしたもの）を見て、これが全面的にＦ-14を上回る性能をもっていることに驚き（F-15 was quite superior to our F-14As in a majority of areas.）、演習前にその飛行特性や弱点と思われる部分や、空軍側の空戦戦術を徹底的に研究して演習に臨んだのだとか。

この結果、模擬空戦において、性能で勝るＦ-15に勝利したと判断していい結果を残し、空軍側のパイロットもこれを認めたとしています。

ちなみにChesire氏は「模擬空戦中に少なくとも2回、Ｆ-15を射程内に捉えたが、命中判定装置がなかったため、果たして撃墜していたかは分からない」としています。ついでに模擬空戦中に彼のＦ-14のエンジンが停止（flamed out）してしまうトラブルに見舞われ、最後はまともに戦えなかったとも書いており、配備から3年経ってもＦ-14はエンジンに問題を抱えていたことが窺えます。

このあたりを要約すると、

・1977年のレッドフラッグでは海軍のＶＦ-1所属Ｆ-14と空軍のＦ-15の模擬空戦が非公式に行なわれた。
・海軍のＦ-14パイロットたちは性能的に自分たちの機体が劣ることを知って、徹底的にＦ-15対策を練り、これに臨んだ。
・この結果、詳細は不明ながら空戦はＦ-14側の勝利に終わったと判断された。

ということになります。要するに、海軍側のパイロットはＦ-14がＦ-15に劣ることを知っていたので十分な対策をもって演習に乗り込み、これに勝利したということです。すなわち、

・機体性能の優劣でＦ-14が勝利したわけではない。むしろ性能が劣っていることをＦ-14のパイロットは自覚していた。
・このため徹底的なＦ-15対策を練って演習に臨み、これに勝利した。

これはある程度までなら、性能が劣る機体でも訓練を受けた優れたパイロットが乗り込み、十分な対策をもっていれば勝てる、ということでもありますね。

ちなみにこの件を報じた「Flight International」の記事だけを元に、ロクに取材もしていないと思われる記事が同年の朝日新聞の一面トップを飾ります。「（航空自衛隊が採用予定の）Ｆ-15、Ｆ-14に『惨敗』」という煽動的な見出しで掲載され、一時的に問題となるのですが、事実は先述の通りなのでした。

Ｆ-14が勝利したと判定されましたが、惨敗なんて表現は当のＦ-14のパイロットも「Flight International」も使っていません。今も昔も日本の新聞報道は十分に裏を取らないと基本的には信じがたいのです。

[図9-19] 導入から40年近く経った今も主力戦闘機として運営されている航空自衛隊のF-15J。F-15はのちにデビューするF-16やF/A-18に比べると、フライ・バイ・ワイアではない、LERXがない、といった部分でやや旧式な部分もあるが、空力的な洗練度においては今でも一線級の実力をもつのはNASAの協力による部分が大きい(Photo：航空自衛隊ホームページ [https://www.mod.go.jp/asdf/equipment/sentouki/F-15/images/gallery/photo06.jpg] からトリミング)

4　A-10への道

実戦で評価が一変したA-10

ここでちょっと脱線して、アメリカ空軍の奇跡とも言えるA-10攻撃機について少しお話しします。この機体の完成にはボイドの盟友、スプレイが深く関わっているからです。それは攻撃機ながら、エネルギー機動性理論の影響を受けているということでもあります。

A-10は頑丈で、かつ安価に大量配備できることを主眼に開発されています。このため1972年5月初飛行したF-15と同世代機ながら、デビュー時には電子装備なんてほとんどもっていませんでした(レーザー照準ポッドは1980年代に装備可能となったが)。

さらに最高速度は時速700キロ前後で、第二次世界大戦世代のプロペラ機P-51ムスタングH型と同じレベルです。このため後退翼は必要なく、潔い直線翼のジェット機になっています。さらにジェット機なのに、飛行中でも主脚は完全には収容されず、車輪の一部がむき出しのまま飛んでいるという、実に無骨で、あまり洗練されていない印象の機体です。

しかし、これらはすべて、地上軍への近接航空支援（Close

［図9-20］アメリカ空軍では初のCAS機となるA-10サンダーボルトⅡ。低速・低空での機動性に優れ、機体の耐久性が非常に高いことが、大きな戦闘行動半径と戦闘エリアでの長い滞空時間を実現させている。またシンプルな構造のため、設備に限りがある前線でも効果的な整備が行なえる

Air Support：CAS）を行なうためにタフで安価な機体という条件から考えられた結果で、その優秀な性能は湾岸戦争で友軍の地上部隊から絶大な支持を受けることになります。

サンダーボルトⅡという愛称は第二次世界大戦のリパブリックの機体、P-47の二代目ということです。ただしA-10の開発前の段階ですでにリパブリックはフェアチャイルドに吸収合併されていたため、A-10はフェアチャイルド製となります。そしてP-47が戦闘機から戦闘爆撃機に転用されたのに対し、この機体は最初から地上攻撃、特に友軍の地上部隊へのCAS任務だけのために開発されています。

これは戦略空軍として発展してきたアメリカ空軍のなかでは極めて異例な機体と言えるでしょう。

空軍で最も人気のない分野と言えるCAS機であるために、湾岸戦争までは日陰者扱いされていたのがA-10でした。ジェット機なのに時速700キロという低速のため、「A-10で飛行するときは後方からのバードストライクに気をつけろ！」（鳥並みに遅いという揶揄）とか無茶苦茶言われていましたが、実戦デビュー後は大活躍を見せ、地上部隊から熱狂的に支持されました。この結果、評価は急反転、一気に空軍を代表する機体の一つになってしまいます。

「戦場に行く前はまったく好きになれない機体だったが、今で

は世界最高の航空機だと思っているよ」という空軍の将軍の発言が、このあたりの事情をよく説明しているでしょう。

　ちなみに、捕虜になったイラク兵に言わせると、他の機体は爆弾を落としたらすぐにどこかへ飛んでいってしまうから怖くないが、低速を飛び滞空時間も長いA-10は地上で動くものがなくなるまで上空で旋回待機し続けるから恐ろしいんだそうな。

CAS機をつくったことがなかったアメリカ

　ベトナム戦争まで、アメリカ空軍は一度たりとも地上軍と共同して戦うCAS用の航空機を開発したことがありませんでした。これは〝ビリー〟・ミッチェルらボンバーマフィアによって戦略爆撃空軍としての進路を決められていたため、その手の機体を必要と認めなかったからです(この点はイギリス空軍も似ている)。

　よって第二次世界大戦時に泥沼の地上戦を戦ったドイツやソ連では盛んにCAS機がつくられたのに対し、アメリカではまったくつくられませんでした。戦後もその方針は変わらず、そのためベトナムでは海軍の機体で乗り切る羽目になったのはすでに述べた通りです。

　よってこのA-10が最初のCAS機であり、そして最後のCAS機でもあります。そんな空飛ぶ特異点みたいな機体がなぜ生まれたのかを少し見ていきます。

　そもそもはベトナム戦争に参戦する2年前の1962年に、陸軍の航空支援兵力の強化が決まったことが始まりでした。これは歩兵を搭載して移動する大規模なヘリコプター強襲部隊には武装ヘリコプターの護衛が必要だ、とマクナマラ国防長官が判断したものです。

　これを受けて米陸軍は、1962年末から最新の武装ヘリコプターの開発をスタートさせます。ちなみに参戦前(地上戦は1965年以降)ですから、この段階ではまだその戦訓による開発ではないことに注意してください。

　そして第二次世界大戦から朝鮮戦争に至るまで、航空戦力による支援には常に飢えていた陸軍ですから、計画にはだいぶ力を入れました。先進航空火力支援システム(Advanced Aerial Fire Support System：AAFSS)と命名されたこの計画はベトナム戦争介入直前の1964年に要求仕様が出され、その結果、ロッキードのAH-56Aシャイアン攻撃ヘリの採用が決定されます。[図9-21]

　ただしAH-56はあまりに野心的で、新しい技術を詰め込みすぎていました。その結果、開発は迷走し、予算はオーバー。1967年9月に初飛行までこぎつけましたが、以後も開発は

［図9-21］ロッキードがアメリカ陸軍向けに開発した攻撃ヘリAH-56Aシャイアン。世界初の攻撃ヘリとして1967年に初飛行を行なったが、10機が製造されたのみで量産化には至らなかった

迷走し続け、最終的にその採用が見送られてしまうことになります。

　そしてこの機体の開発迷走を受けて、急遽陸軍が泥縄式に導入を開始した攻撃ヘリが世界でお馴染みのベルＡＨ-１コブラで、結局こちらが世界標準とも言える機体になってしまうわけです。

　余談ながらＡＨ-56は胴体下の主脚と尾翼の先にある尾輪の三点姿勢で着陸、そのまま高速で地上を自由に走り回れ、さらにバック走行もできました（どういう目的でこうなったのかはよく分からない）。そして前部の銃手席は照準に合わせて360度回転するなど、いろいろ変わったヘリだったのです。当然、お値段も相当なものになり、これも計画中止の一因となったとされます。

固定翼機はすべて空軍の管轄に

　ほぼ同時期に陸軍は、さらに野心的な計画も模索し始めていました。護衛用の固定翼機、すなわち通常の攻撃機です。このため1962年初頭からノースロップN-156（F-5フリーダム・ファイターの前身となった戦闘機）やフィアットG.91、さらには海軍のダグラスA-4スカイホークなどの試験を独自に行ない始めています。［図9-22］

　これを知った空軍は自軍の領域が侵犯されると猛烈に反対、そのためこの計画は一度中断となるのですが、その3年後、陸軍がベトナム戦争に本格的に巻き込まれると、空軍にまともなＣＡＳ機がないことが問題となり始めます。このとき、ＡＨ-

56の開発が迷走していたこともあり、再び陸軍は独自の固定翼攻撃機の採用を模索し始めるのです。

これに対抗するため空軍は、1966年秋頃に地上部隊を支援する攻撃試験計画室（Attack Experimental Program

［図9-22］イタリアのフィアットが1960年代にF-86Fを参考にして開発したとされる軽攻撃機G.91。非公式の愛称はジーナ。距離が短く、やや荒れた滑走路でも運用できるように要求されていた。イタリア空軍をはじめ、西ドイツ空軍、ポルトガル空軍にも採用された。写真は空洞だった機首部に偵察用カメラを搭載したG.91R/3（Photo：Pajx）

Office）を立ち上げました。あくまで固定翼機は空軍で、ということです。

この問題は最終的には1967年1月に、「地上戦で用いられる固定翼機はすべて空軍の管轄とする」という取り決めがマクナマラ主導で国防省により決定され、陸軍はその開発計画を中断することになります（この結果、それでまで陸軍が使っていた輸送機も空軍に取り上げられてしまい、最終的に一部の小型連絡機だけが残された）。

これにより空軍は固定翼の独占運用を確保したものの、同時に陸軍を支援するCAS機の開発が必須となってしまいます。ただし、それは予算が新たに確保できるということも意味したので、空軍にとっては必ずしも悪い話ではありませんでした。これがCAS機になんて興味がなかったアメリカ空軍が、A-10の開発を始めたきっかけです。

このため空軍はケイ（Avery Kay）大佐を責任者とする設計チームを発足させ、早くも1967年3月には最初の要求仕様をまとめました。この段階で空軍の攻撃機はA-Xと命名されますが、これは試作攻撃機、Attack Experimentalの略称だそうです。

この要求仕様に基づき、グラマン、ノースロップ、マクダネル（この直後にダグラスと合併してマクダネル・ダグラスになる）、ジェネラル・ダイナミクスの4社が競作に応募します（のちの勝者、フェアチャイルドがこの段階ではいないことに注意)。

要求仕様の迷走とスプレイの投入

ところが空軍は生まれてから一度もCAS機なんてつくったことがないので、いきなり開発は迷走を始めます。ソ連の地上軍の侵攻を完全に食い止めるため全天候型運用(高価な専用のレーダーと火器管制装置［FCS］が要る)を要求し始めたり、ベトナム戦線の戦訓が入ってきて、もっと頑丈な機体が必要だとされたり、誰もが好き勝手な性能要求を追加し始めたのです。

この結果、徐々に収拾が付かなくなり、1967年3月の最初の要求仕様による機体開発は一度、中止とされてしまいます。

この混乱を受け、ボイドをF-X計画に引き込んだ空軍で一番偉い人、空軍参謀総長マコーナルはスプレイに目を付けます。

スプレイはペンタゴンに勤務する民間人ですが、以前から航空優勢戦闘機と並んで、CAS機の重要性を空軍に訴えていました。そして相棒のボイドと組んで、あれほど迷走していたF-15の開発に一定の目処を立て、その開発を加速させる原動力となっていたのをマコーナルは知っていたのです。［図6-6］

ちなみにマコーナルはF-15と同時にA-10を開発させた参謀総長であり、ある意味、SAC出身とは思えない人物だった印象があります(【迷走するF-Xの立て直し役に任命される】112ページ)。ついでに、彼はこの直後（1969年7月31日）に退役しているので、これが最後の大仕事だったと言えるでしょう。

当時、スプレイはボイドと組んで仕事をしていたことで、エネルギー機動性理論を中心に航空機開発のノウハウを得たと考えており、かつCAS攻撃機の必要性を長らく訴えていましたから、当然この仕事を引き受けました。

ちなみに1968年頃からペンタゴンを去ることになる1975年までの間に、スプレイはF-15とA-10、さらにはYF-16とYF-17の原型機の開発に関わることになります。彼は一時グラマンで働いていたこともあって航空機開発には縁があったのですが、それでも民間人がこれだけの軍用機の開発に関わり、そのほとんどが傑作機に分類されているというのはスゴイ話だと思います。

ただし困ったことに、スプレイは空軍の開発部門からはかなり嫌われていました（「Public enemy（公共の敵）」とすら呼ばれていたそうな）。これはF-15の開発でボイドと組んで空軍の開発部門と対立し、さらに以前の戦略爆撃を批判するレポートによってSACからも目の敵にされていたからです。

このため、スプレイがA-X(A-10)の設計基本方針を製作していることは当面秘密扱いとされ、主な職員がペンタゴンを退庁した夕方5時以降にこっそりA-Xの計画作業を始めていたという話もあります。そして、これも常に夜中まで一人で残ってF-Xの作業をしていたボイドにアドバイスを受けながら、スプレイはその仕事を続けていくことになります。

よって、ボイドも間接的にA-10の開発に絡んでいるのです。A-10は〝天才たちの深夜残業で生み出された傑作機〟という見方もできますね。

ルーデルがA-10の開発に関わっていた!?

A-Xの開発計画には二つの特徴がありました。

一つは予算が確保されたものの決して十分ではなく、それでいて大量の配備が必要だったので、とにかく安くつくる必要があったことです。このため搭載する装備と期待される能力の要求は必要最低限のレベルとなり、この段階で高価なレーダーとFCSが必要となる夜間および全天候戦闘能力は切り捨てられます。

しかしスプレイは、このシンプルさを逆に武器にしていくのです。

ちなみに700機以上生産して、最終的な平均調達価格は1機あたり約1180万ドル前後でした。参考までに同世代のF-15のA型が約2800万ドルでしたから、お値段半分以下と極めてお買い得な機体なのです。

もう一つの特徴は、空軍全体が無関心だったことです。

F-15のときは、それこそ空軍中からさまざまな要望が入ってきて、取捨選択するだけでもえらい労力となったようです。しかし今回は攻撃機で、しかも低予算機なんかに誰も興味を示しませんでした。そのためスプレイは自分の思ったように仕事ができました。そういった意味でも、A-10はスプレイが生み出した機体と言えます。

彼が最初にやったのはとにかく資料に当たることでしたが、そもそもアメリカ空軍にはこの手の機体の開発経験はないのです。ただしスプレイはドイツ語ができたため、ドイツが第二次世界大戦中に開発した攻撃機、Ju-87やHe-129に関する資料を徹底的に洗い出していくことで、その基本方針を固めていきます。なにせ国防省にいるのですから、終戦後に集められたドイツ側のレポート類は自由に読めたようです。[図9-23]

スプレイはドイツの急降下爆撃の伝説のエース、ハンス・ルーデルの自伝を読み、さらに当時のパイロットの報告書や、機体に関する報告書などを調べまくります。

［図9-23］ユンカースが開発した、逆ガル型の主翼と固定脚が特徴的な急降下爆撃機Ju-87シュトゥーカ。機体は頑丈ながら重いため、遅くて機動性がなく航続距離も短かった。制空権がない空域では極めて脆弱だったが、ドイツ陸軍の貧弱な火力を補って活躍した。なお、「シュトゥーカ」は急降下爆撃を意味するドイツ語の略（Photo：Bundesarchiv）

ただし「ルーデル本人がA-10の開発にも関わった」というのは一種の都市伝説のようで、そういった事実は私の知る限り確認できませんでした。とりあえずスプレイが電話で話をしたことがあるのは事実らしいですが、これも確証はありません。

ちなみにルーデルはナチス協力者であり、当時はビジネスで成功していたものの、汚職がらみで西ドイツの政治犯にもなっていました。なので、もしスプレイに協力を要請されたところで、アメリカに入国できなかった可能性が高いです。［図9-24］

［図9-24］急降下爆撃のエースとして有名だったハンス＝ウルリッヒ・ルーデル（1916～82年）。Ju-87などに乗ってソ連戦車500輌、車輌800台以上を撃破したとされる。戦後は1948年にアルゼンチン政府へ移住して士官学校で教官を務めたり、実業家となった。1953年に西ドイツに帰国し、その後オーストリアへ移住している

墜落原因の85%を占める脆弱部を徹底して防御

それらの基本的な調査が終わると、スプレイはベトナム戦線から帰ってきたばかりのA-1スカイレーダーのパイロットから可能な限り話を聞きました。そしてここから最終的な機体に求められる要求仕様をまとめていったようです（A-7コルセアIIはまだ配備が始まっていなかった）。［図9-25］

このときA-1のパイロットから出された要望としては、

・現場に十分に留まれる滞空時間（＝航続距離）の確保
・低速飛行時の運動性の良さ
・強力な固定兵器（機関砲）の搭載
・耐弾防御力による生存性の向上

といったところでした。これらはのちに要求性能に盛り込まれていきますが、空気抵抗の高い低空を飛行する任務が多くなってしまうため、航続距離だけは通常の戦闘機に比べると、やや短くなってしまいました。

それでも戦闘行動半径は450キロを超えているので、前線での使用が前提のCAS機としては十分でしょう。またアメリカ空軍の作戦行動は常に、途中で空中給油するのが前提で

［図9-25］ダグラスが開発し、1946年からアメリカ海軍で運用された艦上攻撃機A-1スカイレーダー。小型で単発のレシプロ機としては大きな兵装搭載量（3,130キログラム）をもっていた（B-17が3,600キログラム）。写真は1966年に撮影された最終型のA-1J（AD-7）で、ベトナム戦争に派遣され空母イントレピッドから発艦した際のもの

す。

こうしておおよその方針は固まり、1970年5月に改めてまったく新規の、スプレイによる第二段の要求仕様書（RFP）が出されます。

そのなかで最も重視されたのが、機体の生存性でした。スプレイによれば、第二次世界大戦と朝鮮戦争における地上攻撃機の損害のうち、約85％はラジエーター（放熱装置）など機体の弱点や、パイロットに弾が直撃したためと推測され、機体全体としてはほとんどが正常なまま墜落に至っている、としています。

つまり機体の脆弱部へ被害があると、たとえ小銃弾であろうと撃墜されてしまうということです。なのでA-10ではコクピット周りにソ連のIℓ-2シュトルモビクで採用されていたようなバスタブ型防弾を施し（軽量化のためチタニウム製）、さらにエンジンと燃料タンク周りの防弾を行なうなど、最終的に全重量で500キログラムを超えると言われる防弾装備を組み込みました。

そのうえで操縦系統のケーブルを複数に分散し、生存性を高めました。要求仕様では、主翼の半分を失っても飛行可能であることや、昇降舵（エレベータ）や補助翼（エルロン）の舵面が半分吹き飛ばされても最低限の操縦が可能であることが求められています。特に操舵に関しては油圧系統がやられても、最後はケーブルだけで動かせるようになっていました。

ちなみに、細い電線で何重にも操縦系を確保できる電子飛行装置フライ・バイ・ワイヤ（FBW）は本来この手の任務に向くのですが、高価です。また当時の技術ではまだアナログ・フライ・バイ・ワイヤが限界だったことなどから、採用を見送ったようです。

そしてボイドのエネルギー機動性理論に基づき、可能な限り軽量な機体と強力なエンジンの搭載を求めていきます。軽量化のため、当初スプレイは単発エンジンを考えていたようですが、この点だけは空軍の設計チームに押し切られ、双発エンジンとなりました。

ちなみに、ゴツくてデカイ印象がありますが、A-10の通常離陸重量は14トン以下とされています。意外に軽いのです(空軍型F-4がだいたい21トン前後、単発エンジンのF-105でも16トン前後)。

さらにA-Xには高速性がまったく求められなかったので後退翼は不要であり、分厚い直線翼を採用しています。これにより機体構造の計量化と同時に大きな揚力を発生させられるようになりました。この結果、低速でも十分な揚力が確保でき、さらに武器の搭載にも有利なスタイルとなったわけです。

加えてこの主翼は、要求仕様書で4000フィート（約1200メートル）とされた短距離の離陸を実現するのにも大きく貢献することになります。

特殊な主翼とエンジン、そして機関砲

この1970年5月の要求仕様に応えたのが6社、そのなかからノースロップ（YA-9）とフェアチャイルド（YA-10）が選ばれ、最終的にフェアチャイルドのA-10が選ばれることになります。

高い生存性をもち、同時に安価で軽量であることが求められたA-10には他の機体では見られない特徴がいくつかあります。［図9-26］

まず直線翼の低翼配置なのでロール安定性（進行軸を中心にした回転）の確保のため、プロペラ機のような大きな上反角が主翼に付きます（後退翼・デルタ翼の場合は上反角がなくてもロール復元性があるので、低翼でも安定性に問題はない。もっとも、F-4のように設計の失敗から上反角を付けた機体もあるが……）。

また、火災などが起きても機体への損害を最低限に抑えるため、エンジンはポッドに入れて機体の外に置かれ、さらにかな

［図9-26］前方から見たA-10。主翼は低翼配置で、外翼が飛行安定性を確保するために上反角をもつ。また前脚は30ミリ ガトリング型機関砲が大きすぎて収納できなかったため、機体の中心線より右側にずらして設置されており、その機関砲も中心線よりわずかに左側へずらされている（Photo：LoadedAaron）

り高い位置に置かれました。これによって石や大きな砂粒が散乱する前線基地の滑走路でも、異物を吸い込まないようになっています。

そして垂直尾翼は2枚に分けられ、1枚がやられても操縦が可能なように設計されています。双尾翼はエンジンの赤外線を遮る効果があり、赤外線誘導の地対空ミサイルになるべく探知・ロックオンされないようにすることも狙っています。ちなみにエンジンと垂直尾翼周りのデザインはスプレイが特に求めたものではなく、フェアチャイルド・リパブリックによる独自の工夫だったようです。［図9-20］

そして一番変わっているのは前脚の位置です。機首の中央に強力な30ミリ ガトリング型機関砲（GAU-8）を搭載してしまった結果、収納場所がなくなった前脚は中心線より右側にずらして取り付けられています。他の機体なら、何らかの対策が考えられたでしょうが、なにしろ「安く・軽く」がテーマの機体だったので、そのままずらして搭載となったようです。このため真正面から見るとなんだか異様な印象があります。［図9-26］

このズレた前輪だと、地上滑走がやりにくそうですが、そういった問題の指摘は見たことがないので意外に平気なのでしょうか。ちなみに地上で右に曲がる際は、左に曲がる際よりずっと小回りが利くそうな。

さらに主翼に取り付けらえた主脚も主翼下に爆弾を積むため、翼内に畳み込むスペースがなく、このため縦長な筒を主翼に取りつけて前方に畳み込むようになっています。ただし車輪は完全には筒内に収まらず、飛行中、半分近くが外に飛び出したままとなってしまいますが、これは設計ミスというわけではありません。脚が故障して緊急着陸する場合、機体の損傷を最低限に抑える目的で狙ってやったものです。

A-10に搭載される30ミリ ガトリング砲もA-X計画用に新規に開発されたもので、機体と同時に競作が行なわれ、ジェネラル・エレクトリック（GE）が新規に開発したGAU-8アヴェンジャーの採用が決まります。ジェットエンジンで有名なGEですが、回転するなら何でも来いとばかりに、この手のガトリング型機関砲も主要な製品で、有名な20ミリ M61ヴァルカン砲もGEの製品となっています。

ちなみにヴァルカン砲は本来、M61の固有名詞で、こういった回転銃身式の連射砲は「ガトリング式連射砲」と呼ばれます。［図9-27］

GAU-8は本体もデカいですが、30ミリの巨大な弾（500ミリリットルのペットボトルをちょっと細くしたくらいのサイズ）を収納する弾倉や、銀色の筒部（［図9-27］参照）が

［図9-27］A-10と30ミリ ガトリング式砲「アヴェンジャー」。筒部も巨大で、機首部はこの機関砲でほぼいっぱいとなっている

またデカいのです。A-10の機首部はこれを搭載するだけでほぼいっぱいで、まともな電子機器を積む余裕なんてないのが見て取れます。

パイロットはこの機関砲の上、かつ弾倉の前に乗っかったバスタブ型の防弾ケースに包まれている形になります。

そしてF-15を引き継いだような広い視界の全周型水滴風防は、おそらくボイドからの影響でしょう。

上層部の嫌がらせで危うく計画中止に

すでに述べたように、1970年の要求仕様に応えたメーカーは6社ほどあったのですが、最終的にはノースロップとフェアチャイルド・リパブリックが勝ち残りました。その後、両社が試作機まで製作して性能試験を行ない、そこで採用する機体を決定することになります。

この最終競合2社に試作機をつくらせたうえで、実際に飛ばしてから採用を決める方式を「Fly-off（飛行選り分け）方式」と呼びます。諸説あるのですが、どうもスプレイが考案したもののようです。アメリカ空軍では以後の機体のF-16やF-22、F-35ライトニングIIなどでも、この採用方式が定着しています。実機をつくってみなければ分からない部分は多いですから、これは理にかなった選別方式でした。

もっとも、この手のやり方は初代全天候型迎撃戦闘機F-89や、F-105、F-107などの前例があるので、必ずしもまったく初めてというわけではありません。ただしA-10以降では、「実際の機体をつくってみることで、以後の製造コストまできちんと見積もろう」という目的があったようで、よりシビアな審査になっています。

そして試作機の名称は、ノースロップがYA-9A、フェアチャイルド・リパブリックがYA-10Aと決まります。1972年の夏頃からテストは開始され、最終的に1973年1月にYA-10Aの採用が決定。ここにA-10が誕生することになります。［図9-28］

［図9-28］敗者となったノースロップのYA-9。単尾翼で、エンジンは機体横の主翼下にあった。機首が細く、巨大なGAU-8アヴェンジャー砲が入るだけのスペースがあったのかどうかは不明。カリフォルニア州のマーチフィールド航空博物館に実機が保存されている

ところがこのA-10採用決定後、雲行きが怪しくなり始めます。当時、1972年から配備が始まったばかりのA-7D（A-7の空軍向け）と比べて、（A-10が）本当に優秀なのかを証明せよという要求が空軍上層部から出てきて、散々揉めることになります。

そして結局1974年になってから、わざわざA-7Dとの比較試験を行なうことになってしまいます。

ちなみに、これは空軍上層部からの嫌がらせという面が強く、連中は本気でA-10の計画を潰して、浮いた予算を計画が迷走して開発費が暴騰していたB-1爆撃機に回す気だったようです（のちにB-1はボイド一味の活躍もあって不採用となる。なお、レーガン政権で復活するB-1Bは事実上、別の機体）。

試験結果は辛勝でしたが、A-10の勝ちとなります（そもそも試験の要求仕様がA-7に有利だったらしいが）。そしてようやく1975年から量産がスタートすることになります。

ちなみにレーダーを積み、複座にしてそのオペレーターも搭乗するようにした全天候&夜間攻撃機型や、単に複座にしただけの練習機型も計画されたようですが、どちらも予算がつかずに中止となっています。このためA-10の生産型にはA型しか存在しません。

ただし、2005年以降、すべての現存機が火器管制装置（FCS）と電子装備の近代化や、機体の改修を行ない、以降の機体はA-10Cと呼称されるようになっています。しかしこれはA型を改修したものであり、C型という新型が生産されたわけではないことに注意してください。

8000回のCAS任務で被撃墜はわずか4機

そんな感じで配備が進んだA-10ですが、配備当初は極めて評判が悪く、特にその速度の遅さが戦闘機乗りに嫌われたようです。ただしA-10はエネルギー機動性理論の影響を受けた機体だけあって、見かけの割には運動性は良く、航空ショーなどでは高い機動性を見せて観客を驚かせています。

ちなみに高速性が求められず、空力的な洗練がそれほどでもないA-10ですが、この機体の開発にもNASAは参加しており、風洞テストを中心にいくつかの協力をしています。基本的に軍の機体開発とNASAは切っても切れない関係にあると思っておいてよいでしょう。

とりあえず配備後もしばらくは日陰者扱いでしたが、配備から16年近く経って訪れた最初の実戦、1991年の湾岸戦争によって評価が一変するのはすでに見た通りです。

戦争期間中8000回を超える出撃を行ない、最も危険な対空砲をもった地上部隊までも相手にしながら、撃墜されたのはわずかに4機となっています(損失はすべて地対空ミサイルらしい)。

F-16やF／A-18が積んできた爆弾を落としたら速攻で帰ってしまうのに対し、十分な滞空時間を活かして、30ミリガトリング砲の弾が切れるまで低速で地上の敵を掃討し続けるA-10は地上部隊から熱狂的に支持されました。さらに先に見たイラク軍捕虜の尋問からも、最も精神的な恐怖感を与えていたことが判明します。

ここまで事実が重なると、誰ももうこの機体の存在を否定できません。当時予定されていたF-16によるCAS任務計画はキャンセルとなり、以後21世紀に入るまで、この機体は使い続けられることになるのです。

間違いなく、これはスプレイが考えた基本コンセプトの勝利でした。きちんとしたビジョンをもった責任者に任せるだけで、軍用機というのは優れたものになるという一つの例でしょう。

第十章　ＬＷＦ計画（Ｆ-16）の成り上がり

1　ボイドが理想を追求した「軽量戦闘機（LWF）計画」

F-15は大きすぎて、重くなりすぎた

1968年9月にボイドたちによるF-15の要求仕様が固まった後もボイドとクリスティはそれなりに多忙だったようですが、1969年6月に各メーカーの案が提出された後はそれを監督する立場になっていきます（12月にマクダネル・ダグラス案に決定）。

その後は、NASAとマグダネル・ダグラスにその開発を委ねますが、手の空き始めたボイドとスプレイの二人は、やはりF-15の重さとデカさに失望を隠せず、密かに彼らが理想としていた戦闘機のデザインを検討し始めます。これがのちの軽量戦闘機計画（Lightweight Fighter program：LWF）の基礎となり、やがてF-16として結実することになるわけです。

その直前の1969年の初め頃に、ボイドが国防省（Department of Defense：DoD）で所属していた空軍の開発計画室（Development Planning Office）の責任者として、新しい大佐が就任しました。それが第二次世界大戦から戦闘機パイロットだったリッチョーニ（Everest Riccioni：イタリ

［図10-1］ボイドとクリスティの理想が結実してできたF-16ファイティング・ファルコン。ジェネラル・ダイナミクスの開発となったが、その後、同社の軍用機部門がロッキードへ売却され、さらにロッキードのマーティン・マリエッタ併合によって、現在はロッキード・マーティンの戦闘機となっている

ア語読み）で、彼は基本的に従来の空軍戦闘機に対して批判的でした。

これを知ったボイドとスプレイは、リッチョーニ大佐へ彼らのＬＷＦに関するアイデアを打ち明けます。開発室の責任者であるリッチョーニを仲間に引き込めれば正式な予算申請ができるため、本格的に計画を動かすことができると考えたからです。

結果から言えば、リッチョーニは話に乗ってきました。乗ってきたどころか熱狂的に支持すると言い、俺たち三人で空軍を変えるんだ、というようなことまで言い出しました。

そして彼がイタリア系であったことから、戦前のボンバー（爆撃機）マフィアにあやかって自分たちを「ファイター（戦闘機）マフィア」と呼ぼうと提案します。このためＬＷＦ計画、のちのＹＦ-16とＹＦ-17の開発を支持するメンバーをファイターマフィアと呼ぶようになるのですが、どうもこの呼び名をボイドとクリスティは気に入ってなかったような感じがあります（ファイターマフィアの存在はＦ-15の開発とは関係ないことにも注意）。

Ｆ-14問題を口実に、研究用の予算を獲得

こうなると、その手の細工が得意なボイドが予算獲得の口実を考えることになりました。

彼は海軍のＦ-14は明らかに重すぎ、また高価すぎるため空母への多数配備は無理で、必ずこれを置き換える、あるいは補佐する機体が必要になると予測しました。それは小型で安価な機体になるだろうから、そういった機体を海軍より先に研究せねばならぬ、という主旨の提案書をまとめ上げます。

リッチョーニがこのボイドの提案を空軍上層部に申請すると、〝海軍より先に〟という部分が評価され、あっさり研究用の予算が承認されてしまいます。そして１９６９年の夏頃から、軽量戦闘機（ＬＷＦ）計画は動き出すことになるのです。

実際、Ｆ-14はあまりに高価になったうえに、期待していたほどの性能が出なかったことで議会から集中砲火を受け始めます。その政治的混乱に乗じて、Ｆ-16に繋がるＬＷＦ計画が正式に採用されることになったわけです。

ちなみに、この段階では海軍を口実に使っただけだったのですが、Ｆ-14が問題続出となった結果、実際にＬＷＦは海軍にも採用され、これがのちのＦ／Ａ-18になります。このあたりはボイドに先見の明があったということでしょう。そしてこれは従来の〝海軍から空軍へ〟という流れを初めて打ち破ったものでした。

この段階でボイドが考えていた構想は、

・離陸重量はF-15の半分となる2万ポンド（約9トン）
・レーダーは射撃管制に使う測距用の簡単なものだけで、索敵用のレーダーを積まない
・爆撃能力などは一切不要

という軽量・安価な戦闘機でした。索敵用のレーダーを積まないのは冒険のように思いますが、当時のレーダーは重くて性能も悪いものしかなかったのと、大型レーダーを積んだ早期警戒機（Airborne Early Warning：AEW）からの支援を受けて空中戦を行なえば必要なしと判断したようです。

ノースロップと、日本には馴染みのないベストセラー機F-5

ただし正式に承認されたものの、この段階ではまだ〝研究計画〟にすぎず、予算も総額で14万9000ドルしかなく、戦闘機開発としては頭金にもならない額でした。それでもこれを使って戦闘機メーカーに基本的な研究を行なわせようという話になり、1969年半ば頃、ボイドたちが選んだ二つのメーカーに参加を打診しています。

一つは当時、アメリカで唯一まともな軽量戦闘機だったF-

［図10-2］安価な超音速戦闘機として、アジアやヨーロッパの貧乏反共産主義国家、つまりアメリカ同盟国にばら撒かられたノースロップのF-5Aフリーダム・ファイター（左）。写真はフィリピン空軍のもの。ちなみに右はレーダーを装備し、LERXなどを拡大するなど大きく改造されたF-5EタイガーII

5を生産していたノースロップ、そしてもう一つがF-111にケチをつけたボイドと意気投合してしまったハリー・ヒルカーのいたジェネラル・ダイナミクスでした。ちなみに予算の配分はノースロップが10万ドルで、ジェネラル・ダイナミクスが4.9万ドルだったそうな。のちに敗者となるノースロップが優遇されていたのは興味深いところです。

余談ですがF-5開発当時のノースロップでは、ノースアメリカンから移って

きたエドガー・シュムードが開発部門を統括していました。あのP-51ムスタングの設計責任者です（ただし直接設計には参加していない。その後、F-5の初飛行前の1957年に引退）。改めてこの人もスゴイ人なのです。［図10-2］

せっかくなので、F-5についても少し見ておきます。

F-5の原型となったのは、ノースロップの自社開発した小型戦闘機N-156でした。これは1955年当時、F-89の迷走もあって、まともな仕事がなくなりつつあったノースロップが独自に開発を始めた機体でした。大戦中に建造されて当時はまだ現役だった小型空母向けの海軍用ジェット戦闘機としてN-156Nが、未舗装の滑走路などでも運用できるタフな小型戦闘機として空軍向けのN-156Fが、さらに複座練習型のN-156Tが計画され、それぞれ売り込みがなされました。

しかし、まず海軍が小型空母の廃止を決定し、海軍用N-156Nの需要が自動的に消滅します。さらに当時のアメリカ空軍は「大きい戦闘機が偉い」という信仰の真只中でしたから小型機には興味を示さず、空軍用N-156Fも道が絶たれてしまいます。

ただしその後、先述したように固定翼の攻撃機を持とうと考えた陸軍がN-156Fに興味を示すのですが、空軍の横槍で流れてしまったのはすでに説明した通りです（【固定翼機はすべて空軍の管轄に】143ページ）。

ちなみに、N-156Fはその簡易な構造が幸いして、かなりラフな運用が可能となっていました。超音速戦闘機ながら前線基地のような未舗装の滑走路から運用できるという、アメ

［図10-3］ノースロップがアメリカ空軍向けに自社開発したN-156Fのモックアップ（Photo：Northrop）

リカ製のジェット戦闘機としては珍しい機体でした（ソ連機なら珍しくない）。そのため、のちにF-5を採用した各国のパイロット用に、アメリカの訓練基地に訓練用の未舗装滑走路が設けられていました。［図10-3］

ここでN-156計画は終わりかと思われましたが、当時、空軍がT-33練習機の旧式化に伴い、新世代の超音速の練習機を探していたのが幸いします。ここで操縦が容易で安価なN-156Tが注目され、アメリカ空軍に大量採用が決定されたのです。これがのちのベストセラー練習機、T-38タロンです。［図10-4］

さらに1962年にケネディ政権が開始した軍事援助計画（MAP）によって、戦闘機型も生き返ります。この軍事援助計画とは、アメリカが友好国にしておきたく、共産化を防ぎたいと思っている途上国に兵器を供与する、すなわち実質無料で与えるというバラマキ外交戦略でした。

このため安価で一定の性能があったこの機体に対し、F-5Aとして大量発注がかかります。この結果、まさにノースロップの黄金期の到来となるわけです（この後に、例のYA-9がYA-10［A-10］に敗北したりと、必ずしもすべて順調というわけではない）。

アジアだけでもタイ、シンガポール、台湾、インドネシア、

［図10-4］1959年に初飛行した60年選手ながら、2020年現在、未だにアメリカ空軍では現役のT-38タロン。操縦が容易で安価、小型軽量なため、練習機としての用途以外にも基地間の連絡機や新型機の飛行試験時の随伴機など、多用な任務に投入されている

韓国、マレーシア、フィリピンと、どっちを見てもＦ-５だらけという状態になっていき、後期改良型のＥ型（Ｅ／Ｆ型の愛称はタイガーII）などは21世紀に入るまで多くの国で現役として活躍していました。最終的にＦ-５を採用した国は20ヵ国を超え、西側諸国の最初の〝超音速世界標準機〟となります（この跡を継ぐのがＦ-16）。

このためＦ-５シリーズだけでその生産は２２００機を超え、派生型の練習機Ｔ-38タロンと合わせると３４００機近い生産数となりました。これは西側諸国の超音速ジェット戦闘機としては、Ｆ-４、そしてＦ-16に次ぐ数です。イマイチ日本人には馴染みのないＦ-５ですが、実は大ベストセラー機なのでした（超音速機ではないＦ-86などを除く数字であることには注意）。

ちなみに、１９７２年に初飛行した最終発展型のＦ-５Ｅですら２５０万ドル以下であり、これは当時初飛行したばかりのＦ-15Ａに比べて、10分の１に近い価格でした。なのでＦ-15を１機を購入するコストで、この機体は10機買えてしまうのです。これは数で圧倒する戦法がとれることを意味します。

軽量で運動性に優れたＦ-５、特に最終型のＥ型の性能は侮りがたいものがあり、空軍と海軍ではミグ戦闘機を模した仮想敵機（アグレッサー）用にも採用されました。ただしエンジンがやや非力で、まともな電子装備はないという問題を最後まで抱えてもいたのも事実で、この機体の弱点になっていきます。

それでも安価であり、軽量で運動性もいいというのは当時のアメリカ戦闘機のなかでは、ボイドの理想に最も近い機体で、彼のお気に入りでした。ノースロップが軽量戦闘機（ＬＷＦ）計画に参加できたのは、この機体の存在によるでしょう。

さらにノースロップを巻き込んだ結果、棚ぼた式の偶然によって生まれていた驚くべき高揚力技術がＬＷＦ計画に取り込まれることになります。これが「ＬＥＲＸ」で、Ｆ-16の性能向上に大きく貢献しました。このあたりの話はまた次節でしたいと思います。

暴走するリッチョーニの退場

さて、ようやく動き出した軽量戦闘機（ＬＷＦ）計画ですが、空軍内に予想外の動きが出てきて障害となり始めます。Ｆ-15より安いＬＷＦが採用された場合、空軍がもらえる予算総額が目減りする可能性があると考え、ＬＷＦ計画に反対する勢力が登場してくるのです。

のちにＦ-16は正式採用され空軍全体がこの支持に回るのですが、これは「Ｆ-15の予算を削るのではなく、別枠でさらに予算がいただけそうだ」ということになったからです。前にも書いたように、軍はお金で動くのです。

このため、ボイドもスプレイもなるべく上層部を刺激しないよう密かに計画を進めていたのですが、途中参加という形になったリッチョーニ大佐が、やや暴走気味にこの計画にのめり込んでしまいます。彼はどうも、やや自己顕示欲が強い性格だった印象があり、自らをファイターマフィアのボスとして、LWF計画を1969年末頃から周囲に売り込みまくっていきます。

この結果、幸か不幸か、リッチョーニは空軍上層部に疎まれて1970年に韓国の基地に左遷されてしまいます。それ以後はボイドとスプレイのコンビが再び計画の主導権を握り、主に技術的な面をボイドが、政治的な交渉面をスプレイが取り仕切っていくことになります。

ちなみに、F-16が大量採用された後、リッチョーニは自らがその産みの親だと主張していましたが、これは間違いではないものの、実質、彼はきっかけをつくった以外はあまり何もしていないように思います。

皮肉にもリッチョーニが現場を去った後の1971年あたりから、スプレイの政治的な駆け引きが始まり、ここから一気にこの計画は現実的になっていくのです。

再び出世の遅さが問題となった「42歳の中佐」

しかし、ここで再び、ボイドの出世の遅さが問題になってきていました。

軍では階級ごとに退役年齢が決められており、中佐のボイドは42歳までしか空軍に在籍できません。それは1969年いっぱいで彼の軍歴が終わることを意味していました。

前回の1967年はMiG-25ショックとF-15開発に関与していたこともあり、なんとか中佐に昇進してこの問題を乗り切りました。しかし2年後の今回は、軍の中でも重要な大佐級への昇進となるため、とにかく敵だらけのボイドは厳しい状況に置かれます。

このため1969年8月に、ボイドはアンドルーズ空軍基地にあったF-15の開発管理部門への転属を命じられます。これは新しい基地に配属となったら、最低でも半年~1年ほどは勤務するという軍のルールがあり、退役を控えていても有効だったからでした。よって1969年8月に転属になったボイドは、少なくとも1970年2月までは軍に勤務可能ということになったのです。

アンドルーズ基地は首都ワシントンDC用の防衛基地ですから、ペンタゴン（国防省の本庁舎）のすぐ近所でした。そのためボイドはワシントンDCに住んだままアンドルーズ基地に通えたので、そのままペンタゴンでも仕事をこなしていたようです。

　この後、1970年2月に再度退官勧告が出るのですが、当時のボイドの上司に当たる将軍によってその延期が命じられ、最終的に期限ギリギリである1970年夏にようやくボイドは大佐に昇進します。これでしばらくは空軍勤務が続けられることになったのです。

　余談ながら、空軍では中佐までが中間管理職という扱いで、大佐以上が司令官級という扱いになるようです。よって、それなりに優秀な士官なら中佐までは問題なく出世できるものの、大佐になれる人物はかなり限られるとのことです。このためボイドは、退官後も自分が大佐まで昇進したことをかなり誇らしく思っていた形跡があります。

　こうして1970年の秋以降もボイドは空軍に残り、引き続き軽量戦闘機（LWF）計画を続けることになります。彼らはこれらの作業を「神の御業《みわざ》（Lord's work）」というニックネームで呼んおり、そこに当時はまだエグリン基地とペンタゴンを往復する生活を送っていたクリスティも当然のごとく巻き込まれていきます。

　のちにクリスティは、エネルギー機動（E-M）ダイヤグラムをコンピュータ・シミュレーションで次々と製作し、最終的には1500ものダイヤグラムをつくって、この計画に大きく貢献しました。

奇跡的に付いた試作機だけの予算

　1970年頃から開発中のF-14の価格高騰が明らかになりつつあり、議会ではより安価な戦闘機が必要なのではないか、という議論が出始めていました。まさにボイドの予言通りの展開になってきたわけです。もっとも、ここらあたりのデータはウィズ・キッズ時代から議会や国防省幹部へのパイプをもっていたスプレイが意識的に流した可能性があります。

　さらに1971年に入ると、開発が進んでいた空軍のF-15まで価格の高騰が避けられなくなりそうだ、ということになってきます。これによって議会が、軍の兵器調達予算に関して疑問を示し始めるのです。

　それを受けてニクソン大統領が当時の国防長官のラード(Melvin R. Laird)に、より低コストな戦闘機の開発について調査を命じました。この仕事は副国防長官だったパッカード(David Packard)に回され、彼はこれまでの兵器開発を根本から見直すことにします。

ちなみにA-10で採用された、試作機までつくって飛行テストで採用機を決める「Fly off方式」を考えたのは自分だとパッカードは言っていますが、考えたのはスプレイで、これを支持したのがパッカードというのが事実に近いように見えます。

とりあえずパッカードはニクソンの命を受け、1971年夏に「今後の全軍の航空兵器開発予算を当面2億ドルに制限する」と宣言、各軍に「必要と思われる兵器試作計画を提出せよ」と通達しました。とにかく何か提案しないと以後の予算は付かなくなるので、空軍もこれに合わせて急遽、開発計画の立案に迫られます。

そこで、その計画選定にあたったのがキャメロン（Lyle Cameron）大佐でした。彼は空軍内でも進歩的な考えをする人物の一人であり、そして何より、スプレイの友人の一人でした。このため彼は空軍から提出する開発計画に「短距離離着陸輸送機」と、ボイドたちの「軽量戦闘機（LWF）」の二つを選出します。

この二つの試作機案は間もなくパッカードに承認され、1971年12月、LWFの試作に予算が付くことになります。約2年間、水面下で続いていた研究が、ここでついに実を結ぶことになったわけです。

ただし、この段階ではあくまで試作機製作に予算が付いたという話であり、空軍上層部としては正式採用する気はまったくありませんでした。これが量産に持ち込まれるまでには、これからもう一波乱があるのです。

それでも試作機製作にはある程度の予算が動きますから、乗り遅れてなるかとロッキードやボーイング、ヴォート（LTV）など多くの航空機メーカーが次々とボイドの元にやってきます。しかし、彼らはエネルギー機動性理論をほとんど理解していませんでしたし、しようともしませんでした。

そもそもすでにジェネラル・ダイナミクスとノースロップによる研究ははるか先まで進んでしまっており、途中から参加を表明したメーカーに勝ち目はありませんでした。この結果、最後まで最初の2社を中心に、この計画は動いていくことになります。

最高速度はさほど求められなかった要求仕様

その後、1972年1月に正式な要求仕様（RFP）が出されます。それによると

・重量はF-Xの半分である2万ポンド（約9.1トン）（この段階ではまだF-15は初飛行していないのでF-X計画時の数字）

・速度は最大でマッハ1.6
・運用高度は3〜4万フィート（約9150〜1万2200メートル）

といったあたりが求められていました。

ちなみにマッハ1.6というのは、発生する衝撃波が離脱衝撃波から接触衝撃波に変わる境界速度のあたりですから、おそらく衝撃波対策が簡単に済むことを狙った速度でしょう。速度や高度がだいぶ控えめなのは、ベトナム戦争やイスラエルによる六日戦争の実戦データから、これ以上はあってもあまり意味がないと判断されたためで、単純に安価につくるための妥協ではない点に注意が要ります。

実際、より重要な要素であると判断された航続距離などはF-X並みの長大さを求められ、全重量に対するエンジン推力の比率も同じレベルの性能が要求されています。さらにエネルギー機動性理論に基づいた運動性能はF-X以上のものが求められていたのです。

先述のようにこれに各社が応じたものの、順当に試作機競作メーカーにはジェネラル・ダイナミクスとノースロップが選出され、それぞれYF-16とYF-17の製作に取り掛かっていくことになるのでした。以後、計画は順調に進んでいきます。［図10-5］

［図10-5］ボイドがこちらのほうが優秀だと考えていたとされるノースロップ案YF-17。エリアルール2号に適応するため、主翼と水平尾翼の間に置かれた垂直尾翼が特徴的だったが、この垂直尾翼には最後の最後までフラッター（振動）トラブルが付きまとった。のちに海軍のF／A-18の原型となるが、あくまで原型で、実際はほとんどつくり直されている（Photo：NASA）

ボイド　ベトナムへ

この時期、まさに軽量戦闘機（ＬＷＦ）の要求仕様書をまとめ終わった段階で、ボイドは今さらという感じながらベトナム戦争に派遣されることになります。さすがにこの段階では大佐でしたから、パイロットとしてではなく、基地の副司令官としての派遣だったようです。

このあたりファイターマフィアへの嫌がらせという感じがなくもないタイミングですが、最初から1年という期限は切られていたようです。よってＬＷＦのFly Off方式を行なう段階では帰国している段取りになっていました。

実際、ボイドは特に左遷されたというような印象はもたず、1972年4月にタイの北東、ラオスとの国境に近い地区に置かれていたナコーン・パノム空軍基地に赴いています。ここは現在、小さな地方空港になっていますが、当時はアメリカ空軍の中でも東南アジア最大規模の基地の一つでした。

この基地には北ベトナムが物資の輸送に使っていたホーチミンルートを監視するための空軍特別任務部隊が駐屯しており、ボイドはその関係の仕事をしていたようです。ここからホーチミンルートを監視する電子機器が空軍によってばら撒かれ、盗聴器やら震度感知装置やらの情報を基に攻撃部隊へ出撃命令を出していたとされます。

この監視網がいわゆる「マクナマラ・ライン」で、極めて原始的なベトコンに対し、高価な電子機器を投入して莫大な予算が使われていました（その効果ははなはだ疑問だったが）。

とりあえず、ボイドはこの特殊部隊の基地で1年を過ごし、1973年の春にペンタゴンに復帰します。この間、彼はＬＷＦ計画から離れていたのですが、のちに有名になる「ＯＯＤＡ（ウーダ）ループ」の原型を考えたり、エネルギー機動性理論の改良を行なっていたようです。

さらに例のＦ-111の連続墜落事故の調査報告書をまとめたのがボイドだという話があるのですが、確認できません。ただし、どうもボイド本人が自分がやったと言っているようなので、何らかの調査には関わったのかもしれません。

そしてこの時期に、エグリン基地にいたクリスティがようやく国防省に配属となり、より重要な役割を果たしていくことになります。

2　スタンダードを変えたＦ-16の新技術①――ＬＥＲＸ

正式に（試作機の）予算が付いた1971年末から、Ｆ-16

に繋がる軽量戦闘機（LWF）計画が本格的に動き出したのですが、この軽量化戦闘機世代、つまりF-16世代から従来の戦闘機にはなかったまったく新しい技術が数多く投入され、以後の戦闘機の性能向上に大きく貢献しています。

LERX＝主翼前縁の拡張部分

その一つがLERXです。LERXとはノースロップの小型戦闘機F-5において偶然発見された、主翼の高揚力装備です。これにより強い迎え角が苦手だった短いデルタ翼でも失速を防げるようになり、離着陸はもちろん、空中戦の旋回時もその限界性能が大きく拡張されました。

以後のF-16やF／A-18、さらにはソ連のMiG-29やSu-27もこの革新的な技術の恩恵を受けて優秀な機動性をもつ戦闘機となっているので、少し詳しく見ておきます。

Leading-Edge Root Extension（翼前縁の根元延長）の略でLERX、その名の通り、デルタ翼の主翼付け根前部に付いている延長部です。とりあえず世界で最初にこれを装備したF-5Aで確認していきます（偶然の装備だったが）。

［図10-6］を見ると、名前の通り、主翼の付け根部分が少し前に引き延ばされているのが分かると思います。これは本来、空力的な理由で付けられたものではなく、前縁スラットを動かすモーターやアンテナの取り付け場所が確保できなかったため、（取り付けるために）やむを得ず広げた部分だったとされています。

ちなみにF-5Aの原型となったN-156FはP-51の生みの親であるシュムードが設計部門の責任者だったときに設計がなされ、この段階ですでにこの張り出しはありました。さらに言えばシュムードはP-51がD型になるとき、これと似たような主翼前縁部の延長をやっているのです（おそらく主翼の固定強度確保のためだが）。先述の通り、彼はこの機体の設計に

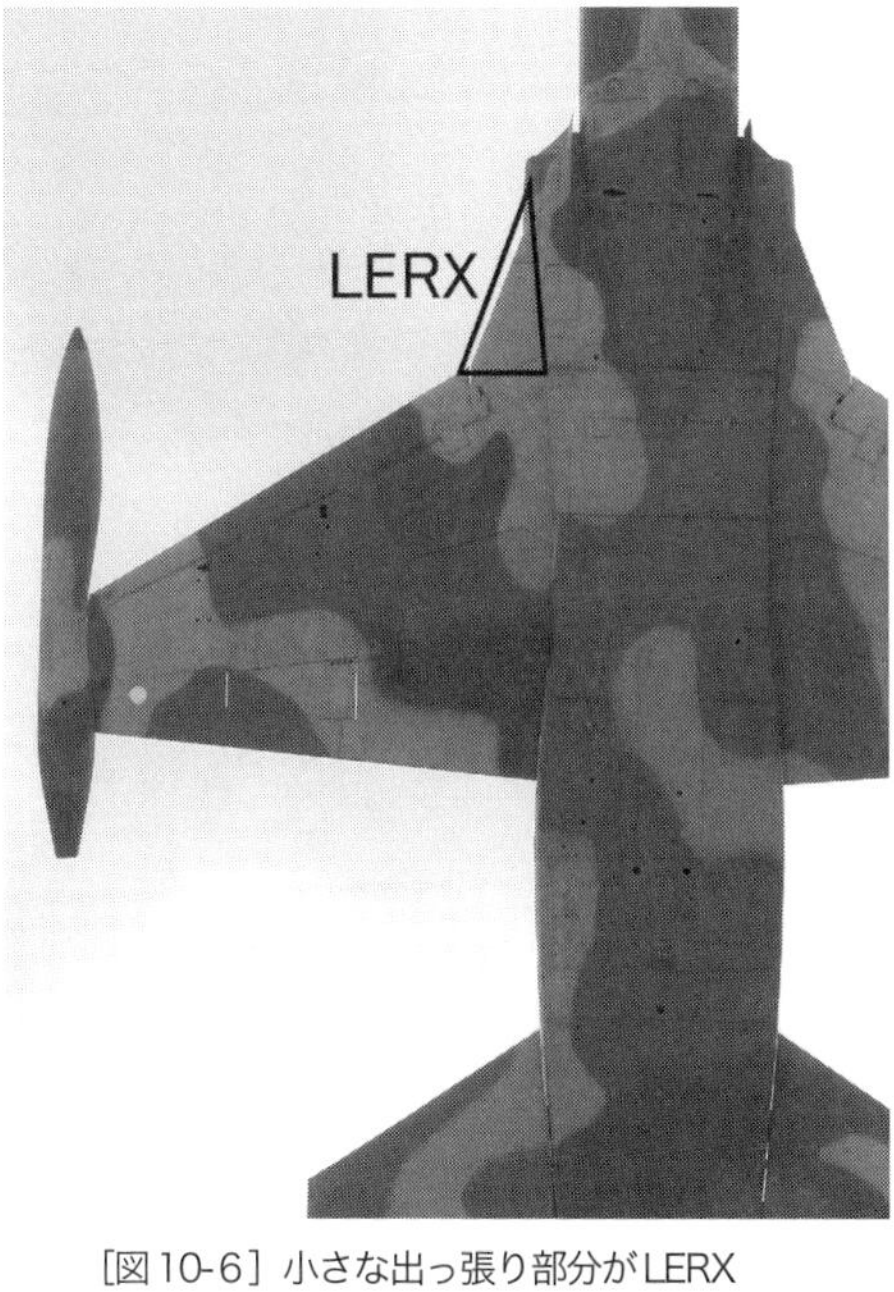

［図10-6］小さな出っ張り部分がLERX

直接は参加していませんが、LERXの誕生になんらかの影響を与えているのではないかと個人的には思っています。

縦長のデルタ翼だと高迎え角時でも失速しない

F-5は非力なエンジンで高速飛行する必要があったため、主翼は小さい機体でした。そのため離着陸時や旋回時など、強い迎え角をとるときには揚力不足からかなりの性能低下が予想されていました。

ところが完成後に飛ばしてみると、計算上の限界速度でも失速せず、旋回を伴う運動性能も計算による予測値より優秀だったのです。

驚いたノースロップが研究した結果、このLERX部分が原因だと判明します。これが大きな迎え角をとったとき、主翼に揚力を発生させる働きをしていたのでした。

ちなみにLERXを「ストレーキ（strake）」と呼ぶこともありますが、胴体周辺に付けられた単なる板状の構造と区別がつきません。なので、本書では正確を期す意味でLERXと表記します（ただし、LEX［Leading Edge EXtensions：前縁延長部］と記されることもあり）。

航空機は離着陸時や旋回時に、強い揚力を維持するため高迎え角の姿勢をとります。すなわち機首を進行方向より上に向けた状態です。このとき、翼も斜め上を向くことになり、これは機体周囲の気流の向き（進行方向）と主翼の向きがズレることを意味します。

このとき、直線翼より縦長であるデルタ翼は気流を大きく遮ってしまうので、上面の後端部まできちんと気流が流れなくなって翼面上で気流が剥離することになります。そうすると当然、揚力が生じなくなり、後は失速するしかありません。

デルタ翼は本来、高迎え角をとる離着陸時や旋回運動時に失速しやすいという、危険で厄介な特性をもつのです。

ただし同じデルタ翼でも、［図10-7］の左側のように極端に縦長で、前縁部が強い後退角をとったものは、その欠点が生じないことが知られていました（無尾翼デルタ機の主翼など）。

これは迎え角をとると、①前縁部のフチ沿いに上向きの強い渦が発生するからで、渦ができるとそこに空気を吸い寄せる低圧部ができ、それによって周囲の気流が引っ張られ、気流の剥離を防ぎます。そもそも渦そのものが低圧部ですから、これも揚力を生むわけです（主翼を吸い上げる）。

そして、②この渦が気流によって後ろに流れていくとすると、主翼上面全体に同様の効果が生じます。

ただしこれだけ縦長だと（横幅が狭いと）発生する揚力はかなり小さく、よほど高速でないと普通は飛べません。さらに発

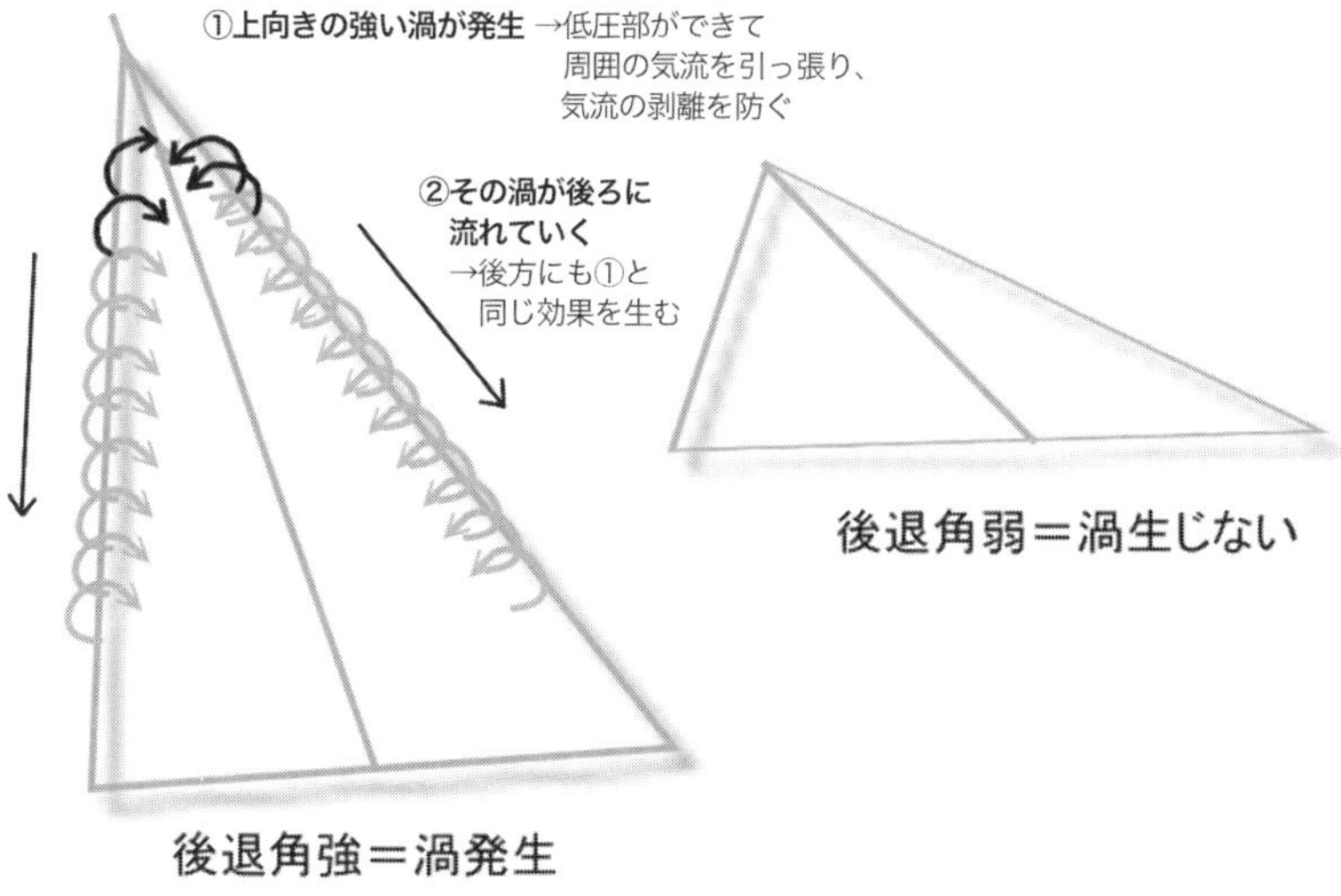
①上向きの強い渦が発生 →低圧部ができて
周囲の気流を引っ張り、
気流の剥離を防ぐ
②その渦が後ろに
流れていく
→後方にも①と
同じ効果を生む
後退角弱＝渦生じない
後退角強＝渦発生

［図10-7］高迎え角をとったときのデルタ翼。普通のデルタ翼（右）の場合、気流が剥離して失速してしまう。しかし縦長デルタ翼（左）では、前縁部のフチ沿いに上向きの強い渦が発生し、気流が剥離を防ぐことができる

生した渦は機体を後方に引っ張る強い抵抗力になるため（揚力が生じると、必ず抵抗力も生じる）、よほど強力なエンジンでないと離陸すらままならなくなります。すなわち実用的とは言いがたいものでした。

ＬＥＲＸによって二段デルタ翼となる

ところが、ここにＬＥＲＸというデルタ翼の救世主がまったく偶然ながら発見されることになります。

［図10-6］でＦ-5のデルタ翼を見ると、「後退角が強いデルタ」と「弱いデルタ」の両者を合体させたような形状になっているのが分かるでしょう。すなわち、［図10-8］のように「後退角の強いデルタ翼」を「普通のデルタ翼」の前にくっつけた二段デルタ翼です。前方に置かれた後退角の強い部分がＬＥＲＸです。

まず、後退角の強い主翼前部では渦が生じ、揚力を稼ぎます。そして渦は後部に流れていきますから、主翼後部でも揚力が生じます。それでいて、主翼全体に比べればわずかな面積ですから、その抵抗力の増加は限られます。

しかも渦が生じるのは大きく迎え角をとったときだけですから、普通の水平飛行時にはほとんど抵抗増加を生じません。これがＬＥＲＸが大きな迎え角をとったときにだけ大き

な揚力を得られるようになった秘密でした（ただし当然、大きく迎え角をとれば、そのぶん抵抗値は大きくなる）。
　呆れるほど簡単な原理ですが、F-5が偶然その形状を採用するまで誰もこれに気が付かなかったのです。そして、その効果は絶大でした。
　ちなみに発生する渦の中は低圧部ですから、気圧の低下で水蒸気雲が生じやすくなります。このためF-16やF／A-18のLERXから水蒸気の渦が生じることになり、そういった写真を見たことがある人も多いでしょう。［図10-9］
　ただ、この水蒸気雲は厳密には細かい水滴で、水蒸気ではありません。またこの現象は圧力低下による気温の低下が原因だと思われますが、相当強力な低圧部（主翼を吸い上げ、揚力を生む）が生まれていることを示しています。

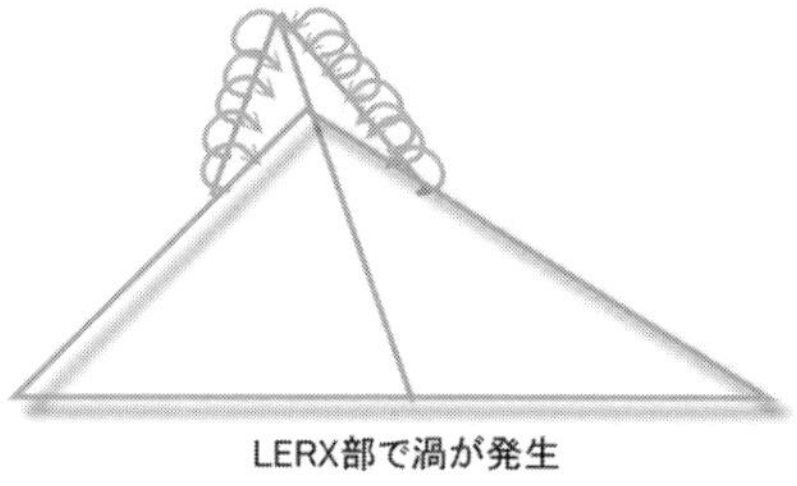

［図10-8］LERXという縦長デルタ翼部分が（渦を生じさせて）揚力を稼いでくれることで、高迎え角時の失速を防ぐことができる

［図10-9］エアショーのパフォーマンスで、LERXから水蒸気の渦を生じさせているF-16

次世代機やライバル機にもちゃっかり採用される

しかし、低圧の渦が後ろへ流れることは良いことだけではありません。機体を後方に強烈に吸い寄せるので、強い抵抗力にもなってしまいます。旋回時にはただでさえ推力を食うので、強烈な旋回を行なう場合は、アフターバーナーの点火が必須となります。

当然、燃料消費は凄まじいものとなっていきますから、使いどころを選ばないとすぐに燃料切れになります。

この点、軽量な機体なら掛かる力（機体質量×旋回時の加速度）は小さく、すなわち必要なエンジン推力も小さくなるので、燃料切れを気にせず、より長く強烈な旋回を重ねることができます。「軽い」ということは本当に重要なのです。

ちなみにこの強い後退角のデルタ翼前縁部の渦を発見したのは、あの〝エリアルール2号の産みの親〟ＮＡＣＡのジョーンズ（Robert T. Jones）で、１９４６年頃に最初のレポートを出しています。エリアルールのところ（上巻・第三章【6　超音速の壁を超える技術②――エリアルール】上巻１７０ページ）でも触れましたが、ジョーンズさんはすごい人なのです。

ただし〝ドイツのデルタ野郎〟こと、リピッシュも独自にこの効果に気が付いていました。ちなみに彼の主張する「デルタ翼は離着陸時に失速しない」というのはこの強い後退角の無尾翼デルタを調べたときの話なので注意してください。尾翼付きで緩やかな後退角のデルタ翼の失速については、彼は考えたこともなかったと思います。

ノースロップはこの技術をＦ-５Ａ型の発展改良型であるＥ型や、さらにはＮ-１５６（Ｆ-５の原型）に続き自社開発していた次の軽量戦闘機Ｐ-５３０（通称コブラ）にも採用します。そしてコブラの発展型となったのが軽量戦闘機（ＬＷＦ）計画のＹＦ-17でしたから、当然、これにも取り入れることにもなります。

さらにこのＬＥＲＸはのちの世代の戦闘機に次々と採用されていきます。どうもノースロップはＬＥＲＸの特許を取っていなかった可能性があります……。ＬＷＦ計画のライバル機であるジェネラル・ダイナミクスのＦ-16もちゃっかりこれを採用し、運動性と離着陸時の性能向上を図っていました。［図10-1／-23］

それどころか、ソ連のＭｉＧ-29やＳｕ-27もこれをしっかりパクッています。［図10-10］

ちなみにデルタ翼の前に渦を発生させる板状のものがあれば、同じような効果があります。このためヨーロッパのデルタ翼機などは、小さな前方翼（カナード翼）などを取り付けてＬ

［図10-10］ライバル国ソ連のスホーイ設計局が開発したSu-27のLERX部分（Photo：Victor Gumayunov）

［図10-11］スウェーデンのサーブが開発したJAS39グリペン。主翼前にあるカナード翼がLERXと同様な働きをしているとされる（Photo：Saab）

ERXと同じ効果を狙っています。［図10-11］

LERXは空気取入れ対策にも便利

ちなみにノースロップは「LERX部を高迎え角時の空気取入れ対策に利用する」という、よくまあそんなことを思いついたな、という設計を行なっています。

F-14やF-15では空気取入れ口を斜めに切って、上側に板を付けていました（【敗れた3社の設計方針と空気取入れ口】134ページ）。YF-17と基本的には同じ形状のF／A-18A／BのLERX部を見ると、気流の流れの制御に利用しているのが分かります。LERX部が空気取入れ口に覆い被さる形になり、（F-14やF-15の空気取入れ口の上側の板と同じように）ここで高迎え角時の気流の流れを変えているわけです。［図10-12］

ただし、LERX部と空気取入れ口の位置がちょっと離れているので、超音速飛行時に衝撃波背後の高温・高圧部の空気を取り込むことは苦手なはずです。それもあって遷音速飛行時のエンジンパワー不足はF／A-18A／Bの欠点の一つになっているようです。

ちなみにF-16の場合は、機首部を空気取入れ口の上に被せることで対策しています。これで気流の流れを曲げ、さらに機首部の衝撃波背後の高温・高圧の空気を取り込みます。これは

［図10-12］F/A-18ではLERX部が空気取入れ口に覆い被さる形になり、ここで高迎え角時の気流の流れを変えている（上側に板を付けたF-15の空気取入れ口と同じ効果をもたらしている）

F-8をルーツとする設計なのですが、よくできた工夫でしょう。[図10-13]

かつてのF-86Dなども似たような設計ですが、あれは高迎え角での空中戦なんてやりませんし、そもそも音速機でもないので、ほとんどメリットはなかったと思います。

同世代のソ連機MiG-29やSu-27では、F-15式の斜め空気取入れ口に加え、さらにLERXと胴体を上から被せるという、そこまでやる必要があるのかとも思える徹底した設計になっています。現代の高出力ターボファン・エンジンでは、空気流量の確保は一般に考えられている以上に重要な問題なのです。[図10-14／15]

ついでに言えば、両機とも空気取入れ口が機体表面から少し離れているのは、機体表面の摩擦で生じる気流の静止層とその上で流れが乱れる境界層を避けるためです。乱流を取り込むと流量の効率が落ちるし、振動などの問題が起きやすいからです。このあたりは大戦中のP-51などから続く、基本的な設計となっています。

加えてより後の世代の機種も見てみると、F-22の空気取入れ口も上に壁がある形になっていて、高迎え角時における気流対策をとりながら、きちんとステルス対策の形状にもなっています（ステルス対策については次章で解説）。ロシアの怪しいステルス機、スホーイSu-57でも同じく、空気取入れ口を胴体下にもってきています。[図10-16／17]

しかし一方で、より新型であるF-35ではなぜか丸ごと投げ出しちゃっていて、この対策を採っていません。高Gを掛けた高速機動旋回なんて最初からやる気がないのか（物理的な限界

[図10-13] F-16もF/A-18と同様に、機首部を空気取入れ口の上に被せることで、高迎え角時の気流の流れを変えている

［図10-14］ソ連のスホーイ設計局がF-15世代の戦闘機へ対抗して開発したSu-27。フランカーはNATO名で、ロシアの愛称はスーシュカ（ロシアの甘いパン）。初飛行は1977年で、運用開始は1986年。F-16のようにLERXを採用して空気取入れ口の上に被せてあり、さらに形状はF-15のように斜めにしてある。大型の機体ながらF-14やF-15と比べても非常に機動性に優れ、MiG-29とは違って十分な航続距離や武装搭載量も備えていた（Photo：Airwolfhound）

［図10-15］Su-27と同様に、アメリカの新型戦闘機に対抗してソ連のミグ設計局が開発したMiG–29（NATO名：ファルクラム）。この機体もSu-27同様に、F-16のLERXを採用して空気取入れ口の上に被せてあり、F-15の斜め空気取入れ口を採用している。ドッグファイトでの性能を重視して開発されているので機動性に優れ、コストパフォーマンスも高いことから第三世界にも広く輸出された（Photo：Airwolfhound）

［図 10-16］下面から見た F-22。空気取入れ口の上に壁がある形になっており、高迎え角時における気流対策をとっているのが分かる。（次章で触れるが）F-16 のフラッペロンのような主翼後部の動翼が、二枚分割されているのも分かる

［図 10-17］Su-57（写真は 2011 年に撮られた試作機段階 T-10 のもの）を下から見た写真。空気取入れ口の上に壁と胴体があって、高迎え角時の気流対策ががっちりとなされている（Photo：Alex Beltyukov）

でエンジンが止まる）、それともアンドロメダ星雲あたりから来た秘密技術とかで大丈夫な設計になっているのかは、私には分かりません。［図10-18］

さらに中国のステルス機Ｊ-20も同じく、まったく対策を採

［図10-18］F-35（写真はＡ型）では空気取入れ口の上部分に壁を設けておらず、F-16やF-22のような高迎え角時の気流対策は採用していない。また、次章で触れるが、F-22で二枚分割された主翼後部の動翼は、F-35のＡ型とＢ型ではF-16と同じ単純な一枚フラッペロンに戻っているが分かる

［図10-19］2017年から実戦配備されている中国人民解放軍空軍のステルス戦闘機J-20を下方から見た写真。F-35と同じく、従来機のような空気取入れ口の上に壁を設ける高迎え角時の気流対策を採用していない（Photo：emperornie）

っていません、これはF-35相手ならこんなもんで十分と考えた結果なのか、それとも中国4000年の秘密技術でもあるのかは、これもやはりよく分かりません。［図10-19］

3 スタンダードを変えたF-16の新技術②——翼型を変える動翼

フラップとエルロンをフラッペロンに統合

もう一点、主翼に関してのF-16ならではの技術革新は、案外気が付きにくいですが、主翼の動翼構造です。これも後世の機体に大きな影響を与えています。

F-15世代までの戦闘機では普通に分かれていたフラップとエルロン（補助翼）が、F-16では一枚のフラッペロン（フラップ＋エルロンでフラッペロン）に統合されてしまいました。

（フラップとエルロンについては［図10-20］参照）

これはフラップが使えない無尾翼デルタでは普通の構造でしたが（重心のはるか後ろから機体をもち上げると、機首がもち上がらなくなるからフラップは使えない）、普通にフラップが必要となる尾翼付きのデルタ翼では極めて異例のことでした。

［図10-20］主翼後部の動翼で、高揚力発生装置として機能するフラップとエルロン。写真はF-5Eのもの

しかしF-16は、このフラッペロンと主翼前にある前縁フラップが連動して離陸し、旋回し、そして着陸します。文字だけで説明しても難しいと思うので、もう少し詳しく説明します。

飛行機の動翼の仕組み

先述のように、従来の主翼後部の動翼は二分割となっています。

胴体側に付いたフラップは高揚力発生装置で、離着陸時にこれを下げて主翼の揚力を強めます。そんな便利なものなら常に下げておけばいいじゃん、と思ってしまいますが、揚力は常に抵抗力を生みますから、大きな抵抗源にもなるため飛行中は使えません。離着陸時専用です。着陸時には、逆にその抵抗力を利用し、ブレーキとして減速にも利用します。

主翼の外側にあるエルロンはフラップ同様、下に下げれば揚力が上がりますが、こちらは上側にも跳ね上がる構造になっています。上に跳ね上がれば主翼上面の気流の流れを妨げますから、これは揚力が落ちることになります。

飛行中に旋回に入るときは、これを左右の翼でそれぞれ逆に動かすのです。例えば左翼ではこれを下げて揚力を上げ、右翼では逆にもち上げて揚力を下げます。するとどうなるか。［図10-21］を見てください。

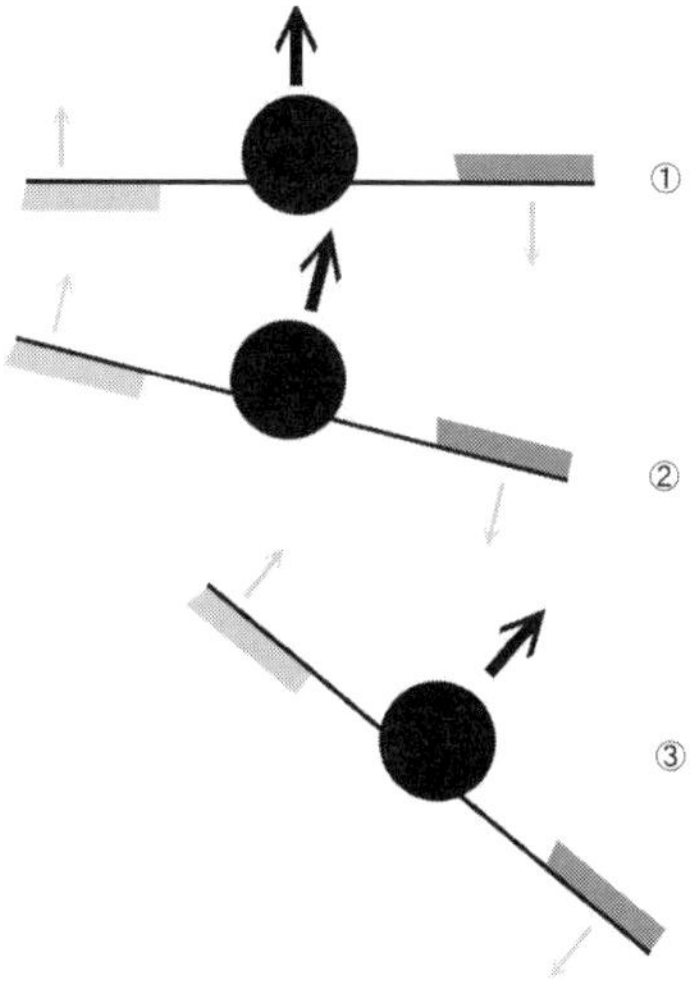

［図10-21］エルロンの働き（飛行機の旋回方法）

まず左翼は揚力が増加してもち上がり、右翼は逆に揚力が低下して下がります。となると、機体の進行軸を中心に機体は右に傾きます。主翼の揚力は常に機体の上方向（主翼に対して垂直方向。ただし厳密には少し後ろに向く）に働いていますから、機体が傾けば揚力の向きも傾き、機体は右斜め方向に引っ張られます。

この結果、以後は直進しないで、右方向に曲がっていきます。このとき、水平尾翼の昇降舵（エレベータ）を移動方向に合わせて動かせば、機体は右方向に向けて旋回に入るわけです（きちんと旋回するなら垂直尾翼の方向舵［ラダー］も調整する必要あり）。これが基本的な航空機の曲がり方です。

粘性の低い大気中の航空機は、水上の船のように舵だけでは曲がれません。なので機体を傾けて主翼の揚力の向きを変え、旋回に入る必要があるわけです（垂直尾翼のラダーを曲げても、機首の向きだけが変わったまま前方に横滑りし、ほとんど曲がれない。さらに主翼が進行方向に対して斜めを向くので、予期せぬ失速が起きやすくなる）。

そこでエルロンで左右の翼の揚力差を生じさせ、機体を傾けるのです。大型の旅客機などでは主翼上面にスポイラーと呼ばれる板を立てて気流を遮り、さらに揚力を落とす機体もありますが、基本的にはエルロンが主となります。［図10-22］

［図10-22］空気抵抗を増やして揚力を減らすため、主翼上面に立てられているのがスポイラー。写真はエアバスA321の主翼部

ちなみにエルロンが主翼の外側にあるのは、テコの原理で、重心点より遠くにあるほうがより小さな力で機体を回転させられるからです。細かい例外はあるのですが、普通の航空機は基本的にはこの構造で飛んでいます。

フラップ＋エルロン→フラッペロン＋前縁フラップ

話をF-16に戻します。主な機体は主翼の内側にフラップ、外側にエルロンをもっていましたが、F-16ではこの方式を止め、主翼後部にあるのはフラッペロン一枚だけにしてしまって

［図10-23］主翼後端部のフラッペロン（矢印部分）を下げているF-16

います。［図10-23］

ただし主翼の前縁部に、全幅に渡る長い前縁フラップが付いています。この主翼前後の二つの動翼の傾きを調整することで、主翼に生じる揚力を変え、機体を傾けて曲がったり、離着陸時の揚力を稼いだりします。［図10-24］

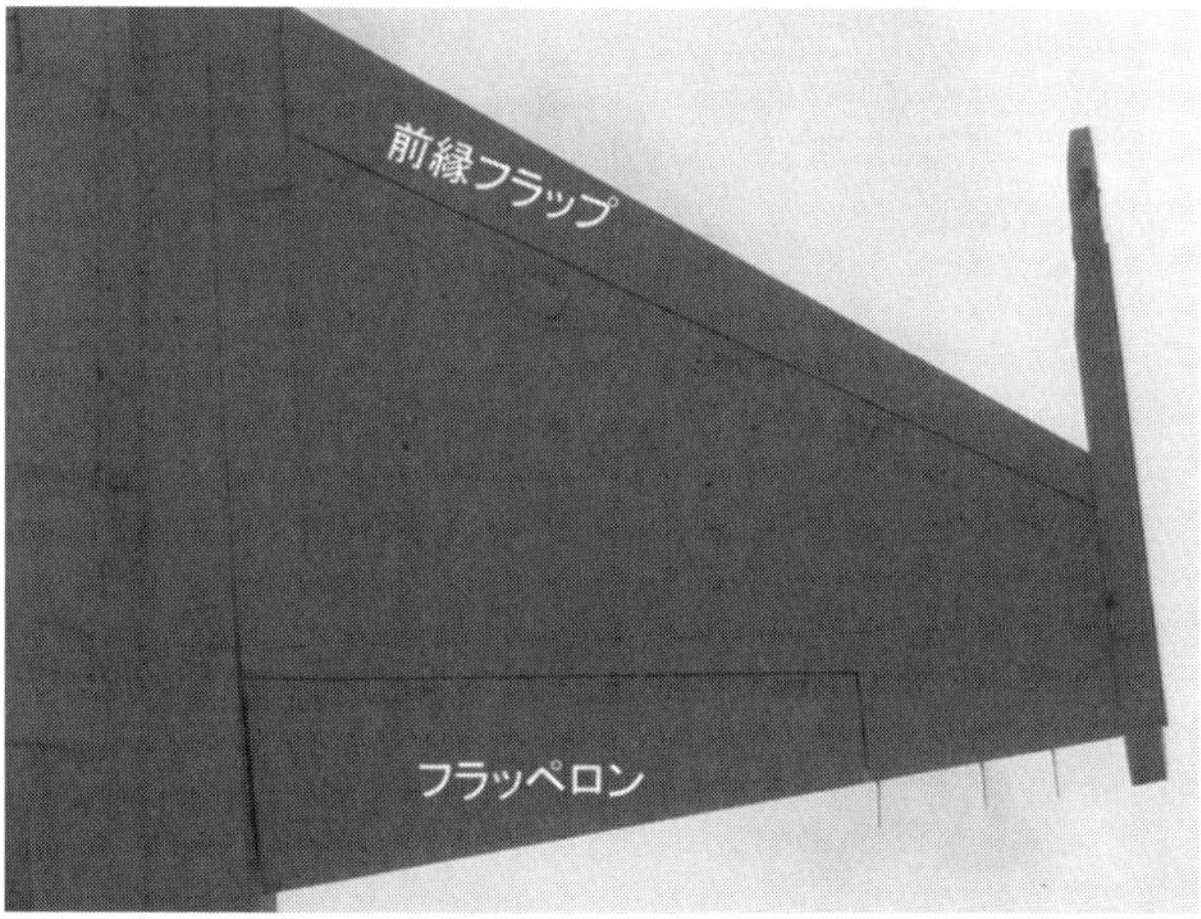

［図10-24］F-16のフラッペロンと前縁フラップ

ざっと図にすると［図10-25］のような感じになります。上の従来型の主翼のようにエルロンを上げ下げし、左右の主翼の揚力を変えて旋回に入る、あるいはフラップを下げて離着陸時の揚力を稼ぐといった構造ではなくなり、主翼の前縁部にある前縁フラップとフラッペロンを連動して動かし、主翼のキャンバー（曲がり）を変えて発生する揚力を調整しているのです。

なお、一般的にキャンバーが大きいほうが、揚力は大きくなりますが、抵抗も増えます。なので低速時は大きなキャンバー

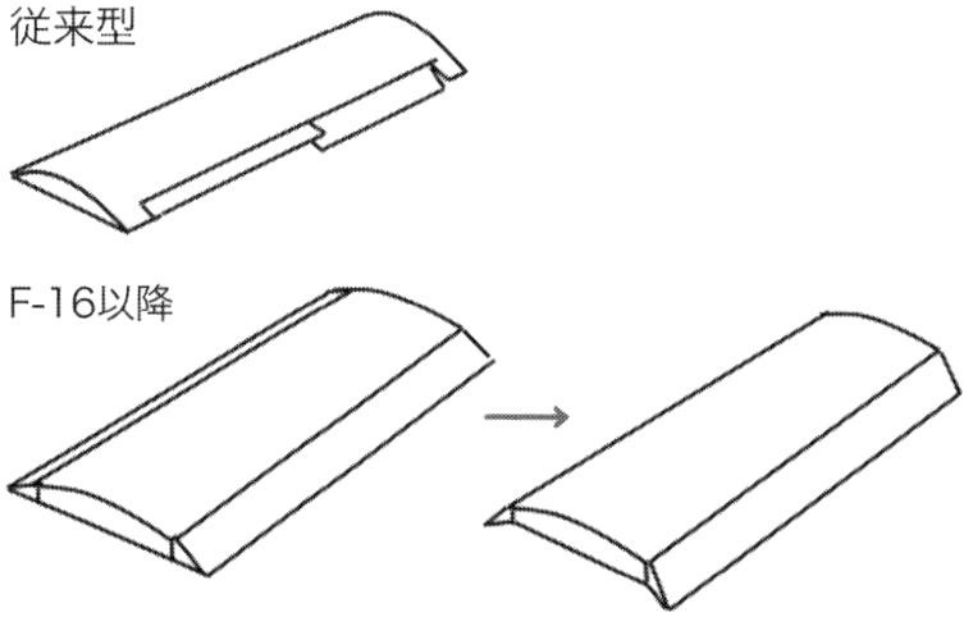

［図10-25］「従来戦闘機」と「F-16以降の多くの戦闘機」の主翼・動翼の違い。フラップやエルロンを上げ下げする方式から、前縁フラップとフラッペロンを連動させたり、主翼のキャンバー（曲がり）を変えて揚力を調整する方式になっている

の主翼が、高速時には小さなキャンバーの主翼がそれぞれ有利になります。

そこで離着陸時のように強い揚力が必要なら、両翼の前後動翼を十分に曲げて揚力を稼ぎ、旋回に入るときはこれを片側の翼だけでやることになります。この動翼システムは翼型、つまり翼の断面型とその揚力を自在に変形させる可変翼だという見方もできるでしょう。こういった複雑な制御が可能になったのは、フライ・バイ・ワイヤ技術のおかげですが、その点はまた次節で見ていきます。[図10-26]

ちなみに[図10-16]の写真で分かるように、F-22も同じ構造の主翼をもっています。後部の動翼が二枚分割に戻っていますが、単純なフラップとエルロンではありません。これらも前縁フラップと連動して動き、主翼の左右の揚力を常に微妙に変化させながら、繊細な機動を可能にしているのです。この3枚の動翼がウネウネ動きながら飛ぶさまはまるで生き物のようで、「鳥みたいだ」とたまに思うことがあります（ただし空気取入れ口の気流対策と同様に、F-35のA型とB型では、主翼後部の動翼はF-16と同じ単純な一枚フラッペロンに戻ってしまっている[図10-18]）。

この動翼システムによって、F-16以降の機体は従来の機体では考えられないような機動も可能にしました（F-15にはこういった機能はないことに注意。あれはF-16、F／A-18、M

［図10-26］前縁フラップと後部のフラッペロンを同時に下げて離陸するF-16。従来機のように固定された角度でフラップ下げて離着陸を行なうわけではなく、フライ・バイ・ワイヤが頻繁に角度を細かく変えて揚力調整をしながら飛ぶ

iG-29、Su-27に比べると、確実に古い技術でつくられた戦闘機)。

参考までに［図10-27］で、初期のF-16（A型とB型）の動翼がどのような動きをして飛行を制御していたかをご紹介します。なお、デジタル・フライ・バイ・ワイヤ搭載以降の機体はもっと複雑に動いているようですから、これはあくまで参考程度だと考えてください。図では左が前方になります。

通常飛行時は当然、前縁フラップもフラッペロンも変化なし、真っすぐな状態になっています。

ちなみにF-16では後部のフラッペロンだけでなく、前縁フラップまで上に曲がります。これにより前後とも少し上にもち上げ主翼上面を平面に近づけることで、上巻に出てきたスーパークリティカル翼断面に近い形状にできます。それにより亜音速飛行（マッハ0.7〜0.9）時の翼面上衝撃波の発生をギリギリまで防いでいるようです（［図10-27］の一番下の状態）。よくこんなことを考えついたなと、もはや感動です。

離着陸時に前縁フラップを下げるのは、キャンバーを強くして揚力を上げるのと同時に、どうもコニカルキャンバーの効果（上巻の第三章【その①主翼前縁を丸める［コニカルキャンバー］】上巻143ページ）も狙っているように思います。F-16のデルタ翼にはコニカルキャンバーを採用していないのは、この前縁フラップ

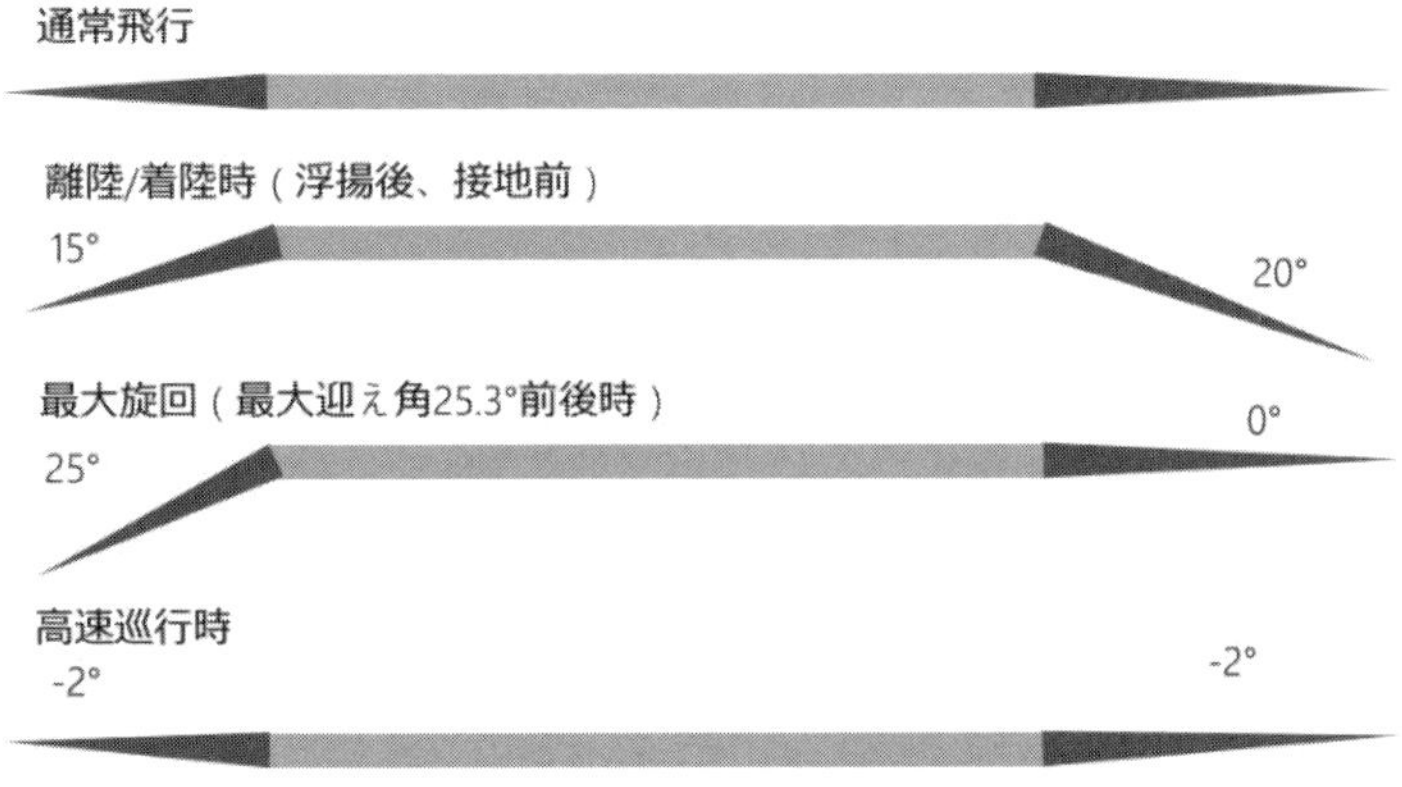

［図10-27］F-16A型とB型の動翼がどのように動いて飛行を制御していたかを示した図。左側が前方となる（『F-16 Fighting Falcon』［Bill Gunston］を基に作成）

でその代用ができるからでしょう。

そして旋回時には左右どちらかの主翼の前後を下に曲げて揚力を上げ、逆に反対側ではそのまま、あるいは上に跳ね上げて揚力を下げ、機体を傾けるわけです。

このため旋回中や宙返りのときのF-16の動画を見ると、何かおかしくなっちゃったんじゃないかというくらいに頻繁に主翼の前後部が動いているのが分かります(この動きは機上から撮影した動画などでないと、単純に地上から見ているだけでは絶対に分からない)。

4 スタンダードを変えたF-16の新技術③——フライ・バイ・ワイヤ

F-16から本格採用された3つ目の大きな新技術が、フライ・バイ・ワイヤ(Fly by wire:FBW)でした。これはコンピュータによる操縦補助装置なのですが、以後の戦闘機の操縦と運動性を根本から変えてしまう技術となりました。

操縦系統の冗長性向上から生まれる

Fly by wire は直訳すると「電線で飛ぶ」ですが、地球上のあらゆる電線は空を飛べませんし飛びません。じゃあ、何なの? と言えば、これは「コクピットの操作によって送り出される電気信号を、コンピュータが適切な操作に変換してアクチュエータ(動力装置)を制御し、方向舵(ラダー)、昇降舵(エレベータ)、補助翼(エルロン)などを動かす仕組み」を指します。つまり電気信号を通じて機体を操縦する、ということです。

従来の機体では各動翼は操縦桿とペダルからケーブル(Cable:索)で直結され、これを人力で直接動かしていました。第二次世界大戦後の大型機などからは油圧補助が付くものが増えましたが、それでも人力操縦という基本的な構造は1970年代に入るまでほぼ変わりません。今でも安価な民間小型機やグライダーなどは、この直結式のままで飛んでいます。

こういった構造では、操縦が力仕事になるし、ケーブルが切れたら終わりという切実な問題がありました。前者の対策としては油圧補助が、後者の対策としては二重ケーブルが採用されます。操縦用のケーブルが二重になっていれば、どちらかが切れてもそう簡単には操縦不能にならないわけです。

しかし世の中には、二重ではまだ十分に安全とは言えぬ機体がありました。軍用機、なかでも戦闘機です。機体内にケーブルを通せる空間は限られるため、一発の弾丸で両方のケーブルが同時に切れてしまう可能性が高く、このため三重、四重に補助ケーブルが必要になってきます。

けれども通常は機体内にそんな空間はなく、さらに操縦用ケーブルは意外に重くて航空機で最も避けたい重量増に直結します。

こうした問題に対する解答として考えられたのが、フライ・バイ・ワイヤ、つまり電気制御で飛ぶ仕組みだったのです。これなら電気スイッチを入れる程度の力であらゆる操作ができ、接続は細くて軽い電線ですから、三重、四重の多重系統化も容易です。さらに操作索がなくなれば、整備の手間も大幅に効率化されることになります。

このアイデア自体は古くからあったようですが、問題もまた多かったため簡単には実現しませんでした。

例えば緊急回避の急速横転と着陸準備の緩やかな横転とでは、操縦速度はまったく異なります。前者は素早く、後者は逆にゆっくり操縦桿を動かす必要があります。

しかし電気式だとスイッチを入れるか切るかの二択しかなく、このため同じ回転速度で同じように機体は動くだけで、操作の速度はまったく反映されませんでした。これだと緊急時に機体の動きが間に合わない事態が発生しますし、逆に繊細な操縦が必要な場合も問題になります。

フライ・バイ・ワイヤの仕組み

この問題の解決にはパイロットによる入力の強弱や速さを感知する装置が必要で、それは制御用コンピュータが必要なことを意味しました。そこでコンピュータを間に挟んだフライ・バイ・ワイヤが登場することになるのです。その構造を簡単に説明してしまうと、［図10-28］のようになります。

従来の操縦系統は、操作用のケーブルでスロットルレバーとエンジン、操縦桿とエルロンなどを直結し、それぞれをパイロットが押したり引いたりして物理的に直接動かす、というものでした。途中に油圧装置が入ったりすることもありますが、基本は人力での操作となり、物理的には直結の操縦系統です。

それに対して電子式操縦系統、いわゆるフライ・バイ・ワイヤはそういった操作用のケーブルをすべて撤去してしまい、操縦桿やフットペダル、スロットルなどの下には単に入力情報を電気信号に変換する装置が入っています。この電気信号がコンピュータで処理されたうえで各部に置かれた制御装置に指示信号が送られ、油圧や電気モーターのアクチュエータ（制御／動力装置）が実際に各部を動かすのです。

この目的の一つが操縦系の複数化と生存性の向上ですから、試作機のＹＦ-16でも４つのコンピュータを搭載し、操縦系も

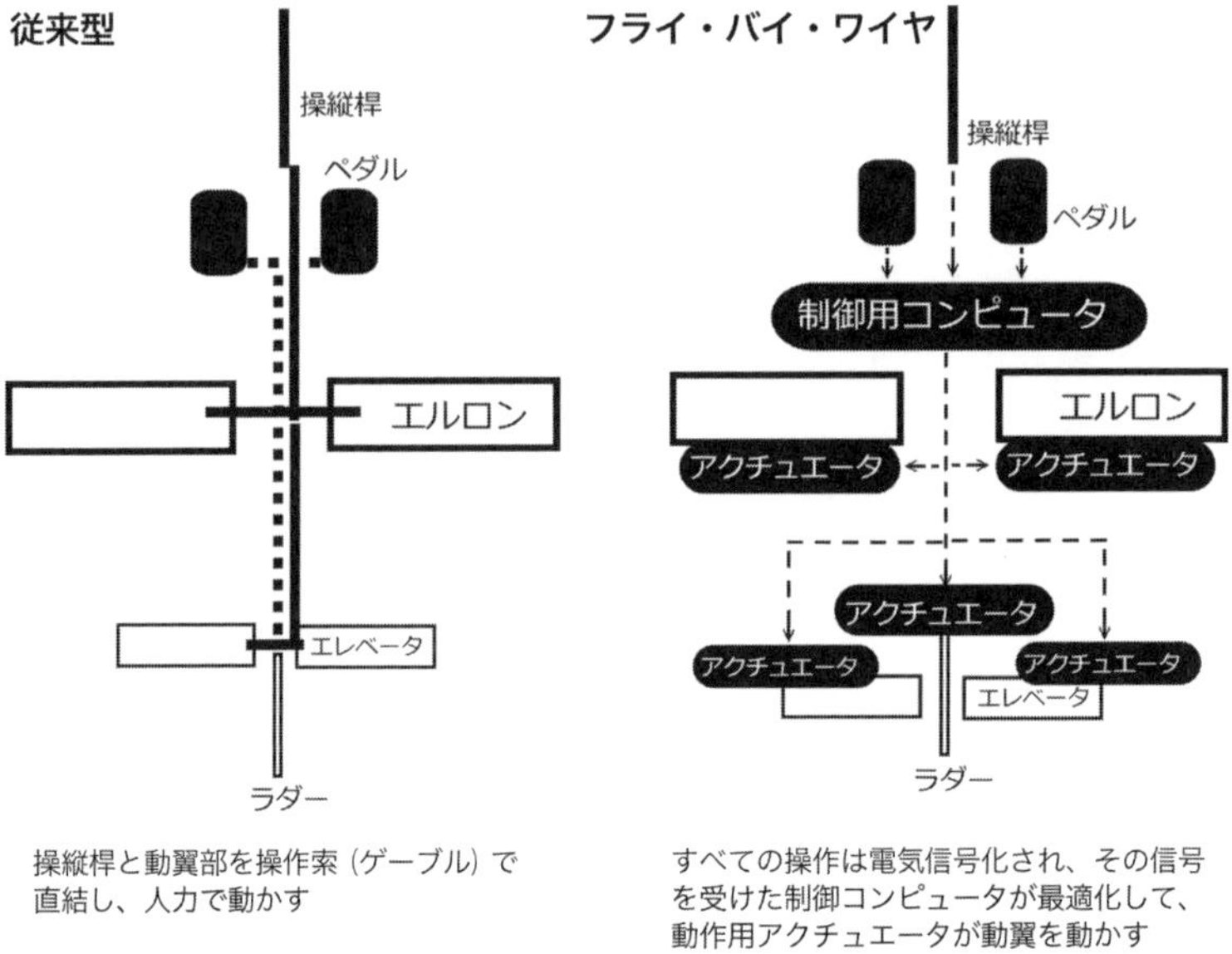

操縦桿と動翼部を操作索（ゲーブル）で直結し、人力で動かす

すべての操作は電気信号化され、その信号を受けた制御コンピュータが最適化して、動作用アクチュエータが動翼を動かす

［図10-28］従来の操縦系統とフライ・バイ・ワイヤの違い。電気信号で動翼などを動かす点だけでなく、制御コンピュータが介在してそれぞれを調整して動かす点が大きく異なる

４つに分散されてバックアップするようになっていました。量産型のF-16A以降でも、この４つに分散された操縦系統は維持されました（以後、何度も改修されているので、最新型ではどうなっているのかは不明）。

コンピュータが操縦を修正する

さらにフライ・バイ・ワイヤにはもう一つのメリットがありました。

パイロットの入力は一度コンピュータで処理されるため、もし墜落に直結するような危険な操作をしたら、「これを拒否する」、あるいは「より適切な穏やかな機動にする」といった修正が効くのです。

戦闘機のような高い機動性をもった機体は一般に（空力的な意味での）安定性が低く、その特性ゆえに高い運動性をもつのですが（わずかな操作で敏感に反応する）、逆にちょっとした操縦ミスで墜落に直結する可能性が高くなっています。

しかしフライ・バイ・ワイヤを利用すれば、これをやったら危険という操作を予めコンピュータに入れておき、パイロットがうっかりその操作を行なっても入力を拒否するという仕組みが可能になります。これによって操縦の安全性は大幅に向上することになりました。

例えばF-16Aの場合、旋回時の最大Gは9Gまで、迎え角は23.5度までとされ、それを超える操縦をしようとすると自動的にリミッターが入り、できなくしていました。

さらにこれを利用すれば、たとえ機体設計にミスが見つかっても、その問題を避けて操縦するように設定することで安全な運用も可能となります。実際、F／A-18などでは、初飛行後に見つかった問題のいくつかをフライ・バイ・ワイヤの修正で解決してしまい、機体の大幅な設計やり直しを避けています。

この結果、航空機の性能をきちんと引き出すには、フライ・バイ・ワイヤの飛行プログラムの優劣が大きく関わることになり、以後の機体開発ではそのコンピュータプログラム開発部門が追加され、極めて重要な役割を担うことになっていきます。

初のフライ・バイ・ワイヤ実用機は旅客機のコンコルド

最初に実用化されたフライ・バイ・ワイヤはアナログコンピュータ制御によるものでした。

普通にコンピュータと聞いて連想するのは、CPUやメモリがあって、0と1の2進数で制御されるデジタルコンピュータだと思います。しかし、0と1の数字でデータを扱わない、CPUもメモリもないコンピュータ（計算機）が存在します。

それが歯車や回転板、さらに複数の電気スイッチなどを組み合わせてつくられ、特定の計算に特化したアナログコンピュータ（機械式計算機）と呼ばれるものです。これらは第二次世界大戦時に戦艦の砲撃の照準などに使われていました。

アナログコンピュータは構造上、柔軟なプログラミングは不可能で、最初に設定された操作にしか対応できません。しかし、初期のデジタルコンピュータは大きすぎ、さらに信頼性に疑問があったので、この旧式なアナログコンピュータが採用されていました。

アナログコンピュータのフライ・バイ・ワイヤを世界で初めて搭載したのはカナダの幻の超音速戦闘機、1958年3月に初飛行したアブロ・カナダCF-105だと言われていますが、これはわずか数機がつくられただけで生産が打ち切られてしまいました。そもそもこの時代の技術でどこまで実用性があったかも微妙なところがあります。［図10-29］

よって実用レベルで最初に採用したのは、1969年3月に初飛行した、超音速ジェット旅客機のコンコルドでしょう。

私の知る限り、コンコルドは飛行中に銃撃を受けるような運用は想定されていないので、これは操縦の安全確保のためのフライ・バイ・ワイヤでした。無尾翼デルタに6枚分割のエレボンという、旅客機では例を見ない複雑な構造で超音速飛行をするため、従来の人力操縦系統では安全ではないと判断されたのです。これは民間機としては世界初ですし、きちんと実用化さ

[図10-29] アブロ・カナダがカナダ空軍向けに開発した全天候型迎撃戦闘機CF-105アロー（写真はそのプロトタイプ機のRL-201）。エンジンを2基積み、マッハ2.3以上を出せる戦闘機として注目を集めた。しかし開発機の高騰や地対空ミサイルの発達もあって、試作機5機が製造されただけで1959年に計画は中止された（Photo : Ken Mist）

れた機体としてもおそらく世界初でした。

最初はアナログコンピュータで

そして、量産まで行なわれた最初のフライ・バイ・ワイヤ戦闘機となったのは、1974年1月に初飛行したF-16です（これは予定外のハプニング飛行で、正式な計画による初飛行は2月）。当初はアナログコンピュータによるフライ・バイ・ワイヤだったのですが、1984年から製造に入ったC型とD型（複座）以降からデジタルフライ・バイ・ワイヤに切り替えられました（ただし初期のC&Dの一部はアナログコンピュータのままだったらしいが）。

のちにA&B型の一部もデジタル式に改修されたようですが、全機なのか一部だけなのかは分かりません。とりあえず、これによって以後の機体はフライ・バイ・ワイヤによる制御が一般的になっていきます。

ちなみに、F-16のフライ・バイ・ワイヤ装置は世界初でありながら、実に細かい部分までつくり込まれていました。例えば、空中給油を受けるために背中の給油口を開くと、自動的に操縦スティックやラダーペダルの信号が大幅に減衰され、誤操作で機体が大きく動いてしまうのを防いでいます。

また着陸時に脚が出ると、ロール機動（進行方向を軸に機体をぐるりと回す運動）の入力信号は半分にカットされ、余計な横揺れを防いでいます。世界初の採用にしては、かなりよくできていたと言えるでしょう。

ちなみにＦ-16より約半年遅れで１９７４年８月に初飛行したヨーロッパの共同開発機（といっても主な部分の開発はほとんどイギリスがやっている）、パナビア トーネードもフライ・バイ・ワイヤの操縦系でした。こちらも当初はアナログコンピュータだったのですが、装置の一部は最初からデジタル化されていたという情報もあります。［図10-30］

機動性は、地対空ミサイル回避のために存在する

トーネードは高迎え角時の気流対策である斜め空気取入れ口や、フライ・バイ・ワイヤの採用と、それなりに先進的でした。しかし可変翼というボイドたちがとっくに見切りをつけていた技術を今さら搭載し、結局、任務は地上攻撃がメインとなるなど、Ｆ-１１１と同じような展開を見せることになります。

ちなみに攻撃型のトーネードＩＤＳは湾岸戦争中に少なくとも８機を損失したと見られ、多国籍軍中で最大の損失を受けた機体となっています。

［図10-30］1989年にイギリスのウェイトン空軍基地で撮影されたトーネードGR.1。イギリス、西ドイツ、イタリアがF-104Gの代替機として国際協同開発した全天候型マルチロール機で、可変翼やフライ・バイ・ワイヤなどを採用していた（Photo：Rob Schleiffert）

ここで改めて整理しておきたいのですが、こういった天井付き空気取入れ口は高迎え角対策ですから、その目的が離着陸時と空中戦時のエンジンへの空気流量確保のためと思われがちです。しかし実際は、それは理由の半分にすぎません。

現代の航空戦で戦闘機が高機動・急旋回を最も必要とされるのは、誘導ミサイルの回避のためです。ベトナム戦争で猛威を振るい、湾岸戦争でも最大の脅威だった、地上から撃ち上げられる地対空ミサイル（SAM）から逃れるには、急旋回による高機動性が命になってきます。

上巻でベトナムにおける地対空ミサイルの脅威はすでに見ましたが、1991年の湾岸戦争でもこの点は同じようなものでした。この戦いにおける多国籍軍の航空機損失の87％は地対空ミサイルと対空砲によるものです。残りの13％は原因不明で、そのうち空中戦による損失と見られるのは開戦直後にイラクのMiG-25に撃墜された、海軍のF／A-18１機だけです（USSサラトガ所属。ただし、これも推測原因で確定はされていない）。

多国籍軍の損害は損失（Lost）38機、重度の損傷（Damaged）48機、計86機と作戦期間が短かった割には意外にあるのですが、そのほとんどと言っていい87％、つまり約75機までが地上からの対空攻撃による損失だったのです（以上の数字はアメリカ空軍が1993年にまとめた報告書「Gulf War Air Power Survey」による）。

これら地対空ミサイルとレーダー誘導の対空砲から確実に逃れるには、高いGを掛けた素早い急旋回が必須となり、このとき大量の空気を必要とする大出力エンジンがきちんと性能を維持できるように気流対策が行なわれているわけです（というか流入気流の対策を採っていない大出力エンジンでは、空気不足で火が消えて止まる）。

以上の数字を見れば、むしろこちらのための対策がメインだということが分かると思います。

F-35「フライ・バイ・ワイヤ7G規制」の謎

しかし前前節で指摘した通り、F-35ではこの気流対策を放棄しており、空気取入れ口の上側になんの板もありません。そんなF-35ではフライ・バイ・ワイヤのプログラムで、2017年まで旋回は最大加速度7Gまで制限されていました。つまり、急旋回の限界性能はかなり低かったのです（通常、旋回が急になるほど［迎え角が大きくなるほど］Gも大きくなる）。ただし空軍のA型のみ2017年中に規制は解除され、9Gまで掛けられる急旋回が可能になりました。ただしフライ・バイ・ワイヤの更新によって機体が頑丈になるなんて物理的にありえませんから、これはおそらくエンジン吸気問題による制限だったのではないかと思われます（もし機体構造の耐久性不足で7G規制が掛かっているなら完全な欠陥機である）。

となると9G旋回まで可能といっても条件付きで、おそらくエンジンが止まる条件の旋回はフライ・バイ・ワイヤによって今でも規制されていると思われます。つまり無条件で高負荷の旋回に入れるわけではないはずです。

さらに現在（2020年1月）に至っても9G旋回が可能なのはA型のみで、海兵隊用の垂直離着陸機B型は7G、海軍用の艦載機C型は7．5Gのフライ・バイ・ワイヤによる旋回規制が掛かったままです。すなわち旋回の限界性能は第二次世界大戦時の機体レベルの数字となっているのです……。

ちなみにF-15Aも1980年代まで、旋回時の加速度を7．3Gまでに制限していました。これはフライ・バイ・ワイヤではないF-15では、機体重量や速度ごとの限界Gを即座に計算できなかったためでした。

F-15では離陸重量の17トン（燃料満載＋機関砲弾）で9G旋回は当然問題なく、さらにAIM-7スパロー4発満載の18．6トンあたりでも問題なく9G旋回が可能でした。ただしこれ以上重量が増え、さらに主翼下にAIM-9サイドワインダーをぶら下げた場合はさすがに9G旋回は無理で、このあたりから旋回時のG限界規制が掛かってきます。

ところがフライ・バイ・ワイヤではないF-15では飛行中にその限度計算が随時できないので、最初から一定の安全マージンを確保して一律に7．3Gの制限をかけていたのです（この段階では耐用年数の見当がつかず、機体構造の劣化が進む高負荷を避けたという面もあったらしいが）。

よってフライ・バイ・ワイヤではないF-15では、その気になればいつでも9G旋回をやってしまえました。そもそも機体だけなら（機外の武装も〝パイロット〟もないなら）14G程度の負荷まで耐えられるようになっている機体なのです。

しかし、7．3Gで制限していてはマズイ！　ということになり、のちにOWS（Overload Warning System：超過警告装置）が搭載されます。この装置により燃料搭載量や武装の重量、速度（マッハ数）ごとに、いつ9Gまで掛けていいかを即座に判断できるようになり、この7．3G規制は撤廃されました。

要するに、F-15の場合は機体に問題があったわけではないのです。実際、フライ・バイ・ワイヤを搭載して最適な9G制限を掛けられたF-16には、最初からこういった規制はまったくありませんでした。この点、フライ・バイ・ワイヤで強制的に7G以下の旋回しかできなくしていたF-35とは根本的に異なる点に注意が必要です。

よってF-16は問題なく9Gまで負荷を掛けられますし、フライ・バイ・ワイヤのリミッターがないF-15では、12Gまで掛けて生還した猛者がいたという記録もあります（ちなみにF-16も緊急時にはリミッター解除が可能になっているらしい）。他の国の戦闘機も同じようなG制限ですから、F-35は生きるか死ぬかのドッグファイトに入ったら極めて不利です。またミサイル回避能力も見劣りしますから、実戦で使うにはかなり無理があるように思います。

さらに次章のステルスのところでまた説明しますが、F-35の場合、機体下面のステルス能力が低い可能性があり、よって下方向からレーダーで狙われる対空砲火や対空ミサイルに対して脆弱性を抱えていると思われます。もしかしたら、ドラえもんの素敵な秘密技術の提供によって問題は解決済みという可能性も否定できませんが、私がパイロットならこの機体で敵地侵入はやりたくないですね。

F-35 vs F-15模擬演習の真相

さらに余談。嘉手納基地に2018年5月頃まで約半年間ほどF-35が派遣され、アメリカ空軍のなかでも最強レベルにある沖縄のF-15パイロットと飛行訓練を行なったことがありました（自衛隊のF-15とも密かに模擬空戦をやったらしいが未確認。ちなみに嘉手納基地のF-15Cはレーダーなどの電子機器を含め、いろいろ〝特別〟な機体でアメリカ空軍最精鋭部隊の一つ）。

このときのことを「Defense News」が2018年3月に取材し、F-15Cのパイロットの一人、Brock McGehee大尉にインタビューしています。そのときのやり取りが興味深いので紹介します（ちなみに派遣されたF-35は9G飛行可である当時の最新型［Block 3F］）。

——So can the F-15 beat the F-35 in dogfights?

"I mean, sometimes," McGehee said, adding that all aircraft lose in aerial combat sometimes, and for various reasons.

"Part of it is the aircraft and part of it is the man in the aircraft,"

（訳）

——結局、F-15はF-35を空中戦で打ち負かせるのですか？

「そうだね、それはその時々による。すべての機体はいろんな理由で、その時々の空戦で負ける」。マクギーヒーは言葉を続ける。

「一部は機体のせいであり、一部は中の人間のせいでだ」

立場上、かなり言葉を選んでますが、なかなか興味深い意見です。

完全状態のＦ-35相手に模擬空戦をやったうえで、少なくとも彼はＦ-15がＦ-35に敵わないとは思っていないと見るべきでしょう。しかも「Defense News」が基地に入って取材している以上、記事の公表前に軍が内容を確認しているはずなのに、その公表を止めなかった、つまり彼の発言を否としなかったわけです。

さらにこの記事が書かれたのは、２０１７年のレッドフラッグ演習で、「Ｆ-35が20対1の撃墜比（20機を撃としたが、1機しか失わなかった）を記録した」とアメリカ空軍が発表した後であることにも注意が要ります。これはアメリカ空軍の大本営発表と実際に戦って見た現場のパイロットでは意見が違う、ということを意味します。

こういったところから、どうもアメリカ空軍はＦ-15に何か未練を残しているのでは？　と思われたのですが、２０１９年1月に空軍参謀総長のゴールドフィン（David Goldfein）が空軍は新型のＦ-15Ｘを２０２０年度から新たに調達すると発表しました。

のちにＦ-15ＥＸと名称変更されたこの機体は、製造元のボーイングによると戦闘爆撃機Ｆ-15Ｅと同じ複座型ながら、地上攻撃から空中戦まで幅広くこなせるとされています。Ｆ-15には搭載されてなかったフライ・バイ・ワイアを採用しているのも特徴で、これによって空軍は一定の戦力を維持でき、高額で数が揃わないＦ-35の戦力を補うのが主目的のようです。

とりあえず２０２０年度には先行して8機の発注が行なわれ、以後も一定数が配備予定となっています。議会が予算を認めるかどうか次第ですが、基本的には今後複数年にわたる調達で１００機近い購入が予定されているとのことです。こうして見ると、まだまだしばらくＦ-15の時代は続くことになるようです。

ただし、公平のために述べておくと、沖縄にいるＦ-15飛行隊は極めて練度の高い部隊であり、対して今回派遣されたＦ-35Ａの飛行隊は比較的経験の浅いパイロットが多かったという点には注意が要ります。もっとも、「パイロットの経験差がそのまま出る」ということは「機体性能にさしたる差がない」という証左でもあるのですが……。

5　劇的な変化をもたらした〝デジタル〟・フライ・バイ・ワイヤ

操縦補助装置ではなく、〝より高度な操縦を可能にする装置〟に

話を戻します。すでに見たように、ヨーロッパとアメリカでそれぞれ独自に開発されていたフライ・バイ・ワイヤ技術ですが、その後、デジタルコンピュータによるデジタル・フライ・バイ・ワイヤが導入されることでさらなる劇的な進化を遂げます。

単なる操縦補助装置ではなく、〝より高度な操縦を可能にする装置〟という発想でこれらを進化させたのはアメリカのNASAでした。

アナログコンピュータとは違い、高度なプログラムの組み込みが可能で、しかも後から修正・追加ができるデジタル・フライ・バイ・ワイヤは、従来とはまったく異なる航空機の操縦を可能にしました。例えば、ベテランのエースパイロットにしかできなかったような操作をメモリに入力しておいて再現飛行をすることもできるので、単に墜落を避ける安全な飛行だけではなく、より高度な飛行が誰にでもできるようになる時代を迎えることになります。

さらにより積極的に操縦を制御し、パイロットの負担を減らすことも可能になりました。例えばペダルと操縦桿を中立に置き、一切、力を掛けないとします。操縦者はそうすることで単純に真っすぐ飛ぼうとしているのですが、実際には横風などによってそうは飛べないことが多く、常に機体が真っすぐ飛ぶように飛行中は動翼のタブなどを操作し続けなければなりません。

しかしデジタル・フライ・バイ・ワイヤなら、操縦桿からもペダルからも入力がない場合、パイロットは真っすぐ飛ぼうとしているのだとコンピュータが判断し、自動的に舵面を操作して機体を真っすぐ飛ばしてしまうことが可能です。難しいことを考えずに、単純な操作で理想的な飛行が可能になるのです。

この方法を推し進めると、従来、ベテランパイロットにしかできなかったような高度な飛行が誰でもできるようになり、さらに本来なら危なくて飛ばせないような機体でも、コンピュータ制御により安全に飛ばせるようになるということです。これが柔軟にプログラムを組めるデジタル・フライ・バイ・ワイヤの最大のメリットでした。

ステルス機F-117ナイトホークは、多くの技術者がこん

［図10-31］1981年6月に初飛行したステルス攻撃機F-117ナイトホーク。姿勢制御もコンピュータを介したフライ・バイ・ワイヤが行なっていたとされる。愛称はナイトホークで、夜間作戦に使用されることから、夜行性の鳥のアメリカヨタカから付けられたとされる

な形状の機体はまともに飛ばないと言ったそうです。しかし機体の開発責任者でスカンクワークス二代目ボスのベン・リッチ（Ben R.Rich）は当時、実用化の目処が立っていたデジタル・フライ・バイ・ワイヤを採用、これを飛行可能にしてしまいました。［図10-31］

当然、飛行中はやっちゃいけないことだらけなのですが、パイロットがそういった操縦をするとコンピュータが拒否し、安定状態を維持するようにしています。ちなみにリッチはデジタル・フライ・バイ・ワイヤの熱烈な支持者で、「この技術さえあれば、自由の女神に曲芸飛行をさせてみせる」と豪語していたそうな。

ただし現実には、F-117は結構墜落している殺人機だったりします。少なくとも5機の事故損失と2件以上の死亡事故がありまして、64機しかつくられていないので、平時の事故損失だけで全機のうち8％が失われたことになるのです。〝殺人機メーカー〟スカンクワークスらしい仕事とも言えるでしょう。

いずにしても、こういったデジタル・フライ・バイ・ワイヤ技術はのちに民間機やスペースシャトルにまで採用され、空の安全性の向上にも一役買っていくことになります。

ちなみに、YF-16のライバルであるYF-17は従来通りの直結型操縦装置で、フライ・バイ・ワイヤなんて搭載していませ

んでした。しかしのちに海軍用に改修されたF／A-18ではこれを搭載することになります。しかもF-16より後からの開発となったため、最初からデジタル・フライ・バイ・ワイヤを採用。これによりホーネットは世界初のデジタル・フライ・バイ・ワイヤ機となっています。

宇宙船用から発展したデジタルFBW技術

そんなアメリカにおけるデジタル・フライ・バイ・ワイヤ技術の発展には、やはりNASAが絡んでいました。

ただし、当初は航空機用ではなく、極めて正確な操縦が要求される宇宙船用でした。すでにマーキュリー計画で一部にアナログ・フライ・バイ・ワイヤ装置が使われ、のちにアポロ計画でデジタル・フライ・バイ・ワイヤにまで進化することになります。

なお、知る人ぞ知る1957年から開発の始まった宇宙飛行船、ボーイングX-20でもNASAはアナログ・フライ・バイ・ワイヤを採用しているのですが、これはほとんど滑空試験だけで終わってしまったのでここでは取り上げないでおきます。

月面着陸船の技術研究のために製造された垂直離着陸機で、通称"Flying Bedstead"（飛行するベッドの骨組み）と呼ばれた月面着陸研究機LLRV（Lunar Landing Research Vehicle）は1964年に開発されました。この不安定な垂直離着陸機を安全に飛ばすため、アナログコンピュータによるフライ・バイ・ワイヤが組み込まれています。[図10-32]

またのちには、月着陸船に積まれたデジタル・フライ・バイ・ワイヤ装置を組み込んだ月着陸訓練機LLTV（Lunar Landing Training Vehicles）もつくられています。

ただし、ベルの制作なので当然、2機のLLRVのうち1機

[図10-32] 1964年、エドワーズ空軍基地にて飛行実験を行なった月面着陸研究機LLRV第1号（Photo：NASA）

が、３機のＴＴＴＶのうち2機が墜落で失われている〝殺人機〟です（すなわち事故損失率71．４％！　５機以上が制作された機体としは世界記録の可能性あり）。もっとも射出式脱出装置が積まれていたので、パイロットは全員、無事に済んでいます。

ちなみにＬＬＲＶの方の墜落に巻き込まれた操縦手には、のちに人類月着陸第1号となるニール・アームストロングがいます。月着陸の約１年前の１９６８年5月に墜落事故に巻き込まれ、かろうじて脱出に成功しています。危ないところだったわけですが、それでもこの機体による操縦経験や垂直離着陸体験をもっていたことが、のちに彼の人類初の月着陸を救うことになります。

アポロ計画では全面的にフライ・バイ・ワイヤ装置が採用されており、しかもプログラム可能なデジタル・フライ・バイ・ワイヤでした。月着陸船にも独自のデジタル・フライ・バイ・ワイヤ装置が搭載されており、基本的に司令船から切り離された後はほぼ自動で月面に向けて降下、着陸することになっていました。

ところがアポロ11号の人類初月着陸で、思わぬ事故が発生します。

着陸船が切り離され、月面に向けて降下中に突然エラーが発生し、コンピュータが停止してしまうのです。しかも表示され

［図10-33］国立航空宇宙博物館に展示されているアポロ月着陸船の模型

たエラーコード１２０２は地上訓練では一度も表示されたことがないもので、地上管制室でも一体何が起きているのか判断がつかない状況に陥りますが、アームストロング船長が手動操縦に切り替えて無事に着陸させ、事なきを得ます。

このあたりはX-15からハンググライダーの開発、そして先述のＬＬＲＶまで、あらゆる機体の操縦経験をもつアームストロングすごい、と言うべきところでしょう。一歩間違えれば月着陸は失敗し、最悪、乗員二人も帰還不能になりかけていたのです。

ちなみにこの事故はコンピュータのメモリへ過剰なデータが流れ込んで処理ができなくなってしまった結果であったことがのちに判明するのですが、そのデータ流入の原因は長らく不明とされていました。その後、人類月着陸から40年近く経った２００７年に制作されたドキュメンタリー映画「In The Shadow of The Moon」（邦題「ザ・ムーン」）の中で、11号の正パイロットだったもう一人の乗員、オルドリン（Buzz Aldrin）が「犯人は自分だ」と告白しています。

彼によると、本来着陸時は着陸用レーダーから月面の地形データだけを読み込むのですが、司令船を捉えるドッキング用の上空レーダーも同時に作動させてしまったのだとか。これは万が一、着陸中止になった場合、素早く司令船とドッキングして帰還するための用心だったようですが、マニュアルにはない処置で、彼の独断によるものでした。

この結果、当時の貧弱なメモリ容量しかないコンピュータに想定の倍近いデータが流れ込み、処理不能となって先のエラーが発生、コンピュータの停止を生じたそうです。すなわち、あと一歩で月着陸は失敗に終わっていた可能性もあったわけです。訓練に訓練を重ねた、エリート中のエリートパイロットが、土壇場でこんな無茶をするというのは安全管理の側面から参考にするべき部分が多いような気がします。

このあたりは長らく原因は謎とされていましたが、ＮＡＳＡの内部ではおそらくオルドリンが犯人と分かっていたふしがあります。その後、これだけ致命的なトラブルなのに12号以下の機体もスケジュール通りに飛んでおり、おそらく人為的なミスで機械的な欠陥ではないと知っていたと思われるからです。

パイロット同士はお互いに庇い合うという文化がＮＡＳＡの宇宙飛行士にもあるので、罪を問わない代わりに正直に告白させていた可能性は高いと思われます。

アームストロングが開発をバックアップ

その人類月着陸1号、アームストロングは１９６９年7月の月面着陸成功後、宇宙飛行士からの引退を表明します。その後、ＮＡＳＡの先進技術研究所（Office of Advanced

Research and Technology）の副長官補佐というほとんど名誉職に近い役職に就任するのですが、間もなく１９７１年には退役してしまいます。

しかしこのわずかな就任期間中に、彼は研究所に対しフライ・バイ・ワイヤ装置の研究、特に彼がアポロ計画においていろんな意味で世話になったデジタル・フライ・バイ・ワイヤ装置の研究を進言しました。こうして彼の全面的なバックアップを受け、ＮＡＳＡはデジタル・フライ・バイ・ワイヤの研究に入ります。

そこで使われたのが海軍の戦闘機Ｆ-８Ｃで、いわゆるＮＡＳＡ８０２号です。この機体も海軍出身のアームストロングが口を利いて、ＮＡＳＡが海軍から譲り受けたもののようです。ちなみにＦ-16がアナログとはいえフライ・バイ・ワイヤを採用したのは、開発責任者のヒルカーがこの機体の存在を知っていたからです。彼は当初、デジタル・フライ・バイ・ワイヤの搭載を考えたのですが、まだ技術的に時期尚早と判断してＹＦ-16ではアナログ式を選択しました。［図10-34／35／36］

Ｆ-16に採用されるサイドスティック式の操縦桿の運用試験も、のちにＮＡＳＡがＮＡＳＡ８０２号の機体で行なったようです（サイドスティック式の操縦桿はフライ・バイ・ワイヤでないと動かせないので、試験できる機体が他になかった）。

［図10-34］F-8の中身を完全につくりかえてデジタル・フライ・バイ・ワイア機とされたNASA802号機。改造に時間がかかったため、初飛行はすでにアームストロングがNASAを去った1972年5月となったが、以後13年近くに渡ってNASA研究機として活躍した（Photo：NASA）

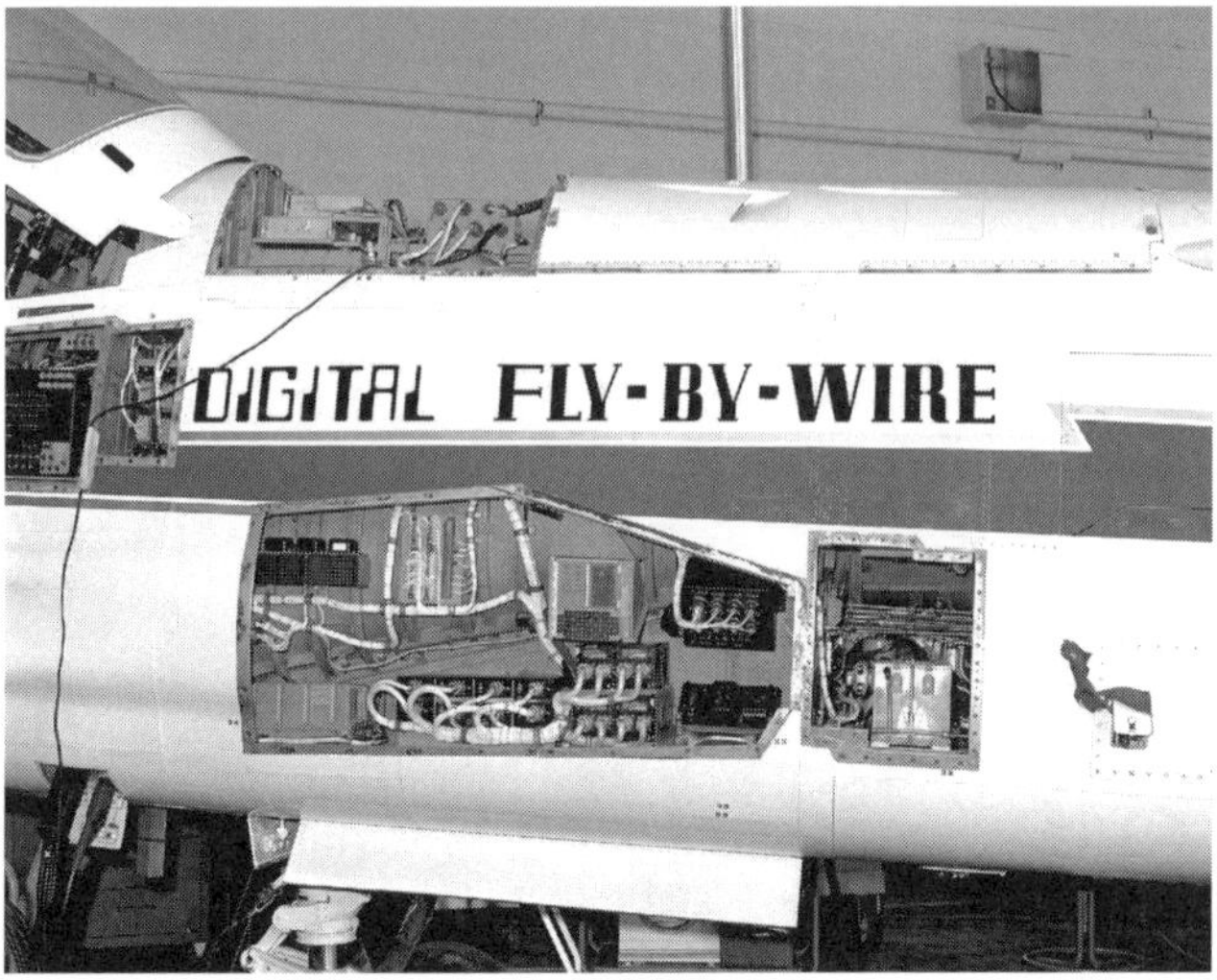

［図10-35］部分的に内部が見えているNASA802号。上のコクピット後部にあるのが装置の本体で、下のガンベイがあったスペースに積み込まれているのが情報入力などの補助装置。最初はアポロ宇宙船のフライ・バイ・ワイア装置がそのまま搭載されるという豪快な設計だったが、のちに汎用CPUを使った、より高度なコンピュータに置き換えられることになった（Photo：NASA）

こうして戦闘機の操縦を根本から変えてしまったフライ・バイ・ワイヤは機体性能における最重要項目の一つとなり、以後はそのプログラムの製造が機体開発の最重要課題になっていきます。

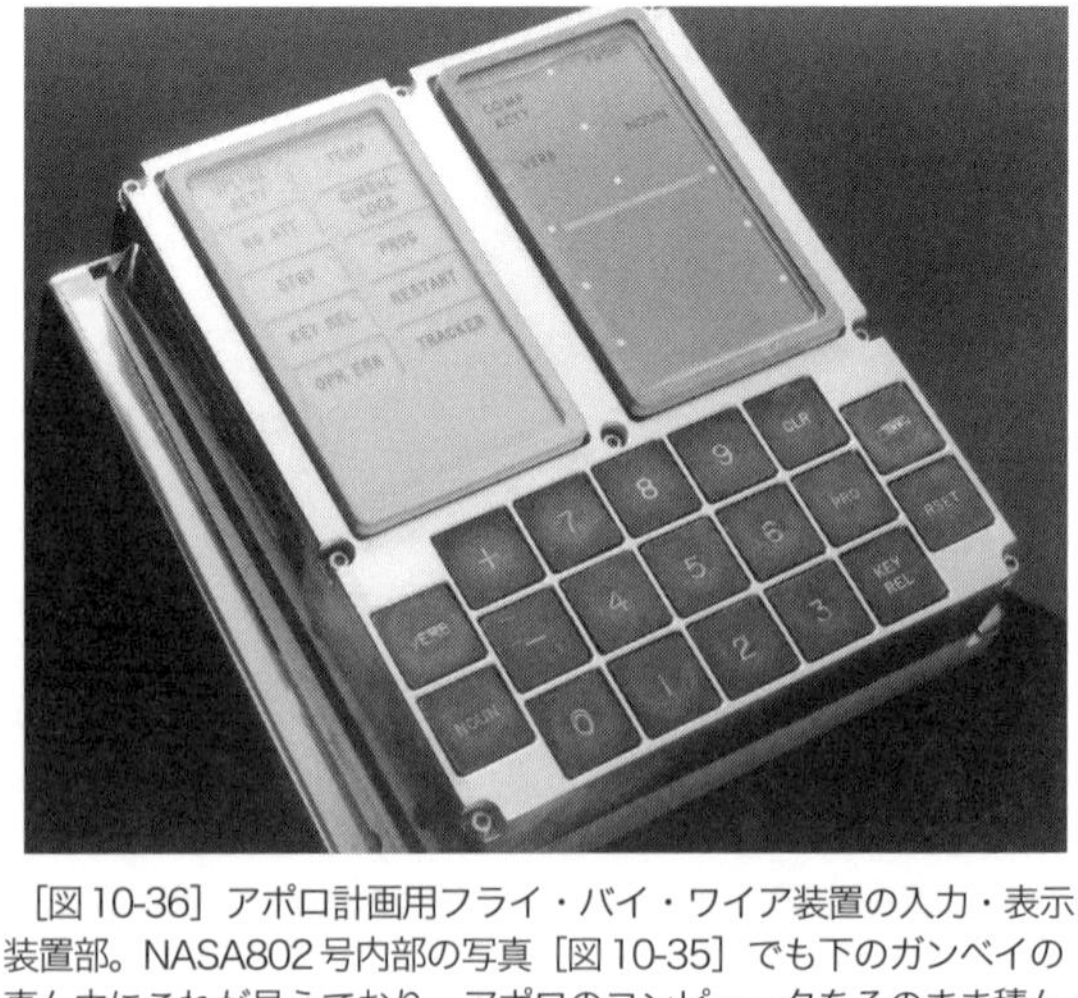

［図10-36］アポロ計画用フライ・バイ・ワイア装置の入力・表示装置部。NASA802号内部の写真［図10-35］でも下のガンベイの真ん中にこれが見えており、アポロのコンピュータをそのまま積んでいたことが分かる（Photo：NASA）

ある意味、機体設計以上にノウハウの蓄積や設計経験の有無が問われる部分であり、Ｆ-２の開発に当たりＦ-16のフライ・バイ・ワイヤプログラムの提供が拒否されたのは、当たり前と言えば当たり前の話だったわけです（ただしあれはそれ以前にイスラエルがＦ-16のフライ・バイ・ワイヤプログラムが中国に流出する原因をつくってしまった影響らしく、日本はその迷惑を被った面があったらしい）。

6　スタンダードを変えたＦ-16の新技術④——コクピットと操縦桿

革新的だったコクピットと操縦桿

Ｆ-16はコクピットのレイアウトと操縦入力装置においても、従来の機体にはない革新的な工夫を多数採用しています。

Ｆ-16から採用された、①30度後ろに傾斜して搭載されているシート、②右手の手元にあるサイドスティック式の操縦桿、そして③その操縦桿とスロットルレバーに多数のスイッチ類を取り付け、操縦中に手を離さずに操作できるような設計、などなど、その多くがのちの機体にも引き継がれました。さらに④視界のいいコクピットは「機体の中ではなく、機体の上に乗っている気がする」と言うパイロットもいたように、まさに革新的な機体となったのです。

ただし、これらは狙ってやった部分より、現実的にそうするしかなかったという面も多かったのでした（笑）。

(1) スペースの問題で30度傾斜された!?

まず、機首下に空気取入れ口をもってきたため、［図10-37］からも見て取れるように機首部の上下幅が極めて狭い、つまり底の浅い構造になっています。よってこの位置にコクピットをつくると、いくつかの制約が出てくるのです。

［図10-38］のＦ／Ａ-18のコクピット部とその下の胴体部分を、［図10-37］のＦ-16と比べるとよく分かるでしょう。コクピットのすぐ下が機首下面であるため、座席がかなり高い位置に、傾けて設置されてあるＦ-16と、十分な厚みがあるので普通に胴体内に座席が埋め込まれているＦ／Ａ-18の違いを見てください。

この機首部の底の浅さから、Ｆ-16の操縦席はかなり高い位置に置かれ、ここから「機体の上に座っているようだ」とされる極めて視界のいいコクピットが生まれることになります。

さらにこの底の浅い部分に収めるため、シートは30度後ろに倒して搭載されることになりました。F-16のパイロット座席が後ろに倒した状態で搭載されている(リクライニングではない。シートそのものが30度傾けて搭載されている)のは、パイロットの快適性を追求したからではなく、場所が狭くて普通には搭載できなかったからなのです。

しかし結果的に、これがリラックスした姿勢を生みました。

[図10-37] 機首部の上下幅が極めて狭いF-16の操縦席

[図10-38] F/A-18のコクピット部。F-16と比べると機首部の上下幅に余裕がある

ほとんど３６０度が見渡せるとされる高い座位置と視界のいいキャノピー（天蓋）と併せ、新世代の戦闘機を印象づけることになったわけです。

しかし、これは結果的にそうなってしまった、という部分が大きいのでした。すなわち、この座席の傾きはいわゆる「高Ｇ旋回時のパイロットへの負担を減らす」という目的で設計されたものではありません。

ただし、これによって旋回中の加速度（Ｇ）で生じる垂直下方向の力のベクトルが分解されるのもまた事実で、30度の傾斜なら、約13％ほどパイロットが受ける垂直方向の力は弱くなります。これは高いＧだと意外に大きな影響があり、かなりきつい旋回となる７Ｇ以上だとほぼ１Ｇ近く力は小さくなるのです。よって体が感じる負担はそれなりに軽減されます。

しかしここで注意したいのは、それは垂直方向に感じる力が小さくなり、背骨の負担が小さくなるだけの話です。高Ｇ旋回で問題になるブラックアウト（視界の喪失）や失神などは頭部への血液量の問題ですから、話は別です。

血液は心臓のポンプとしての力だけでなく、毛細管現象なども使って肉体の細部に血を送り込んでいますから、どの方向であれ、７Ｇとかの強烈な力が体にかかると（体重が7倍になったに等しい）これが上手くいかなくなります。

実際、高いＧを掛けて空中戦をやった後、地上に戻るとパイロットの体のあちこちに毛細血管が破れたらしい内出血（あざ）ができているそうで、血管の問題を考えるとこのあたりは話はそう簡単ではないでしょう。

なので座席の傾きは、少なくとも背骨の負担は小さくなるけど、ブラックアウトや失神などの防止までを期待できるかは分からない、というところだと思われます。

(2) スペースの問題で操縦桿を小さくし、横に移動

そしてもう一つの革新的な工夫として、床から生えている操縦桿ではなく、右手下に配置するスティック式操縦桿にしたのも、実はこのコクピットの狭さが理由の一つでした。

開発責任者のヒルカーによれば、Ｆ-16世代から大型モニター類を搭載したため操縦桿を置く場所がなく、操縦桿を操縦席の横に移動し、しかも手首だけで動かせる小型のものに変えてしまったとのことです。当然、これはフライ・バイ・ワイヤだったからこそできたことです。

［図10-39］を見ると、右手側にあるスティックが操縦桿となり、武装類などのスイッチもここに集められ、飛行中に手を離さずに操作できるように工夫されています。この方式の操縦桿は以後のアメリカ空軍戦闘機の標準となり、Ｆ-22やＦ-35で

もこの形態になっています。もっとも、のちにフランスのラファールがこの形式を採用していますが、他のヨーロッパ系やロシア系ではそれほど採用例がありません。

［図10-39］座席シートが30度後ろにそのまま傾けられており、座席中央ではなく右手側にある操縦桿（サイドスティック）が配置されているF-16のコクピット（Photo：Edvard Majakari）

いずれにせよ脚の間から操縦桿が消えたことで、そこにレーダーモニターなどの大型の計器類を置く場所ができたことが分かるでしょう。のちにいわゆるグラスコクピット、つまり計器類がコンピュータディスプレイ表示のものに進化すると、ここには水平儀などが置かれるようになります。

余談ですが、計器類はなんでもかんでもデジタル化してヘッド・アップ・ディスプレイ（HUD）に投影すればいいというものではないそうで、戦闘機パイロットの話によると、どっちを向いているかで直感的に読み取れる指示器のような計器は従来のままのほうがいいそうです。

さらにF-16ではキャノピーとウィンドシールド（風防）を一体化し、前方視界を遮るものはまったく何もない形状にしました。

F-16は上に跳ね上げたキャノピーが前部まで一体化され、なんら視界を遮るものがありません。対してYF-17にルーツをもつF／A-18では旧来の前部風防と、その後ろのキャノピーに分かれた構造になっているのです。［図10-40］

〔図10-40〕従来の戦闘機（写真はF-15E）は開閉するキャノピー部分と、バードストライクなどに耐えるために強度を重視した風防部分は分かれているが（写真下）、F-16では前方視界を重視し、天蓋と風防を一体化している（写真上）。なおF-2では風防が復活している

この視界の優れた一体化型のキャノピー風防はF-22にまで引き継がれましたが、F-35では一体化型キャノピーのまま、わざわざ枠を前部に付けてしまいました。これの理由は私にはまったく想像がつかないのですが、前に開くという変な構造と併せ、なんらかの妥協の産物だとは思います。

ステルス機にとってコクピットは最大の鬼門で、できればなくしたいくらいのものです。それでも果敢に視界確保にいったのがF-22で、はなっから諦めて後方視界を捨てたのがF-35だとも言えます。それぞれが実戦投入されたとき、特に下後方からミサイルで追いかけられたとき、その是非が問われることになると思います。

7　YF-17とYF-16の試作競争

再び軽量戦闘機（LWF）計画に話を戻します。とりあえず試作機制作まで勝ち進んだ、ノースロップ（YF-17）とジェネラル・ダイナミクス（YF-16）の両者の機体を少し詳しく見ておきます。

新エンジンが泣き所となったノースロップのYF-17

兵器商人トーマス・ジョーンズ

ノースロップはF-5E→P-530コブラ→YF-17コブラと発展させました。ノースロップに声がかかったのは先に見たようにF-5の存在が大きかったのですが、当時、同社ではP-530という安価で小型の戦闘爆撃機を例によって自主開発し、アメリカ国外での販売を目論んでいました。

ノースロップはF-5シリーズでコストの低い戦闘機をつくってドーンと世界中で売るビジネスを展開、マクナマラ登場後の1960年代の世知辛い軍用機業界を生き抜いていました。それには当時の社長、トーマス・ジョーンズ（Thomas V. Jones）の手腕が大きく、彼は有能なセールスマンとして名を売っていたのと同時に、極めて政治的な動きをする兵器商人としても知られていました。

彼は1972年の大統領選でニクソン陣営に違法献金を行ない、のちのウォーターゲート事件に関連して有罪判決を受けています。これで形式上は社長を引退するものの、事実上の経営権はジョーンズが握ったままで実に1989年になるまで彼がノースロップを引っ張っていくことになるのです。［図10-41］

とにかく政治的な胡散臭さでは、CIAやアレン・ダレスと組んでいたロッキードのスカンクワークスに匹敵するか、それ以上という面があるのが当時のノースロップでした（最終的に軍用機メーカーで生き残るのがこの2社なのは興味深い）。このため軍からはだいぶ警戒されていたようで、のちに海軍がF／A-18の主契約社に開発元のノースロップではなく、マグダネル・ダグラスを選んだのはその影響があったという見方もあります。

［図10-41］F-5シリーズを世界各国に売り込んだトーマス・ジョーンズ（1920〜2014年）。スタンフォード大学卒業後にダグラスへ入社し、1953年にノースロップへ移った。戦後のノースロップを巨大企業に育て上げたが、汚職事件などにも関わり功罪相半ばする人物だった（Photo：Northrop Grumman）

自社開発のＰ-５３０からＹＦ-17を再設計

Ｆ-５での成功体験があったため、１９６０年代後半に入るとノースロップはその後継機を開発し、夢よもう一度という計画を立ち上げます。これがＰ-５３０という開発ナンバーをもち、コブラの愛称で呼ばれる戦闘爆撃機でした。例によってアメリカ空軍は無関心なので、自社開発でスタートさせています。

しかし、さすがに単独開発では無理があると思ったノースロップは、エンジンメーカーのジェネラル・エレクトリック（ＧＥ）に声をかけ、その新型エンジンの採用を前提に計画への参加と出資を求めました。

この段階でＧＥはＦ-５シリーズのおかげで大儲けとなっており、こちらも夢よもう一度という感じでこの話に乗ってきます。アメリカの企業としては極めて堅実で鉄板経営のＧＥが山師とすら言えるジョーンズと組むのは意外な感じもしますが、それだけ彼がセールスマンとして優秀だったということかもしれません。

こうしてＰ-５３０コブラの開発が１９６８年頃にはスタート。１９７１年夏のパリのエアショーに原寸大モックアップを展示できるまでになります。しかし残念ながら、当時これに興味を示す国はありませんでした。

［図10-42］P-530、YF-17、F/A-18A、ついでにF/A-18F スーパーホーネットの上面図。P-530 と YF-17 では形状が大きく変わっていることが分かる

そしてその直後、１９７１年12月に軽量戦闘機（ＬＷＦ）計画に試作機製作の予算がつくと、ノースロップはＰ-５３０を基にした機体の制作を決定します。ただしＰ-５３０はすでに戦闘爆撃機として設計されていたため、ボイドたちの要求に応えるには、ほぼ全面的な設計変更が必要となったようです。［図10-42］

ちなみにこの時期からノースロップはＮＡＳＡとＬＥＲＸについての共同研究を開始しており、その成果からＹＦ-17になった段階では

大きく形状が変わっています。その後、最終的に社内開発ナンバーはＰ-600に、そして空軍からはＹＦ-17と命名され、1974年6月、初飛行に成功します。

このＹＦ-17はＹＦ-16に比べるといくつかの点で対照的でした。まず操縦系は保守的でフライ・バイ・ワイヤは不採用。操縦桿も普通のモノで、ＹＦ-16に比べると旧態依然とも思える部分がありました（先に説明したように、のちにＦ／Ａ-18はデジタル・フライ・バイ・ワイヤを採用するが）。

そしてすでに熟成が進んでいたＦ-15と同じエンジンを単発で採用したＹＦ-16に対し、新規開発のエンジンを採用したことがＹＦ-17の大きな泣き所となりました。新しいエンジンを選んだ機体の宿命でもあるのですが、Ｆ／Ａ-18試作型までを含めると、最低1回のエンジン爆発による墜落と、3回以上のエンジン内部の融解による不時着が記録されています。これが大きなマイナス要因として、この機体の落選の一因ともなりました。

ＹＦ-17とは似つかない戦闘爆撃機に改造されたＦ／Ａ-18

最終的に空軍では不採用に終わるＹＦ-17ですが、よく知られているようにその後、海軍が採用を決定し、のちのＦ／Ａ-18の原型となりました。まあ、あくまで原型であり、大幅に改造されてしまって最終的には似ても似つかない〝重くて高い戦闘爆撃機〟という、ちょっとアレな機体になってしまうのですが……。

これは、Ｆ-14があまりに高価なうえに、予想されたほど高性能でもなかったため、議会が空軍の軽量戦闘機（ＬＷＦ）計画の採用を海軍にも求めた結果でした。さらに大量引退を控えたＦ-4の後継機や、新たな艦上戦闘爆撃機を採用する必要にも海軍は迫られており、これをＦ-14で置き換えるには高価すぎたのです。

当初は海軍もＦ-16の採用を迫られるのですが、単発エンジンであることや、電磁波攻撃に弱いと思われるフライ・バイ・ワイヤであることを理由に海軍にはこれを拒否。まったく逆と言っていい機体であるＹＦ-17が採用されたのです。

ただしこのあたりの理由は、海軍が空軍と同じ機体を使用するのを嫌っただけで、すべて嘘だと思います。単発機もこれまでいくらでも艦載機として採用していましたし、Ｆ／Ａ-18は最終的にデジタル・フライ・バイ・ワイヤにしてしまったわけですから（そもそもＦ-16のフライ・バイ・ワイヤが戦術核レベルの電磁波では問題ないことは、空軍が実験で確認済みだった）。

余談ながら、Ｆ／Ａ-18の発艦は完全に自動化されており、むしろ人間が手を出すと危険だそうで、パイロットはカタパルトから打ち出されて空中に浮かぶまで、操縦系から手を離して風防の枠に付いている取っ手を握っています。

さらに言うなら、この時期、アメリカ海軍も艦隊防空システムをイージス艦に切り替えつつあり、Ｆ-14は使い道に困る機体に成り下がる可能性が高かったのでした。そもそもＦ-４もＦ-14も、本来は空母に攻撃をしかけてくるソ連の高速爆撃機を迎撃するための防空ミサイル戦闘機でした。

艦隊周辺上空に張り付き、驚異となる敵攻撃機を遠距離から発見し、後は誘導ミサイルで撃墜する機体なのです。このため、Ｆ-４もＦ-14も多くのミサイルを積んで、高度なレーダー兵器用の操作員を後部座席に乗せています。

しかし、何十機もの機体から無数のミサイルで飽和攻撃（迎撃できないほどの数を撃ち込む）するつもりだったソ連の攻撃に対し、６発のフェニックスミサイルしか積めないＦ-14では対応しきれないのは明らかでした。

その解決策としてアメリカ海軍が開発したのが、イージス艦となります。高度なレーダーと電子機器により、同時に10以上の目標に誘導ミサイルを撃ち込める艦船で、これを数隻ほど（通常は６～10隻程度）空母に張り付けておけば、防空能力は十分だと考えられたのです。

１９７０年代後半にはその実用化に目処が立ちつつあり、そうなると空母に必要なのは戦闘爆撃機だけになるのですが、その任務にＦ-14を使うのはさすがに無理があると海軍も判断したことになります。

なので、Ｆ／Ａ-18は最初から戦闘爆撃機として採用を検討されており、特に地上攻撃のほうが主だと考えられていました。ある意味、Ｐ-５３０コブラへの先祖帰りなのですが、この結果、大型化・重量増は避けられず、空中戦能力はＹＦ-17に比べるとがた落ちになりました。

改造の最大のポイントは翼面積を拡大し、爆弾搭載用の懸架部を追加したことでした。この結果、主翼強度が低下し、エルロンリバーサル（意図した方向とは逆にロールしてしまう現象）が発生。最悪のロール性能を示し、海軍関係者を呆然とさせることになります。

当然、これでは使い物になりませんから、エルロンの大型化や、さらには数百キログラム以上とされる主翼構造への補強材が追加され、機体はさらに重くなってしまいます。しかもこの重量増から脚に負担がかかり、その後、１件の死亡事故を含め、主脚の破損による事故が連発されます。

ノースロップのその後と輸出面での失敗

ちなみに1979年から産みの親ノースロップと育ての親マクダネル・ダグラスが、F／A-18の販売権をめぐって訴訟合戦を始めてしまいます。これが実に1985年まで続きました。最終的にはノースロップが5000万ドルを受け取る代わりに、F／A-18の海外販売を海軍とマクダネル・ダグラスに一任したようです。

ノースロップのトーマス・ジョーンズは安価な機体を海外に売りまくるF-5の成功体験がずっと忘れられなかったようで、当初、艦載機型ではなく地上用の、より軽量安価なF-18Lという機体の開発を目論んでいたのですが、（先の取り決めをしたため）海外販売には見切りをつけます。その代わりF-5Eの発展型（F／A-18と同じF404エンジンを搭載した単発機）とも言えるF-20の開発を開始するのですが、こちらは結局、まったく売れませんでした。［図10-43］

［図10-43］F-5EタイガーIIの性能向上型として開発されたF-20タイガーシャーク。F-5を導入したようなアメリカと同盟関係にある中小国へ売り込む予定だったが、そのときすでにアメリカ空軍の採用が決まっていたF-16の存在もあって、採用する国はなかった

理由は単純で、同じ安価な戦闘機としてはF-16がすでに登場しており、「F-5とそんなに変わったように見えないF-20タイガーシャークより、最新世代のF-16のほうがいいよな」と思われたためでした。またアメリカ空軍もF-16の販売を全面的にバックアップしていました（そもそもF-16は最初から輸出前提の機体となっており、それによって調達価格を下げるのが採用条件の一つだった）。

つまりノースロップはF-5の後にP-530、F-18L、F-

20と、３つも機体開発を行なって全部失敗したわけですが、よく潰れなかったものです（F-18Lは試作機制作までも進んでいなかったようだが）。もっとも、ノースロップはこの後、ロッキードと並んでステルス機の開発で大儲けすることになります。

　最終的にF／A-18は性能の割には極めて高価な機体となってしまい、海外販売では大きくF-16に差をつけられます。参考までに１９９０年頃の価格でF-16Aが約１５００万ドル前後、F／A-18Aが約３０００万ドル前後とされていますから、同じ予算でF-16ならF／A-18Aの倍の数が買えるのです。これでは売れるわけがないでしょう。

　性能的にも見るべき点はなく、のちの湾岸戦争では多国籍軍で唯一、空中戦で撃墜された機体と考えられています（しかも相手は〝直線番長〟MiG-25）。この機体は事実上の失敗作と判断していいと思います。

社運を賭けたジェネラル・ダイナミクスのＹＦ-16

お蔵入りデザインの再利用だったＹＦ-16

　一方のジェネラル・ダイナミクスは、F-１１１が完全な失敗作に終わり、F-X計画のときはそのF-１１１の生産と不具合の修正に手一杯でまともな提案ができず、あっさりと敗退、もはや後がなくなりつつある状況でした。昔のようないくらでも軍用機が開発される時代は終わり、次の仕事を何としても確保しないと会社が存続できなくなるのです。

　そこに１９６９年夏、例のファイターマフィアから軽量戦闘機（ＬＷＦ）の研究がもちかけられます。これはボイドと親しかった同社のヒルカーを通じての打診だったようですが、まだ何の具体性ももっていなかったこの計画に、ジェネラル・ダイナミクスは飛びつくのです。

　そしてエネルギー機動性理論を基に、F-１１１の主任設計者だったウィッドマーがこの機体でも設計担当者を務めます。ここから「４０1型（Model 401）」と呼ばれるのちのYF-16の開発がスタート。とりあえず初期デザインはかつてジェネラル・ダイナミクスが参加していた「発展型昼間戦闘機（Advanced Day Fighter：ＡＤＦ）計画」のときのものを流用することにしました。

　ここで少し時間を戻し、１９６５年頃の空軍の戦闘機開発計画について説明しておきます。当時、空軍としてもF-Xの開発方針が定まっていなかったことはすでに第九章で書きました。その迷走の中で登場したのが、索敵レーダーを搭載しないで昼間の空中戦に特化した安価な機体、「発展型昼間戦闘機計画」でした。

この計画は未だによく分からない部分が多く、詳細は不明なのですが、とりあえずMiG-21を仮想敵にし、安価で大量配備できる戦闘機をつくろうとしたようです。ただし、この発展型昼間戦闘機計画はあまり熱心に推進された様子がなく、最後はソ連のMiG-25の登場により、「こっちも大型機で対抗理論」が台頭。さらにF-X計画が軌道に乗ったため、あっさり中止となってしまってしまいます。

この計画にジェネラル・ダイナミクスも参加していました。中止になった段階では、とりあえず機体デザイン案がいくつか出来上がっていた、というレベルだったみたいですが、これをLWF計画に持ち込んだのでした。そしてその中の一つが、YF-16の原型、401型になっていきます。

つまり、お蔵入りになりかけたデザインを再利用したわけで、LWF計画ではジェネラル・ダイナミクスもノースロップと同じく、別の目的で準備していた計画機を再利用したことになります。そんな両者がのちの空軍と海軍の主力戦闘機をそれぞれ生み出してしまうわけですから、世の中ってのは分からないものです。

F-4とF-111の設計責任者が関わることに

そして1971年末に軽量戦闘機（LWF）計画の試作機製作が認可され、1972年の春にはその要求仕様（REP）が発表されると、ジェネラル・ダイナミクスはこの仕事にウェイトをかけ始めるようになります。この段階までに、ほぼ毎週のようにヒルカーはワシントンDCに呼び出され、ボイドたちとの打ち合わせを続けていました。そして試作機の予算が付いたあたりから、全社を挙げて、この計画に関与するようになります。
その原動力となったのが、1970年にマクダネル・ダグラスの社長からスカウトされてやってきた新しいCEO、デービット・S・ルイス（David S. Lewis）です。ルイスは元はマグダネル・ダグラスの航空力学技術者で、あのF-4の設計責任者だった男でした。そこからマクダネル・ダグラスの社長（President だがCEOなのかは不明）まで昇り詰め、1970年に新たにジェネラル・ダイナミクスにやってきていたのです。［図10-44］
なのでF-16は、F-4の設計責任者ルイスと、F-111の設計責任者ウィッドマーが関わりながらつくり出された機体と言うことができます。両機ともボイドが目の敵にした重くてデカイ機体ですから、この二人がF-16のような戦闘機を生み出したのは何か不思議な感じです。逆に言えば、きちんとした理論がなければ、どれほど優れた技術者でも良い機体はつくれないということなのかもしれません。

ちなみにルイスは、F-15（F-X）の開発段階でのマクダネル・ダグラスの社長でした。なのでマグダネル・ダグラスのF-X案にも関与していたと言われています。そしてF-16の開発段階ではジェネラル・ダイナミクスのＣＥＯでしたから、F-4、F-15、F-16とアメリカ空軍の主力戦闘機闘機に、常に関わり続けてきた人物なわけです。

［図10-44］1978年のパリ航空祭でF-16Aに搭乗した際のデービット・S・ルイス（1917〜2003年）。マクダネルで開発したF-4が大成功を収め、1967年のダグラスとの合併を機にCEOに就任。1970年にはジェネラル・ダイナミクスのCEOに就任して、F-16の開発で大きな役割を果たした

このルイスのF-16への社運の賭け方は半端ではなく、ＣＥＯ自ら設計に殴り込みます（元設計屋なのだ）。特にF-15の開発経験から、その性能に惚れ込んでいたＦ-１００エンジンの採用を決定したのはルイスだったと言われています。こういった、社長が現場に乗り込んでくるパターンは普通ロクな結果を生まないのですが、ルイスに限っては大正解だったわけです。

ちなみにＣＥＯ自らが開発部隊のいた工場の近所に引っ越してしまう、ということまでやったとされます。ついでながら、この人はボイドが熱力学に出会った南部の名門校、ジョージア工科大学の出身のようです。

こうして制作されたＹＦ-16は、ＹＦ-17より半年ちょっと早い１９７４年1月20日に初飛行し（予定外で浮いてしまって、事故を避けるためそのまま飛ばしてしまった）、その年の夏から飛行選抜試験（Fly off）に臨むことになります。

8　雪だるま式に巨大プロジェクトへと成長

日陰プロジェクトがF-Xと並ぶ規模へ

軽量戦闘機計画に話を戻します。こちらはこちらで大規模な動きがありました。

すでに見たように軽量戦闘機計画は試作機製作予算が1971年末に与えられ、1972年2月からノースロップとジェネラル・ダイナミクスがその設計に入ります。そこで両社の試作機体ナンバーは実験機を意味するXではなく、先行試作を意味するYが与えられ、YF-16とYF-17となりました（実験機扱いのX-35からいきなり量産型の生産に入ったF-35は特殊例と言える）。

つまり、いつの間にやら正式採用が前提の話になっていたわけです。

それどころか1974年後半になると、競作の勝者となった機体は、数の上でアメリカ空軍の実質的な主力戦闘機となることがなし崩し的に決定されていきます。F-15の陰に隠れて冷遇されていた軽量戦闘機計画でしたが、選定飛行試験が行なわれた1974年夏以降、アメリカ空軍だけでもF-15に匹敵する650機を購入することが明らかにされていました。

さらにNATO加盟の小さな4ヵ国、ベルギー、オランダ、デンマーク、ノルウェーが、次期主力戦闘機を同時購入することで有利な取引条件を各国から引き出そうとする計画をスタートさせます。そして軽量戦闘機コンペの勝者はその有力な候補となり、のちに正式にこれが決定となります。そのライバルはフランスのミラージュF-1やスウェーデンのサーブ37ビゲンで、そこに例のノースロップがいろいろちょっかいを出すのですが（笑）、最終的にアメリカ空軍が援護に回ったF-16が勝者となりました。［図10-45］

とりあえず、あれだけ空軍上層部から目の敵にされていた機体だったことを考えれば、まさにシンデレラも裸足で逃げ出すような大逆転でした。そこに至るまでの経緯も確認しておきます。

国防長官をバックにつける

まず、タイの基地に赴任してベトナム戦争に関わっていたボイドが1973年春にペンタゴンに戻ってきます。

ここで彼は、かつてリッチョーニが就いていた開発計画室の責任者とされました。実はあまり大きな権限のない役職だったとされますが、ボイドはこの開発関係の責任者という肩書きを盾に、軽量戦闘機計画やクリスティが進めていたA-10の開

［図10-45］1971～2005年に運用されたスウェーデンのサーブ37ビゲン（稲妻）。無尾翼・デルタ翼にカナード翼を備えるという特徴的な外見で、戦闘機には珍しく逆噴射装置も備えていた。それによって優れたSTOL性をもち、戦時に非正規の滑走路からでも離陸ができた。写真は対地攻撃任務メインのAJ型。他には偵察任務のSF/SHや空対空任務メインのJA型がある

発を推し進めます。同時に、当時空軍がスタートさせていた超音速戦略核爆撃機B-1を徹底的に批判する立場を取ります（この話はまた後で）。

そして同年、エグリン基地のコンピュータ部門の責任者となっていたクリスティがペンタゴンに呼ばれ、国防長官直属として空軍と海軍の航空予算を監視する、国防省戦術航空計画室（Tactical Air Program in Office of The Secretary of Defense：Tac Air）の担当者に就任。そしてその立場から、軽量戦闘機計画の援護に回りました。のちに彼は民間人として国防省の重要な役職を歴任し、ボイドを密かにバックアップしていくことになります。

そんななかでも計画に最も影響があった人事は、その1973年7月に国防長官にシュレシンジャー（James R. Schlesinger）が就任したことでした。当時44歳とまだ若かった彼は政治家によくあるタイプの、自意識の強い野心家でした。このため就任直後から自分の功績としてはっきり認められる計画を動かしたいと考えたようです。［図10-46］

この野心が航空部門に向けられるのですが、いかんせん彼は素人でした。そこで国防長官の補佐官として空軍から来ていた士官、ハロック（Richard Hallock）がその相談を受けることになるのです。

ここでファイターマフィアの政治的駆け引き担当である、ス

［図10-46］1977年、エネルギー長官（United States Secretary of Energy）時代にカーター大統領と話すジェームズ・シュレシンジャー（写真右。1929〜2014年）。ニクソンとフォード政権で国防長官を務め、A-10やF-16の開発を支援した。国防長官となる前のCIA長官時代には大胆な組織改編を行なって局員の反発を買い、肖像画にいたずらをされるので監視カメラを取り付けたとも言われる

プレイの登場となります。スプレイはハロックとも親しく、その紹介でシュレシンジャーに接近すると、自分のA-10計画とYF-16&YF-17の軽量戦闘機計画を説明し、彼の野心の対象としてこれを推薦したのでした。

　そしてシュレシンジャーは、この話に乗ってきました。こうして国防長官をバックにつけたことで、軽量戦闘機計画、さらにA-10の計画は一気に現実味を帯びてきます。そしてシュレシンジャーの下で、空軍の予算を監視する立場にあったのがクリスティだったわけですから、もはや無敵の布陣と言えます。

　ちなみにシュレシンジャーはニクソン大統領の辞任などもあり、わずか2年ちょっとで国防長官の座を去るのですが、このスプレイとの出会いで、F-16、A-10、F／A-18という、のちのアメリカの航空戦力の中核を導入した国防長官として名を残します。その野心はある程度達成されたと見ていいでしょう。

「ハイローミックス」は後付け!?

　この状況下で1973年作成の翌年度空軍予算案に、軽量戦闘機の量産計画の準備費用が計上されます。ところが一度は空軍上層部がこれを拒否し、予算から削ってしまいます。しかし、ここで国防長官の下で予算を管理する立場にあったクリスティが割って入り、最終的にはこの予算を認めさせてしまいます。

　その間にも、YF-16とYF-17の試作機の製作は順調に進み、1974年1月にYF-16が、6月にYF-17がそれぞれ初飛行に成功します。これを受けて2月に入るとシュレシンジャー長官は予算の権限をもつ議会に対し、軽量戦闘機計画を単

なる技術的な実験から、正式な戦闘機開発へ移行するように要請するのです。

当時、異常なまでに高額な機体になりつつあったＦ-15とＦ-14に対し、なんらかの歯止めが必要だと考えていた議会は、あっさりとこれを承認します。この結果、4月には軽量戦闘機（ＬＷＦ）計画は「空戦戦闘機（Air Combat Fighter：ＡＣＦ）計画」と改名され、この段階でＦ-４やＦ-１０５の後継機とされて正式な採用が決まります。

つまり、純粋な戦闘機から、戦闘爆撃機に近い多用途機(Multi Role Fighter)へとその任務が変更されてしまったのと引き換えに、正式採用が決定されたことになります。

ちなみに皮肉にも、Ｆ-15はあまりに高価だったため、空軍は損害が大きい対地攻撃任務に投入する気はまったくなく、ボイドが望んでいた純粋な空戦用戦闘機として運用されていきます（ただしのちにコストがだいぶ下がってから、Ｆ-15Ｅという戦闘攻撃機タイプがつくられることになるが）。

そしてこの段階で初めて「ハイローミックス（High-low mix)」、つまり高価で高性能なＦ-15を柱に、安価なＦ-16でこれをカバーする、という概念が登場してきます。誰がこれを言い出したのかは分かりませんが、とりあえず途中から出てきた説明であり、こじつけにすぎません。Ｆ-16はそんな発想が出てくるはるか前から開発はスタートしており、しかものちに実質アメリカ空軍の主力機になってしまいますから、そもそもそんな機体ではないのです。そもそも英語圏の資料ではHigh-low mixなんていう言葉自体をあまり見かけません。

空軍の反対派を抑え込む

その後、一連の飛行試験で明らかになったのは、ＹＦ-16やＹＦ-17はＦ-15を一部で凌駕してしまうほどの性能をもつ戦闘機だ、という事実でした。もはや安価で補完する機体だの言っている場合ではないわけで、このため計画はＦ-15を超えるほどの巨大プロジェクトに成長していきます。

ただしこの段階では、まだ空軍は基本的に採用反対の姿勢を崩していません。「Ｆ-15に比べてはるかに安価な空戦戦闘機（ＡＣＦ）を大量購入する」ということは、「Ｆ-15の採用数が減り、自動的に予算も減る」と思われたからです。Ｆ-16の開発責任者ヒルカーによると、当時の空軍関係者は口を開けばＦ-15のことばかりで、ＹＦ-16について話すのはタブーのような雰囲気すらあったとされます。

しかし、ここでシュレシンジャー国務長官が超必殺技を使います。

まずＦ-15の生産数を増やすことは禁じたものの、現段階から削減もしないとします。さらに安価なＡＣＦを受け入れれば大量導入が可能であり、１９７４年に22個だった戦闘航空団(Fighter Wing) を26個まで拡大させてよいという提案を、空軍参謀総長のブラウン (George Scratchley Brown) に対して行なうのです。

軍にとって予算の確保と同時に、組織の拡大ほどありがたい話はありません。上位の役職が増えれば、従来なら退役していた連中が、より長く空軍でメシを食っていけることになるわけですから。よって参謀総長にとって、組織の拡大ほど名誉となることはないわけで、これはあっさり受け入れられることになります。

こうして空軍トップのブラウン参謀総長がＡＣＦの支持派に回ります。ちなみに彼は１９７４年2月の段階で、空軍内の機関紙に国防長官に真っ向から対立する反軽量戦闘機（ＬＷＦ）の論陣を張っていたので、その転進はかなり〝見事〟なものでした。なおブラウンはこの年に退役するのですが、その後、統合参謀本部総長に就任しています。

それでも当時はまだ戦略爆撃系の連中が空軍を牛耳っていましたから、戦闘機の航空団が増えるというだけでは、反対派は消えませんでした。しかし、この点は空軍内部の問題ということで、推進派の中で唯一の現役空軍士官だったボイド大佐に対策が一任されてしまいます。

さて、ボイドはどうしたのでしょうか。

まずは中将以下の将軍に、ＡＣＦの計画を説明するためのブリーフィングの開催を求めました。これが認められると、並み居る将軍の前に登場した彼はいきなり、ＬＷＦ計画がＡＣＦ計画に生まれ変わり、競作の勝者となった機体が空軍に採用され量産されることを宣言します。当然、会場は騒然となり、さらに反対派の将軍連中が大佐相手に遠慮するわけがありませんから、猛然とした反論を開始します。

ところが、ボイドはこれを平然と制止すると、「これは国防長官と空軍参謀総長の決定であり、私は単にそれを説明しているだけです。もはや議論の余地はありません」と宣言。一切の質問を受け付けず、ブリーフィングを打ち切って退席してしまいます。

説得も何もあったものじゃないですが、これで空軍内の反対行動は抑え込まれてしまいました。一部の将軍が議会関係者を通して反対工作を行なったりしましたが、政治的な工作ではスプレイの敵ではなく、一蹴されて終わります。こうして、いよいよＬＷＦ計画改めＡＣＦ計画は本格的に始動を開始し、１９７４年の後半から本格的な選定試験に入っていくのです。

海軍と海兵隊も参加し巨大プロジェクトに

このようにボイドたちが開発していた軽量戦闘機計画はそれまでの冷遇が嘘のようなシンデレラストーリーを、フルスロットルで駆け上がることになりました。

計画名称は空戦戦闘機（ＡＣＦ）計画に変更され、純粋な戦闘機から戦闘爆撃機に路線変更がなされたものの、競作の勝者にはアメリカ空軍だけで６５０機を超える採用が約束されました。さらにベルギー・オランダ・デンマーク・ノルウェー４ヵ国の共同購入戦闘機の最有力候補となり、こちらも３５０機近い数となるはずでした。両者で１０００機近く採用される可能性が高い、巨大なプロジェクトになりつつあったのです。

こうなると、ＹＦ-16のジェネラル・ダイナミクスもＹＦ-17のノースロップも、どちらも負けられない一戦となってきます。

さらに１９７４年10月には、海軍と海兵隊も空軍の軽量戦闘機（ＬＷＦ）改めＡＣＦ計画に参加し、コストを下げよ、という決定が議会でなされます。これによってＡＣＦ計画の勝者は、さらに８００機近い採用が見込まれ、もはやＦ-15もＦ-14も比較にならないほどの巨大戦闘機計画に発展してしまいます。

ただし海軍が乗り込んでいった１９７４年晩秋の段階では、空軍の飛行選考がかなり進んでしまっており、ほとんど何もできないままＹＦ-16の採用が決まってしまいます。ここらあたりの反感から、彼らは敗者であったＹＦ-17を強引に採用。事実上の再設計に近い作業をマグダネル・ダグラスに行なわせることになります。

ノースロップの機体をマグダネル・ダグラスが開発することになったのは、ＡＣＦの計画に海軍が参加する際、艦載戦闘機の設計や生産経験のあるメーカーの関与を求めたためです。ジェネラル・ダイナミクスもノースロップもその経験がなかったため、ＹＦ-16にはＬＴＶ（ヴォート）が、ＹＦ-17にはマグダネル・ダグラスが参加することになっていたのでした。

ただしノースロップの政治的な動きが嫌われた面もあり、いつの間にやらマクダネル・ダグラスが主になってしまい、これがのちにトラブルの元になった、というのはすでに述べました。

この再設計で、Ｆ／Ａ-18はかなりの性能低下を引き起こしたとはいえ、とりあえずボイドの思考を受け継いだ戦闘機がアメリカ海軍にも採用されたわけです。この後、ソ連もいつも通りアメリカの戦闘機のコンセプトをパクりますから、世界の空はエネルギー機動性理論に基づく戦闘機で埋め尽くされることになります。

ちなみに、この段階でF-14の発注契約をしたばかりだったイラン王国からYF-16に対して160機の仮発注がきます。ただしその後、経済的な事情で延期となり、その直後にイラン革命が起こって王室は失脚。受注は見込めなくなります。

このイランのキャンセルによって、次にF-16の導入を決めていたイスラエルへの納入優先順位が繰り上がります。その結果、予定より早く納入されたF-16を使って、1981年6月、イラクの原子炉に対しイスラエル空軍による長距離爆撃が決行されることになりました。これはイラン・イラク戦争(1980~88年)中であり、このイスラエルの乱入でイラクの核開発が中断されたわけですから、イランからすればキャンセルしてよかったという感じでしょう。

コンペでは現役パイロットに両機を操縦させる

空戦戦闘機(ACF)計画はそれぞれ2機の試作機を実際に製作し、両者を飛ばして勝者を決めるという飛行選考(Fly off)形式のコンペだったのですが、さらに変わったやり方を採用しました。

正式採用前の機体試験は、メーカーと空軍のそれぞれのテストパイロットで飛ばすのが普通です。ところが、このときはボイドの主張によって、現役の戦闘機パイロットがYF-16とYF-17の両方の機体を飛ばし、その意見を基に勝者を決定する方法が採用されました。危険すぎるという意見もあったようですが、まともな戦闘機パイロットなら大丈夫だとボイドは押し切ってしまい、このコンペでは実際に複数の戦闘機パイロットに両機を操縦させました。

さらに当時のアメリカがこっそりもっていたMiG-21やF-4との模擬空中戦をやるべきだとボイドは主張していたのですが、そこまで行なわれたのかどうかは確認できていません。

ちなみに選考が始まる前、機体データを基にコンピュータによるシミュレーションを行なってみたところ、航続距離と加速性&上昇力ではYF-16が上でしたが、ボイドが最も重視したエネルギー機動性理論における機動能力(Maneuverability)ではYF-17が圧勝とされていました。元戦闘機乗りでもあるボイドは、この結果から空中戦を前提としたテストではYF-17がパイロットから支持を受けるだろうと考えていたようです。

ちなみにボイド自身はこのコンペで飛ぶことはありませんでした。ボイドはちょっと不思議なところがあり、あれほどの

［図10-47］1972年12月1日にテスト飛行を行なった際のYF-16（手前）とYF-17（奥）

腕をもちながら一度現場を離れると、以後戦闘機パイロットという立場に一切未練を見せず、航空機の操縦すらほとんどやらなくなってしまったようです。

圧倒的支持を受けてＹＦ-16が勝利

結局、１９７５年1月に発表された選考結果では、ジェネラル・ダイナミクスのＹＦ-16が勝者となります。当時のシュレシンジャー長官の発表によれば、ＹＦ-16は航続距離と加速性だけでなく、機敏さや旋回率でも優秀だったとされています。

ここらへんの選考過程の詳しいデータは公表されていないはずですが、ボイドらへのインタビューによると、「圧倒的にＹＦ-16のほうがパイロットから支持された」とされており、よほど大きな差での勝利だったと思われます。

ボイドはこの結果に驚いたようですが、のちに視界の良さと操縦のしやすさがパイロットにＹＦ-16が好まれた理由だと考え、これがのちのＯＯＤＡループ理論に一役買うことになります。

ちなみにエンジンがＦ-15と同じで安定しており、さらに量産効果でＦ-15のエンジンまでコストが下がること、そして機体自体の価格の安さ（１９７４年秋段階の見積もりでＹＦ-16

が460万ドル、YF-17が520万ドル）も重要だったようです。

さらにF-16の意外な高性能部分として、航続距離の長さがあります。これも元はボイドの主張によるもので、F-16は胴体内に大型燃料タンクを積み込んでありました。そのうえ単発エンジンなので燃費も優れていますから、アメリカ空軍で最も航続距離の長い戦闘機はF-16になってしまったのです。

この航続距離の長さから、例のイスラエルが行なったイラクの原子炉への長距離爆撃ではF-16が使われることになったのです。

ACF計画のための改造をめぐって大論争に

こうして正式採用が決まったF-16でしたが、軽量戦闘機（LWF）計画時代の設計ですから、武装はヴァルカン砲とサイドワインダーしか搭載できず、レーダーも射撃管制用の3000メートル前後までの距離を測るタイプしか積んでいませんでした。

そのため、ここから空戦戦闘機（ACF）計画で要求された戦闘爆撃機型としての機能、つまり爆撃可能で、索敵用の大型レーダーを搭載した機体に改造する必要があり、その電子機器の搭載と合わせて機首部が大型化されます。この点、機体内部に多くの余裕があったYF-16なので、改造は最小限で済んだようです。

そこまでは良かったのですが、ボイドと関係者が大論争をすることになったのが、主翼面積の拡大でした。

爆弾などの搭載によって離陸重量が増加したため、揚力増加を目論んで、翼の面積を拡大することが決定されます。

しかし、これにボイドは猛反対します。彼は立場上、もうこの計画には口を出せなかったはずですが、猛烈に食い下がり、当初の3．7平方メートルの拡大計画を半分の1．8平方メートルの拡大に縮小させてしまいました。おそらく誘導抵抗などの増加を嫌ったのだと思われます。

ちなみにYF-16の翼面積が26平方メートル前後ですから、せいぜい10％前後の増加なんですが、ボイドによれば、これでも大幅な性能低下に繋がるそうで、彼は最後の最後までこの件については周囲に不満を述べています。

F-16はこの後もボイドたちの思想を離れ、重量増を重ねていくのですが（その最悪の例が日本のF-2）、それに耐えたのは基本設計が極めて優れていたから、という面が大きいでしょう。

コストの安さから米空軍の主力戦闘機に

そんな感じでボイドの理想からはまたも微妙にずれる形にはなったものの、十分な性能をもつ戦闘機としてＦ-16は完成し、量産も開始されます。

さらに１９７５年１月の勝者発表の段階では、この計画はさらに話が大きくなっていました。ＹＦ-16の見積もり価格の安さに驚いた議会と国防省関係者が、これならソ連と数で勝負ができると思いついたからです。

この結果アメリカは１９７５年から10年かけて、Ｆ-15の倍近い数となる１４００機のＦ-16を採用することを発表します。これはＦ-４の全配備数の約２８７０機に比べると半分ですが、それでも平時の配備数としてはかなりのものであり、数の上ではＦ-16はアメリカ空軍の主力戦闘機になったことになります。

Ｆ-16の性能を考えれば、この数は極めて脅威であり、アメリカ空軍は恐るべき戦力をここにおいて手に入れたことになります。すなわち朝鮮戦争から20年かかって、再びアメリカは世界の空を支配する力を取り戻したわけです。

ちなみにこの決定の背後には、「Ｆ-15は高すぎて数が揃わない」というジレンマがありました。戦闘機にとってコストは最重要項目の一つなのです。どんなに優秀でも、値段が高ければ数が揃わず、数が揃わなければ、兵器としての威力は大きく後退します。コストも重要な性能の一つだということはＦ-１１、Ｆ-14、そしてのちのステルス機で反面教師として次々に証明されることになるわけです。

当時、ソ連空軍が数で勝負にくるというのはアメリカ側の常識でした。すでにＦ-15は７００機を越える配備が決まっていましたが、ソ連とワルシャワ機構はヨーロッパ方面だけでも数倍の戦闘機をもっていました。ＭｉＧ-21なんて１万機以上、ＭｉＧ-23でも５０００機以上を生産していますから、７００機のＦ-15でどうするの？　という世界だったわけです。最悪10倍以上の敵戦闘機がいる空でＦ-15は生き残れるのか？　ライオンでも10匹のハイエナに同時に襲われたら無事で済むか？　という問題です。

ちなみに当時のアメリカ空軍は、「新型ミサイル（ＡＩＭ-７スパロー）を使えば、Ｆ-15が１機撃墜されるまでに９５０機以上のＭｉＧ-21を撃墜できる」というコンピュータシミュレーションを発表していたのですが、さすがに誰も信じず笑い話で終わります。実際、この後イスラエルによるＦ-15実戦デビューでスパローはものの見事に明後日の方向に飛んでいき、パイロットを悪い意味で驚かしたのはすでに説明しました。

F-16がアメリカ空軍の主力戦闘機となった最大の理由は、高性能と同時にその価格の安さだったのです。空戦能力なら、F-15でもF-16に対抗できないことはありません。ところがF-16はその低コストによってはるかに多くの数が揃えられました。

参考までに1975年初頭の段階でF-15Aの価格は約1500万ドル、F-16Aは先に書いたように約460万ドル。ただし、のちの改修で600万ドル前後まで上昇していますが、それでも半額以下です。そしてエンジンも1基だけですから維持管理費も低く抑えられ、同じ予算で倍以上の機体が運用できるのです。

数の上で2倍の差がついてしまっては、F-15はもはや敵ではなく、F-16は21世紀以降まで最強の空中戦兵器でした。さらにその後登場するソ連のSu-27とMiG-29は西側諸国の影響を強く受けた結果、ソ連機にしては極めて高価な機体になってしまい、それまでの大量生産・大量配備が不可能となります。この結果、両者を合わせてもF-16の全生産数の半分程度しかつくられておらず、全体的な兵器システムとしては完敗と言っていい状態に追い込まれます。F-16は機体性能、そして数で敵を圧倒する驚愕の兵器システムだったのです。

こうして究極の航空兵器としてボイドの夢はF-16に結実しました。ただしその夢の完成は、ボイドの空軍におけるキャリアの終焉も意味しました。1975年、彼は大佐の年齢制限を迎えつつあり、そこで空軍を去る決意をします。同時にスプレイもペンタゴンを去ることを決め、アメリカ空軍の戦闘機黄金期は、意外に早く終焉を迎えることになります。

9 B-1中止への道

B-1をめぐるドタバタ劇

引退を決めたボイドはまだ48歳でしたが、勤続年数が24年を超えているため、すでに軍人年金をもらう資格はありました。よって天下りなどをせず、それで生活するつもりだったようです。

同時に引退を決意したスプレイは、6月の年度終了とともにペンタゴンを去り、民間のコンサルタント会社へと移っていきます。

ところが最後の最後でボイドは別の問題に巻き込まれ、退役は8月末まで、2ヵ月ほど引き延ばされてしまいました。戦略司令部（SAC）の最後の遺産とも言えるB-1超音速爆撃機計画が揉めに揉めていたからです。

このB-1の迷走をもって、アメリカ空軍におけるSACの支配は終わりを告げることになるので、まさにボイドの時代とルメイの時代の入れ替わりを象徴する事件とも言えます。

まずは、少し遠回りになりますが、大型超音速核爆撃機のルーツであるXB-70にも少し触れておく必要があるでしょう。1954年、当時はまだSACのボスだったルメイがB-52の後継戦略爆撃機の計画をスタートさせたところから話は始まります。

それは当時ソ連で開発が進んでいた地対空ミサイルでは迎撃不可能な、「マッハ3で飛行する高高度爆撃機」の開発という野心的なものでした。1958年にノースアメリカンが受注を勝ち取り、これが有名なXB-70ヴァルキリーとなります。[図10-48]

この受注決定の1958年というのは、あのスプートニク・ショックの翌年です。つまり、この段階ですでに核兵器の主力は弾道ミサイルへと移行しつつあり、すでに時代に取り残されていました。

さらに機体の性能不足も判明し、例によってコストも膨大になってしまいます。このためヴァルキリーは実験機で終了し、さらに悪いことに事故でその1機が失われたため、もう超音速爆撃機はつくられないだろうと思われていました。また、ルメイもすでに空軍からいなくなっていました。

ところが1970年に意外なところから再び超音速爆撃機

［図10-48］1965年、離陸する戦略核爆撃機XB-70ヴァルキリーの試作1号機。「アラスカから飛び立ち、高高度を飛行してモスクワに核爆弾を投下し、マッハ3のスピードで離脱して帰還する」というコンセプトで開発された。しかし設計に無理があって性能に問題があり、大陸間弾道ミサイルの発達で存在価値を失ったため、計画は2機の試作機で終わった

の開発がスタートします。１９６９年に大統領に就任したニクソンが核戦略にも多くの選択肢を求め、核弾道ミサイルとB-52だけではなく、目標への高速爆撃を遂行するための一種の戦術核爆撃機の採用を求めたからです。そんなものはF-111で十分だろうと私なんかは思ってしまうのですが、なぜかニクソンは納得せず、新しい爆撃機の研究が始まります。

この結果、１９７０年1月に要求仕様が出され、１９７０年夏にノースアメリカン・ロックウェル案が採用となりました。ちなみにロックウェルはコングロマリット（複合企業）の総合ブランドで、その航空部門は経営危機に陥って買収されたノースアメリカンそのものであり、実態は経営危機に陥った同社が名前を変えたものでした。なので、B-1はXB-70の正当な後継機とも言えます。

余談ながら同社は１９５０年代後半からは超高速機に注力しており、海軍の高速核爆撃機A-5ビジランティ、XB-70、B-1、さらに究極の超高速機として、スペースシャトル軌道船（Orbiter：オービター）の製造までが彼らの手によります（ただしスペースシャトル軌道船の基本設計はNASAによる）。

レーダーをかい潜るための「低空侵入できる機体」

そんな計画によって生み出されたのが、可変翼による超音速爆撃機B-1でした。ちなみになぜB-52からB-1にまで番号が先祖帰りしたのかというと、例のマクナマラによる空軍&海軍の呼称統一後、初めて計画された爆撃機だからです。つまりこの機体まで、一切、爆撃機の計画なんて動いていなかったのです。

さて、この機体に求められた性能は、XB-70よりは低速なものの、それでも高高度ではマッハ2、実際に目標に接近して低空飛行に入った後でも最大マッハ1．2を要求されました。この結果、あらゆる高度で、さまざまな速度に対応するために可変翼の採用が決まります。そして、それがコスト増に直結し、機体開発の致命傷の一つとなります。［図10-49］

ちなみに低空性能の要求は、空軍の戦術変化によるものでした。それまでは迎撃機やミサイルの届かない高高度を高速で飛べば安全と考えられていたのですが、ベトナム戦争後はソ連の地対空ミサイル技術が一挙に進化したため、すでに安全とは言えなくなりつつあったのです。

なので、相手のレーダー探知をかい潜《くぐ》れる低空侵入が新しい戦術として浮かび上がります。高度１５０メートル以下な

［図10-49］４機のみが製造されたB-1（B-1A）は、可変翼に加えて空気取入れ口も可変型で、最高速度はマッハ２とされていた。写真はエドワーズ空軍基地で初飛行を行なった際のB-1Aの４号機

ら、山や地平線の限界によって地上レーダーサイトの電波は遮られてまず見つかりません。そしてアメリカ空軍は、ソ連のレーダーサイトの場所はほぼ調べをつけていましたから、そこから電波障害物のあるルートを割り出すのは困難ではありませんでした。

さらに高度が低いと、敵航空機の搭載レーダーに捉えられる脅威も減ります。レーダーは敵に反射して戻ってきた電波（パルス波）で相手を見つけます。ところが下方向へレーダーの電波を照射した場合、地上や水面も電波を反射してしまって、すべての電波が戻ってきてしまい、何も分からないことになります。このためレーダーは下方向の探索に弱く、１９６０年代にはまだ完全に有効な対策がありませんでした。

そこで低空を飛行すれば、地上の反射波の中に潜り込んで極めて発見しにくい目標となれたのです（ただし後で見るように、ソ連はその上をいってしまっていた）。

Ｂ-１の価格高騰を見破ったボイド

Ｂ-１はあまりに欲張った性能要求のため、開発は難航と迷走を重ね、ようやく初飛行した段階で恐ろしいまでの高コスト機となってしまいました。この問題が議会にバレると開発計画が中止になる恐れがあったため、空軍上層部はこの事実を隠し続けます。

そんな1973年春、ボイドがタイから帰国します。そして部下の若い士官にB-1開発計画の現状調査を命じたことからすべては始まりました。

開発計画部門の責任者であったボイドですが、すでに動き始めていた計画に関してはどこまで権限をもっていたのは謎でして、正直なぜ彼がこの調査を始めたのかは分かりません。とりあえず、直感的に何か怪しいと感じたようです。

調査の結果、議会が認めていた調達価格は1機あたり2500万ドルだったのに、実際はその倍の5000万ドルを超えることが判明します。驚いたボイドがさらなる調査を命じ、8月になって最終的なレポートが提出されると、予定通りの240機を調達した場合には1機あたり6800万ドルになることが指摘されます。

機種が違うので単純比較はできませんが、同時期のF-15Aの価格が1500万ドル、まだ開発中だったYF-16が4600万ドル（のちに600万ドル）でしたから、ベラボーな金額であることが分かるでしょう。

このレポートに一番のショックを受けたのは空軍上層部で、彼らはすぐさま、これを機密扱いにして情報の封印を図ります。

上巻の第五章で、ボイドの部下の士官が将軍連中から、「我々の仕事は契約企業に回る金が止まらないように面倒を見ることなんだ！」と警告されたのがこのときです。ここらへんから、ボイドはB-1爆撃機の開発の続行に反対する立場を取るようになるのですが、それでもA-10とF-16の開発と量産がきちんと認められたため、それほど深入りはしていませんでした。

ところが、やがて議会がこのコスト高騰を嗅ぎつけ、空軍に説明を要求します。これを受けて空軍上層部は当時、議会でも名が知られつつあったボイドに、B-1を擁護する技術レポートの提出を求めます。

しかし、すでに退職する気満々で怖いものなんてなくなっていたボイドはこれを拒否、上層部を激怒させます。けれど退職後の天下りや再就職斡旋も断ったボイドに対しては、軍の権力構造を利用した脅しはもはや通じませんでした。

そこで彼らは妥協案として、当時ソ連が開発していた超音速核爆撃機Tu-22Mバックファイアについての技術的レポートを提出させ、この脅威に対抗するために必要だという論法でいくことにします。これにはボイドも応じるのですが、彼がまとめたバックファイアのレポートは、「可変翼で太って重く、役に立たない。F-111の劣化コピー」といった内容で、空軍上層部はこの提出を諦めることになります。

この結果、１９７５年の夏頃には、Ｂ-１は議会から眼の敵にされる計画となってしまいます。そしてそんななか、もうこれ以上は付き合えないと宣言したボイドは、予告通り８月いっぱいで空軍から退役してしまうのでした。

そしてこのＢ-１問題に関しては、意外なところから最後の一撃が文字通り〝飛んで〟くることになります。

存在意義を失った〝低空侵入機〟Ｂ-１

ボイドが引退した翌年１９７６年９月、のちにカーターが当選する大統領選挙の真っ只中に、日本の北海道へ当時のソ連の最高機密、ＭｉＧ-25が飛んできてしまったのです。いわゆるベレンコ亡命事件ですが、パイロットのベレンコは次の新型機（ＭｉＧ-31）にはレーダーの下方探索能力、いわゆるルックダウン能力が備わっていると証言し、アメリカ空軍の関係者を驚かせます。

しかしそうなると、Ｂ-１の戦術の大前提である「低空での高速侵入」は安全ではなくなります。迎撃機にそういったレーダーが搭載されたら、身動きのとれない低空飛行はいいカモになってしまうのです。

事がここに至ってはもはやＢ-１の存在意味はまったくなく、大統領選のなかで民主党のカーターは、その開発中止を公約にしてしまいます。そして選挙はカーターが当選し、ここにＢ-１の運命は終わりを告げるのでした。

ちなみに低空飛行では常に地面との衝突の危険が伴うため、対地形レーダーで地形を見ながら飛びます。このレーダー波は低い高度から地面にぶつけられるため、広範囲に拡散してしまうことになります。そのためＦ-１１１が積んでいた対地レーダーは、（相手側のレーダーには）３００キロ以上先から探知できたと言われています。すなわち、たとえ相手のレーダー波を受けなくても、自ら盛大にレーダー波をまき散らしながら飛ぶことになるため、（低空侵入は）意味がないのです。そのため、のちのステルス機Ｆ-１１７は対地形レーダーを積んでいません（すなわち全天候型爆撃機ではないのだ）。これもＢ-１計画の廃止の一因でした。

余談ですがスカンクワークスの二代目ボスのリッチは、彼らロッキードのステルス技術が完成したのでＢ-１計画は破棄されたとしていますが、嘘でしょう（笑）。もし事実なら１９７６年当時の最高機密を、まだ大統領候補にすぎなかったカーターに漏らしたことになりますから、ありえません。

またリッチは、軽量機戦闘機（ＬＷＦ）計画でも「あんな意味のない性能では参加しても意味がないから、こっちから断った」と言っていますが、ボイドは「〝ケリー〟・ジョンソンと思われる人物が下らない政治的な圧力をかけてきたので、叩き出した」と証言していますから信憑性が怪しいです。リッチはのちに多くの証言を残しているのですが、その情報の取捨選択には注意が要る人物です。

そのような感じで終焉を迎えたB-1計画ですが、次の大統領であるレーガンゆかりの地、カリフォルニアにロックウェルの工場があったため、彼は選挙公約としてこれの復活を宣言します。

そしてこの選挙ではレーガンが勝ってしまったため、究極の政治的な機体としてB-1は復活します。そして性能とコストをダウンさせたB型が100機だけ生産されることに決定され、B-1Bとして1986年から配備されることになります。おそらくこれはレーガンがやった最大の失敗の一つでしょう。

[図10-50]

そういったトラブルのなか、ボイドはペンタゴンを去りました。この結果、ボイドによるアメリカの空の進化はここまでとなります。そして以後のアメリカ空軍はF-22を最後の制空戦闘機としてエネルギー機動性理論に近い型で完成させますが、F-35においてはその考えを完全に捨ててしまうことになります。

21世紀のアメリカ空軍は再び混沌に陥りつつあるのです。

[図10-50] 1986年から運用が開始されたB-1Bランサー。可変翼はそのままだったが、コスト削減やステルス性の向上のために空気取入れ口が固定式に変更されたことなどもあって、最高速度はマッハ1.25に低下した

第十一章　そしてF-22へ——究極の制空戦闘機の完成

1　ステルスの基本の「き」

地対空ミサイルに捉えられないための〝忍び込み〟技術

最後の章では、〝アメリカ空軍最後の制空戦闘機〟F-22に至る過程を見ていきます。そのなかでも、以後、世界の戦闘機開発に大きな影響を与えたのがステルス技術です。ここから見ていきます。

忍び込み、ステルス（Stealth。Stealの名詞型。あまり一般的な単語ではない）という呼び方をアメリカ空軍が始めたのは１９８０年代後半からでした。私が知る限りでは１９８６年2月の「ニューヨーク・タイムズ」の記事が最初です。先進戦術戦闘機（ＡＴＦ）計画の責任者ピッチリロ（Albert Piccirillo）大佐が機体選定に関して寄稿した記事の中で「〝忍び込み〟技術が取り入れられるだろう（It would incorporate "stealth" technology.)」と書いたのです。

ちなみにＡＴＦ計画はのちのF-22に繋がる新型戦闘機計画で、これについては後でまた詳しく説明します。それ以前は決まった呼び名はなく、「Low observable technology（低識別技術）」といった長ったらしい名称などで呼ばれていました。

これは敵の索敵レーダー、そして何よりベトナムで地獄を見た地対空ミサイルの照準レーダーに捉えられないことが主目的でしたが、のちにエンジン排気口の赤外線対策などまでがその内容に含まれるようになります。しかし本書では初心に返って、レーダー対策のみを取り上げます。

［図11-1］先進戦術戦闘機（ATF）計画の責任者、アルバート・ピッチリロ大佐（写真は1982年当時のもの）。最初はおまけ程度の存在だったステルス性能に目を付け、この計画の目玉に置いたとされる

レーダーの基本

「レーダーに見つからないようにするにはどうすればいいか？」ということを知るには、まず「レーダーとは何か？」を知らなければどうしようもありません。

レーダー（Radar）とは言うまでもなく、電波による探知装置のことでRadio Detection and Ranging（電波式測距探知機）を意味します。英語でこの呼称が使われるようになったのはヨーロッパで第二次世界大戦が勃発した後、１９４０年代にアメリカ海軍がこれを本格的に使うようになってからです（正式名称として使われるようになったのはおそらく１９４１年から）。

　それ以前、実用的なレーダー開発で先端を走っていたイギリスなどではＲＤＦ（Range and Direction Finding：距離方位発見器）といった呼び方をしていました。

　最高機密兵器だったために航空機用の無線誘導装置（Radio Direction Finder：電波方位発見器）と似た名前にして、本来の目的を隠す呼称でもありました。イギリスは戦車をタンクと呼んでいたように、こういった小細工が結構好きなんですよね。

　レーダーは最初に電波をアンテナから打ち出します。その打ち出した先に何もなければ電波は永久に出ていったままです。それに対し、その先に金属製の物体があれば、これが跳ね返ってアンテナに戻ってくるため、そこに何かがいることが分かる、という仕組みです（厳密には水や岩石などでも反射するが、私の知る限り水や岩石でつくられた航空機はまだないから考えなくてよい）。［図11-2］

　打ち出す電波は普通の連続波ではなく、モールス信号のようなぶつ切りになった非連続のパルス波です。これは短い電波でより正確な情報を得るためと、同一のアンテナで送信と受信を行なうためで、打ち出す電波の切れ間のときに跳ね返ってきた電波を受信します。これで「その先に敵がいるかどうか」という基本中の基本の情報が得られるわけです。

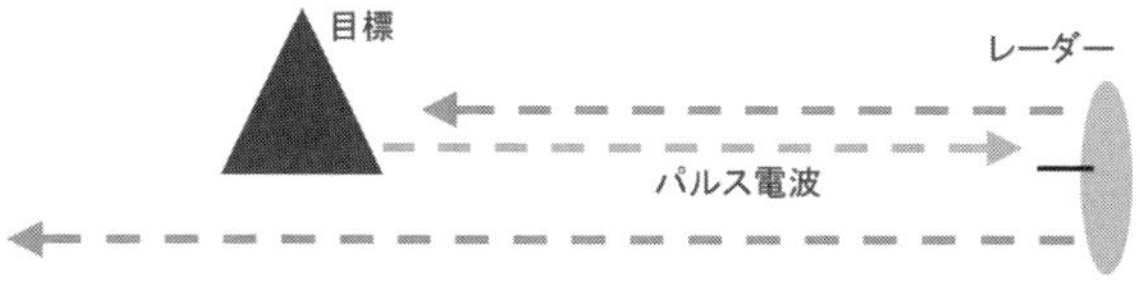

［図11-2］レーダーの仕組み。電波を打ち出した方向に何かがあれば、反射波が返ってくるので「そこに何かがいる」ことが分かる

目標の有無と距離は分かるが、方位は分からない

　レーダー波は電波や電磁波ですから、光速で飛びます。よって、その戻ってくるまでの時間から、目標までの距離が分かります（速度×時間＝距離。ただしレーダーの電波では往復距離なので1／2×光速×時間＝距離）。

　厳密には、大気密度やそれに含まれる水蒸気量によってわずかに電磁波は減速します。でも真空中を秒速約30万キロで進む光にとっては、数百キロ先の探知なら完全に誤差の範疇ですから無視できます。

　これで目標の有無、そして目標までの距離が分かるわけです。ただし、Radio Detection and Ranging（電波測距探知機）の名の通り、レーダーで分かるのはここまでです。つまり敵の方位、どちらにいるのかは原理的に計測ができません。「敵はいる、300キロ先だ」ということまでは分かりますが、「どっちから来ているの？」というのは分からないのです。

　よって、そのときアンテナが向いていた方向や、反応があったときのアンテナの方位角度を読み取ってこれを求めるしかありません。

　しかし、ここで電磁波の指向性、いわゆる拡散の問題が出てきます。［図11-3］

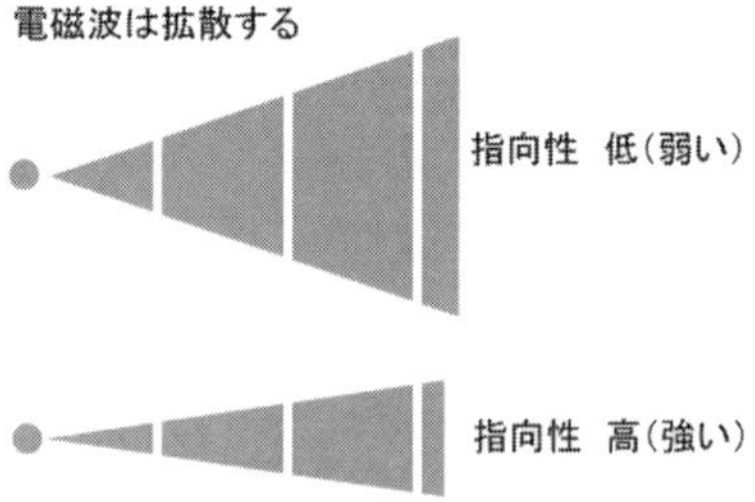

［図11-3］電磁波は必ず拡散するため、遠方でレーダー波が反射されてきた場合にどの方向から来たのか分からなくなってしまう。これを防ぐには指向性が高くて拡散しない電波であることが重要で、そのためには高周波のレーダーが必要となる

　電磁波は発振点から打ち出された後、必ず拡散します。つまり広がるのです。このおかげで一つのアンテナから出たテレビの電波や携帯電話の電波を広範囲で受信できるわけです。

　ところがレーダーで電波が跳ね返ってきた向きを知りたい場合、その〝広がり〟があるために、戻ってきた方向の絞り込みが極めて困難になります。広がりが大きいと、厳密な方位の測定は困難です。それではミサイルの狙いをつけることはできませんし、友軍機をその敵の位置に誘導することも難しいでしょう。

　しかも［図11-3］では二次元なので三角形ですが、実際は

三次元の円錐型（ただし正円ではなく楕円になることが多い）に広がるので、方位だけでなく高度も知る必要がある対空レーダーにおいては、この拡散は極めて厄介となってきます。

拡散を抑えるため、周波数を上げる

そこでレーダーにおいては指向性をなるべく高くして（強くして）、拡散を絞り込む必要があります。電波の広がりが狭ければ、電波の戻ってきた方向から目標の位置をより正確に絞り込めるからです。

では、どうするかというと、基本的には「周波数を上げればいい」ということになります。ここはもう少しだけ補足しておきます。

電磁波は光子を媒介にした波ですから、周波数（1秒間の変動回数）をもちます。

単位はＨｚ（ヘルツ）で、１Ｈｚなら1秒間に1回の振動、１ＫＨｚ（キロヘルツ）なら１０００回の振動、１ＭＨｚなら１００万回の振動が発生するわけです。その振動波の頂点から頂点までの幅を「波長」と呼び、周波数によって長さが変わってきます。［図11-4］

電磁波は光速で飛ぶので、1回しか振動しない１Ｈｚなら、波長は２億９９７９万２４５８メートル（ただし真空中の場合）、つまり約30万キロです。当然、振動が増える＝周波数が大きくなるほど、波長は短くなり、

１ＫＨｚ（キロヘルツ）……29万９７９２メートル（約３０

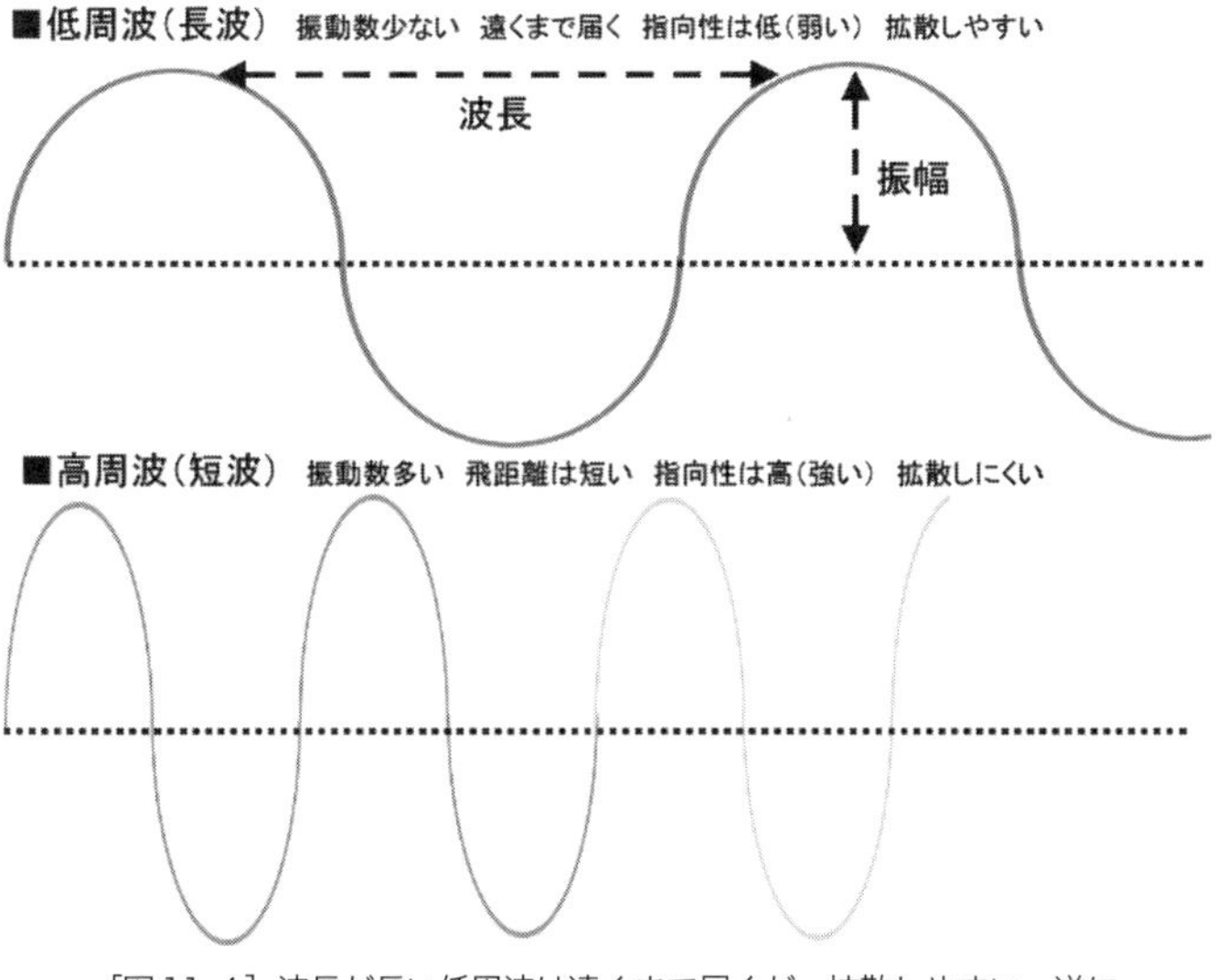

［図11-4］波長が長い低周波は遠くまで届くが、拡散しやすい。逆に波長が短い高周波は探知距離は短いが、方向を定めやすい

０キロ）
１ＭＨｚ（メガヘルツ）……２９９．８メートル（約０．３キロ）
１ＧＨｚ（ギガヘルツ）……０．２９９メートル（約30センチ）

となります。一般に、ギガヘルツ以上の波長をセンチメートル波と呼びます。ここでは「周波数が高くなると、波長は短くなる」ということは覚えておいてください。「高周波＝短波長」です。

そして電磁波は波長が短いほど、つまり周波数が高いほど、指向性は高くなりその拡散は小さくなる傾向があるのです。

よって、方位の測定精度を求めるならギガヘルツ以上の電磁波が必要なのですが、第二次世界大戦中、ドイツはこれを発生させるマグネトロンの製造ができず、連合国のギガヘルツ・レーダーに大きな後れを取りました（日本やソ連、イタリアは問題外）。21世紀の現在は、さすがに世界中で当たり前にギガヘルツ・レーダーがつくられています。

周波数を上げることは技術的に容易でない

だったらレーダーで使う電波は高周波であればあるほどいい、ということになりそうですが、困ったことに周波数が上がるほど（波長が短くなるほど）電波の飛距離は短くなり、障害物などの影響も受けやすくなります。

テレビ放送がアナログからデジタルに切り替わった際に、周波数はＶＨＦからより高周波のＵＨＦに変更されましたが、そのとき従来の放送局から受信できる範囲が狭くなったのはこれが原因です。

このあたりの問題は、レーダーの出力を上げればある程度まで解決できます。しかし、そもそも高周波を発生させるには低周波より大きなエネルギー（電気）が必要なので、そう簡単ではありません。

その他には、電波の発振部であるスロットの形状を工夫したり、スロットの数を増やしたり、すなわちレーダーのアンテナの幅を大きくしたりすることで同じ効果を得られますが、これも容易ではありません。すなわち、高出力化とアンテナの大型化は必須となるのですが、それはそう簡単に実現・運用できるものではないということになります。

しかし、そこまでやっても到達距離はより精度の低い低周波に及ばないので、３００キロ以上の距離を探知する早期警戒レーダーなどでは精度の高い高周波数は使えないと思ってよいでしょう。

軍用レーダーの「周波数」「ビーム幅」「探知距離」

軍用レーダーにおけるこのあたりの数字、すなわち「周波数」「ビーム幅（広がりの大きさ）」「探知距離」などは通常、機密の壁によって正確な数字は分かりません。一般的には長距離レーダーにはＳバンド(2〜4ＧＨｚ……波長10センチ前後)、より精度の高い射撃管制、つまりミサイルの誘導などに使う短距離レーダーにはＸバンド(8〜12ＧＨｚ……波長３センチ前後）以上が使われているとされます。

参考までに民間用の高性能Ｓバンドレーダー(長距離用レーダー）だと到達距離は２２０キロ以上、水平ビーム幅は2度前後なので、最大到達距離での誤差幅は約7キロ前後となります（おおよそtan 7°×220キロ）。

軍用レーダーはもっと出力が高いので、到達距離はおそらく３５０キロ以上だと思われ、ビーム幅ももう少し絞れるはずです。あくまで推測ですが、最大距離でも誤差は10キロ以下じゃないかと思われます。

これで誘導ミサイルを撃つのは不可能ですが、友軍機を誘導するならギリギリなんとかなる誤差レベルでしょう。ただしこのくらいの高周波数になると、雨や雪、場合によっては霧の影響も受けるはずで、あくまで最もいい状態の場合という感じです。

ちなみに、より近距離で高精度の測定を行なう射撃管制用の高周波Ｘバンド（8〜12ＧＨｚ……波長3センチ前後）レーダーは、民間用だと到達距離は１５０キロ前後。3メートル級の大型アンテナを使えば水平ビーム幅は０．７５度まで絞り込まれます。

これは１５０キロ先でも2キロ以下の誤差です。通常の地対空ミサイルの最大射程距である50キロ前後なら誤差６５０メートル以下、実際に接敵するであろう20キロ以下の距離なら誤差２６０メートル以下となります。軍事用はもう少し精度が上がっていると思われるので、十分に射撃管制にも使えるでしょう（ある程度まで接近したならミサイル側のレーダー［あるいは単なる受信部］に切り代えれば当たる）。

以上がレーダーに関する必要最低限の基礎知識となります。

2　中学理科レベルで分かるステルス①

ステルスの基本その1――機体を薄くする

レーダーの基本が理解できたら、次はそれに見つからない工夫を考えてみます。

ステルス技術と聞くと、なんだかスゴイ技術という印象がありますが、実はそうでもない面も多いのです。例えば遠距離から探知してくる索敵レーダー相手なら、機体の上下幅を薄くするだけで、簡単に従来の航空機の数分の一にまでレーダーの反射を減らしてしまえます。馬と鹿でもできる簡単ステルス、それが機体の厚み削減です。

なぜそうなるかと言うと、地球が丸いため、レーダー波は通常、横か正面方向から飛んでくるからです。これを理解するため、[図11-5]で航空機とレーダーの位置関係を考えてみます。

遠くから目標を探知する早期警戒レーダーは通常、３００キロ以上の探知距離をもちます。それ以下だと、時速１０００キロ近くで飛んでくる敵ジェット機の迎撃が間に合わないからです（時速１０００キロ＝分速16.７キロ。つまり10分で１７０キロ近く移動する。発見してから迎撃機をスクランブル発進させ、目標高度まで上昇するには15分がギリギリの時間だろ

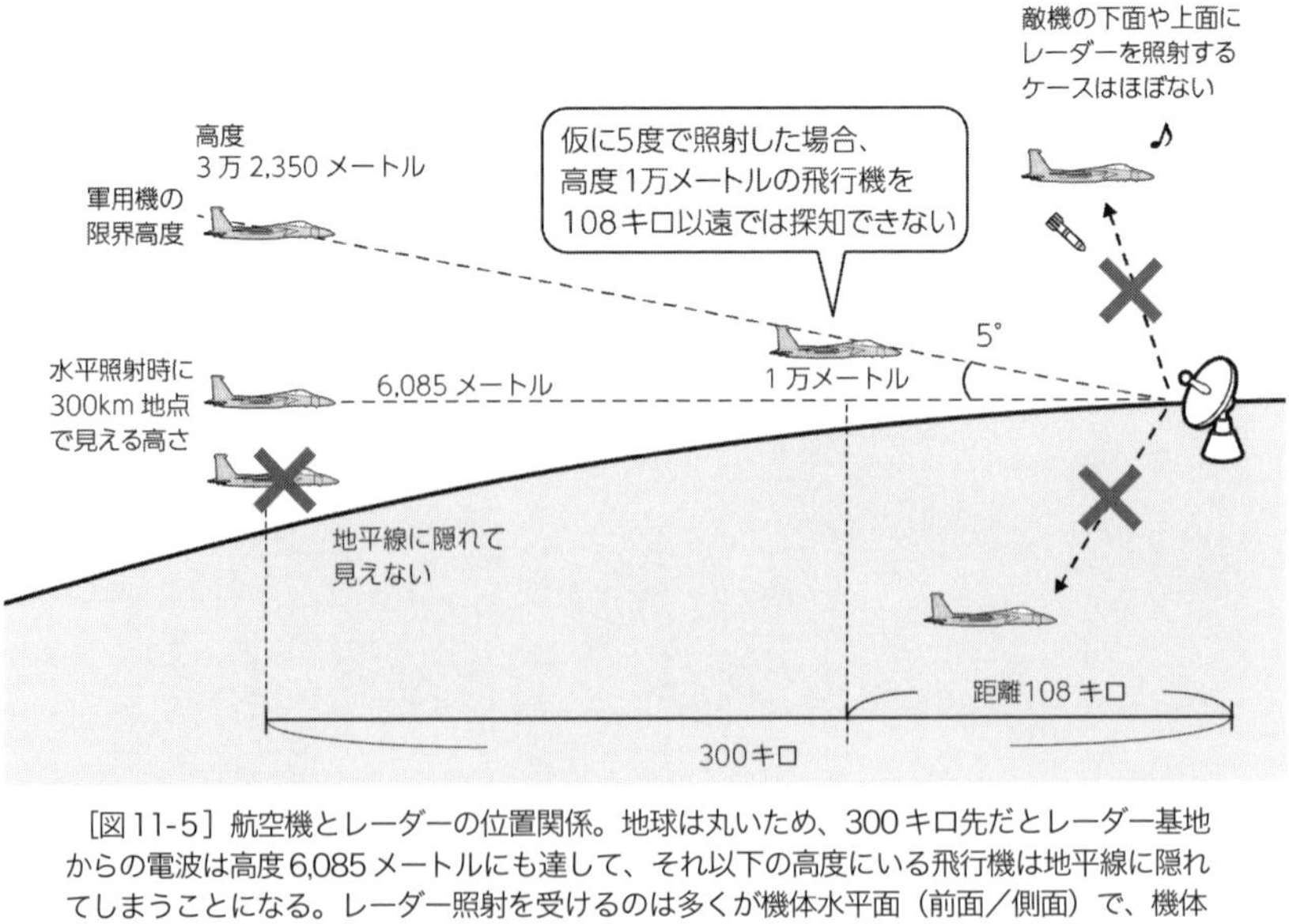

敵機の下面や上面にレーダーを照射するケースはほぼない
高度 3万2,350メートル
軍用機の限界高度
仮に5度で照射した場合、高度1万メートルの飛行機を108キロ以遠では探知できない
5°
水平照射時に300km地点で見える高さ
6,085メートル
1万メートル
地平線に隠れて見えない
距離108キロ
300キロ

[図11-5] 航空機とレーダーの位置関係。地球は丸いため、300キロ先だとレーダー基地からの電波は高度6,085メートルにも達して、それ以下の高度にいる飛行機は地平線に隠れてしまうことになる。レーダー照射を受けるのは多くが機体水平面（前面／側面）で、機体の上下面はほぼ受けない（下面に照射する状況は距離が相当近く、手遅れの状況となる）
(Illustration：宮坂デザイン事務所)

う)。

　ここで地球が丸いことを思い出してください。このため３００キロ先だと、レーダー基地から真っすぐ横に打ち出された電波は高度６０８５メートルに到達します(厳密には地球上では直進できず、大気により屈折するのでこれよりわずかに低いはずだが)。

　つまり距離３００キロで高度６０００メートル付近で飛んでいる機体は、レーダー波を真横か真正面に受けることになるわけです(これ以下の高度では、地平線に隠れてレーダー波は機体に届かない。これを補うにはより高い位置から深い角度でレーダー波を打ち下ろす必要がある。そのためレーダーサイトは山の上に置かれるのだが、それでも高さが不足するため、早期警戒管制機にレーダーを積んで上空から探索することになる)。

　より高度を上げても、角度はさほど変わりません。通常の軍用機では到達不可能な高度3万２０００メートル以上まで上がっても、距離３００キロでレーダー波の入射角度は5度を超えないのです。つまりどんな高度で侵入しようと、レーダー基地に最初に発見される距離の３００キロ前後では、レーダー波は常にほぼ水平方向から来ることになります。

　現実的には高度1万メートル前後が高速巡航に向いた高度となりますが、この場合でも１０８キロ前後に近づくまでレーダー波の入射角は5度を超えません。

　そして通常、敵地侵入には低高度を取ります。これは水平線の下に入ってレーダーから探知されにくくするためですが、高度３０００メートルまで落とした場合、約35キロの距離に接近するまで、レーダー波は入射角度は5度以下のままです。すなわち実戦で最初に探知されるときのレーダー波は、ほぼ常に水平方向から飛んでくることになります。

　参考までにこのあたりの計算式を述べておきます。まずは水平方向、すなわち角度0度のレーダー波が捉えられる高度と探知距離は、

目標高度［m］=(探知距離［km］÷３.８４６)の2乗

　となります(単位に注意)。

　上方5度の角度を付けて照射する場合は、以上の数字に以下の数字を加算します。

加算高度=tan(5度)×探知距離

(ただし３００キロあたりまでの計算のみ。それ以上は地球の丸みが無視できなくなる)

レーダーに映るとき、機体は真正面か真横

ちなみに実際のレーダー基地は標高５００メートル前後の高さにあるものが多いですが、遠距離における到達高度の数字はほとんど変わりません。つまり機体が遠距離用の早期警戒レーダーに引っかかるときには、「ほぼ真横か、真正面から索敵レーダーの電波は飛んでくる」のです。するとどうなるか。こうなるのです。

［図11-6］のように普通に丸い胴体では普通に広範囲にレーダー波が当たり、当然、これがそのまま跳ね返されます。対して上下幅を狭くすると、下のように水平方向からくる電波の大半はこれを素通りしてしまい、ほとんどを反射しません。ほとんど反射しない以上、見つかりにくくなるのです。

つまり、「レーダーから見つからないためには、機体を薄くすればいい」という極めて単純な話になります。これが【ステルスの基本その1】であり、ステルス技術の基本中の基本となります。

敵地に侵入する軍用機はレーダー探知をギリギリまで避けるため、このレーダー波到達高度の下を飛ぶのが普通です。そして敵地に近づき（そのレーダー波到達高度に入って）、最初にレーダーに引っかかるときはレーダー波を必ず真横か真正面から受けることになります。

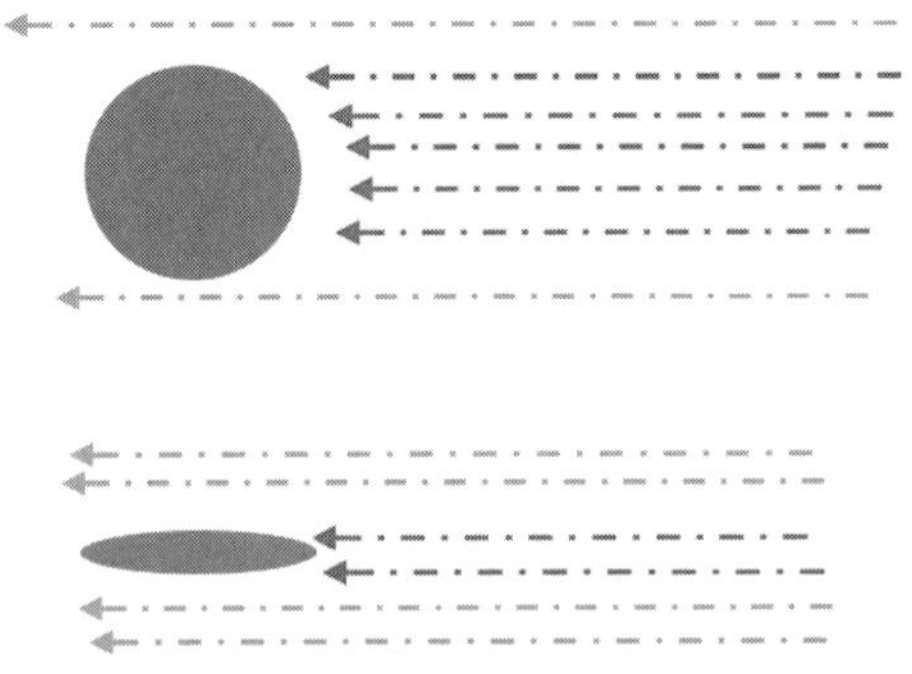

［図11-6］薄い機体は、水平方向からのレーダ波の多くを避けることができる

当然、空中でレーダーを作動させる早期警戒機からのレーダー波なら、この傾向はより強くなります。よって機体が薄いことは極めて有利になるのです。

機体を薄くするのに最大の問題となるのは、エンジンやコクピット、垂直尾翼です。これらの厚みを減らすのはかなり困難なので、有人機では限界があります。

しかしこの点、無人機、つまりドローン（Drone）なら少なくともコクピットは廃止できます。さらに重量を軽くすることでエンジンを小型化し、そしてデジタル・フライ・バイ・ワイヤ制御によって垂直尾翼なしでも飛べる極めて薄い機体を製作ができます。よって、無人機のステルス性は意外に簡単に確保でき、新世代のドローンはこの3点を実行し、機体を薄くしているものが多いです。［図11-7／-8］

ステルス機は自分のレーダーを使えない!?

ここで念のため、当たり前中の当たり前の話を確認しておきます。それは「ステルス機はレーダーを使えない」ということです。

わざわざ敵のレーダー波を徹底的に打ち消しているのに、自らレーダー波を打ち出したらステルスの意味がありません。らレーダー波であるなら、（敵の）レーダーアンテナで簡単に探知されてしまいます。そして敵がバカでないなら、そのレーダー発信源を追いかける対レーダー誘導ミサイル（（Anti-Radiation Missile：ARM）をぶっ放してくるでしょう。ソ連時代から開発されていたロシアの空対空ミサイルR-27（西側呼称AA-10）が対レーダー誘導弾頭をもっているのはそういった意味もあると思われます。

［図11-7］ロッキード・マーティンとボーイングが共同開発していた無人航空機RQ-3ダークスター。エンジンを極限まで小さくし、水平尾翼も廃しているので機体は極めて薄く、遠距離からのステルス性は極めて高いと思われる。1996年に初飛行したが、1999年に計画は中止された。なお、主翼はデルタ翼でも後退翼でもない単なる直線翼で、フライ・バイ・ワイヤによって飛行制御を行なっていた

［図11-8］ボーイングの研究開発部門ファントムワークスがアメリカ空軍向けに開発した無人実験機X-45（写真はC型）。RQ-3ほどではないが、垂直尾翼を廃し、可能な限り薄い機体となっている。1999年から開発が開始されたが、2006年に中止された

それでも戦闘では必ずレーダーを使う必要に迫られるはずで、その瞬間にステルスの優位は半分以下になります。低被探知（Low-Probability of Intercept：ＬＰＩ）レーダーなど何らかの対策をアメリカ軍はもっているのかもしれませんが、現状は推測の域を出ず、実戦での洗礼も不明なのでここでは触れないでおきます。

ついでに確認しておくと、同じ理由でステルス機は一切の電波を出せません。出した瞬間に見つかりますから、透明人間が笛を吹きながら女湯に侵入するような間抜けな状態になります。ステルスの優位を維持するなら、第二次世界大戦の戦闘のように完全な無線封鎖によって飛ぶ必要があるのです。

このためＦ-１１７などは、一切のレーダー類を積んでいませんでした。その照準は光学レーザー照準のみで（ハイテク兵器だからではなく、レーダー照準が使えないので他に選択肢がなかった）、対地形レーダーはもっていないので低高度侵入はできません。

当然、作戦行動中に無線も使えませんから、湾岸戦争開戦のときは総司令部でも侵入に成功したのかすら分かりませんでした。このため、現地にレポーターが入っていたＣＮＮのテレビ中継が途絶えたのを見て、電話局への精密爆撃が成功したことを知ったとされます。

また、戦闘前から機体同士でデータリンクを使うと、まった

く意味がありません。よほど指向性の高い電波を使っても、あらゆる電磁波は必ず拡散しますから探知されないようにするのは至難の技というか、不可能でしょう。

ステルスの基本その2——レーダー波は機体の外板で制御

すでに見たように、機体を薄くするだけでおおよそ100キロ以上の遠距離からのレーダー波はかなり防げる、ということになります。しかしそれでも一部は反射されてしまいますし、100キロ以下の距離になるともっと深い角度から電波が飛んできますから、機体を薄くしただけでは徐々に不安になってきます（それでも距離100キロなら入射角はせいぜい7度以下だが）。

そして航空機にとって最も恐ろしい地対空誘導ミサイルの射程は50キロ前後ですから、このあたりまで来ると、機体が薄いだけではその照準レーダーを避けることは難しくなってきます。

では、どうするか？　とりあえず、ここでレーダーの原則として、「反射される電波の強さは、対象の表面積に比例しない」ということを確認しておきます。

例えばロッキードのステルス実験機ハブ・ブルー（Haveblue）が初飛行後、巨大なレーダー反応を示して関係者を慌てさせた、とスカンクワークス二代目ボスのリッチが証言していますが、これは機体表面のたった一本のネジがわずかに浮き上がっていたことによるものでした。ネジ一本で簡単に失われてしまうのがステルス性能なのです。

このあたりの理屈は厳密にはかなり面倒な理論になるのですが、とりあえず極めて単純に言ってしまえば、以下のようになります。

・レーダー波は垂直に近い角度でぶつかるほど、より多くがレーダーアンテナに戻って探知されやすくなる（この点は後で少し詳しく述べる）。
・強い角度をもつ面の接合部の直線や、柱や骨組みの角《かど》、凸凹な面といった、形状が滑らかではない場所では通常の平面より大きな反射をする。
・以上を避ければ、レーダー電波の反射は大幅に減る。したがって単純な表面積からレーダー波反射の量は決まらない。

ここから、「レーダー波を反射させないための対策は、機体の外板でこれを制御して弾くか吸収する。そして表面の金属外板を利用してそれを行なうのが望ましい」という結論が導き出せます。

なぜなら航空機の内部は、骨組みと各種装置で一杯になっているからです。これらは鋭角な縁《ふち》を多数もち、さらに凸凹だらけです。すなわち盛大にレーダー波を反射します。

一部を強化プラスチックなどレーダーを反射しない材質にすることができても、エンジンや武装、レーダー関係などを非金属部品に置き換えることは不可能なので意味がありません。機体内部における盛大なレーダー反射を防ぐのはほぼ不可能なのです。

よってレーダー波を機体内部に侵入させず、表面の外板で反射させたほうがマシということになります（金属外板はレーダーに使われる周波数ならすべて反射してしまい、内部には届かない）。

なので【ステルスの基本その2】としては「レーダー波を機体の内部構造には接触させない。すべて機体の外板でこれを制御して弾くか吸収する」ということが大前提となります。

逆にレーダーに大きく映るように設計されたADM-20

ちなみに機体表面の工夫でレーダー反射を抑えるのがステルスなら、その逆の技術もまた存在します。つまりより盛大にレーダー波を反射して、実際よりも大きく見せかけることも可能なのです。［図11-9］はそんな特殊な目的でつくられたマグダネル・ダグラスADM-20（旧称ではGAM-72）クイル（Quail：ウズラ）です。

B-52の爆弾庫に搭載して敵地で撃ち出され、囮（Decoy）になる無人機で、この大きさで巨大なB-52と同じ大きさのレーダー反射が生じるように工夫されています。

レーダー波を受ける真横と真正面の面積が大きくなるように縦長の胴体をもち、尾部と主翼横に4つの垂直安定板を付け

［図11-9］エルズワース空軍基地に展示されている空中発射型の巡航囮ミサイルADM-20。あえて盛大にレーダーを反射するようにつくられており、B-52から射出されて相手レーダーに「B-52であるように錯覚させる」ための囮として使用された（Photo：Greg Goebel）

て盛大にレーダー波を弾くようになっていました(垂直安定板を尾部と主翼の2ヵ所に分けたのはB-52の爆弾倉に入れるため、天地左右の大きさ制限にあったから)。

さらに主翼先端の垂直安定板も直角に曲げ、この尖った接合部で横方向からの電波を盛大に反射するようにしてあります。

のちにレーダーの進化に伴い、敵から見破られる可能性が高くなってしまったため運用中に何度か改修を受けていますが、1960年の導入から1977年まで18年間も配備され続け、最終的には500機以上が製造されたと見られています。機体の形状でレーダー反射を自由に操るというのは意外に有効な技術だったようです。

そして逆に、その機体形状でレーダー波の反射を抑えるように制御する技術がステルスだ、ということになります。

ステルス対策しにくい部分をどうするか

ただしどんなに表面をしっかりつくってステルス対策しても、機体内部への電波の侵入が防げない部分がどうしても存在します。

一つは空気取入れ口。デカい穴がそのままエンジンに直結されているため、正面から飛んできたレーダー電波がエンジン前のタービンブレードにほぼ垂直にぶつかり、盛大に反射してしまいます。

もう一つは薄くて透明な(すなわち電波も通す)キャノピー(天蓋)と風防で覆われたコクピットです。中にある細かい金属部品や、さらにはパイロットのベルトのハーネスやヘルメットですらレーダー波を盛大に反射してしまうため、この対策もまた必須となります。

これらにどう対策を施しているのかを見ておきます。

空気取入れ口の対策

まずは空気取入れ口ですが、例えば［図11-10］のF-15の場合、正面取入れ口から直結の形でエンジンが置かれているため、そのタービンブレードが丸見えです。タービンは垂直に設置されているうえにさまざまな方向を向いたブレードが高速回転しているため、あらゆる方向に盛大に電波を反射するという、ステルス技術にとっては悪夢のような部分です。

さらに困ったことに、敵のレーダーに捉えられるのは敵地に向かっているときなので、機体正面から電波が飛んでくる状況が多いのです。

なのでF-22ではこれを隠してしまいました。［図11-11］のようにダクトを中で曲げ、エンジンはその内側奥に置かれてタービン部が見えなくなっています。

このダクト部も単純な管ではなく、内部でレーダー波を連続反射させて減衰させたうえに、電波吸収のための塗料が塗られるなどの工夫が施されているはずです（このあたりは後で解説）。

［図11-10］奥のタービンブレードが見えるF-15の空気取入れ口（エアインテーク）

ただし［図11-11］はF-22ではなく、先行試作型のYF-22のものです。F-22は今でも地上展示ではダクトに蓋をして中を

［図11-11］ダクトを中で湾曲させて、奥のタービンブレードが見えないようにしてある試作型YF-22の空気取入れ口

［図11-12］網状の蓋をして奥がまったく見えないF-117の空気取入れ口

見せてくれないので、私も写真をもっていません。F-22だと多少の形状の違いはあるかもしれませんが、基本的には同じような形状になっていると思われます。

ちなみにエンジンに高出力が求められず、かつ、より高度なステルス性能を求められたF-117では空気取入れ口を完全にフタで覆ってしまいました。［図11-12］の中央に見える、エアコンの室外機みたいな部分が空気取入れ口で、外部からの電波が直接中に飛び込まないようにしてあります。先のF-22とはだいぶ形状が異なりますが、ここも連続反射で電波のもつエネルギーを減衰させて消滅させる、という工夫がなされています。

コクピットの対策

次はコクピットです。

機体外面をどれだけきれいに整形しても、コクピット内にはいろいろな凸凹や鋭角な部品があるため、ここで電波が反射されたら台無しになってしまいます。理想を言うなら「無人機にしてこれをなくす」か、それがダメなら「パイロットを機内に埋め込んでしまって外部情報はカメラで見る」かですが、どちらかもまだ戦闘機に採用するには無理があります。ではどうするか。

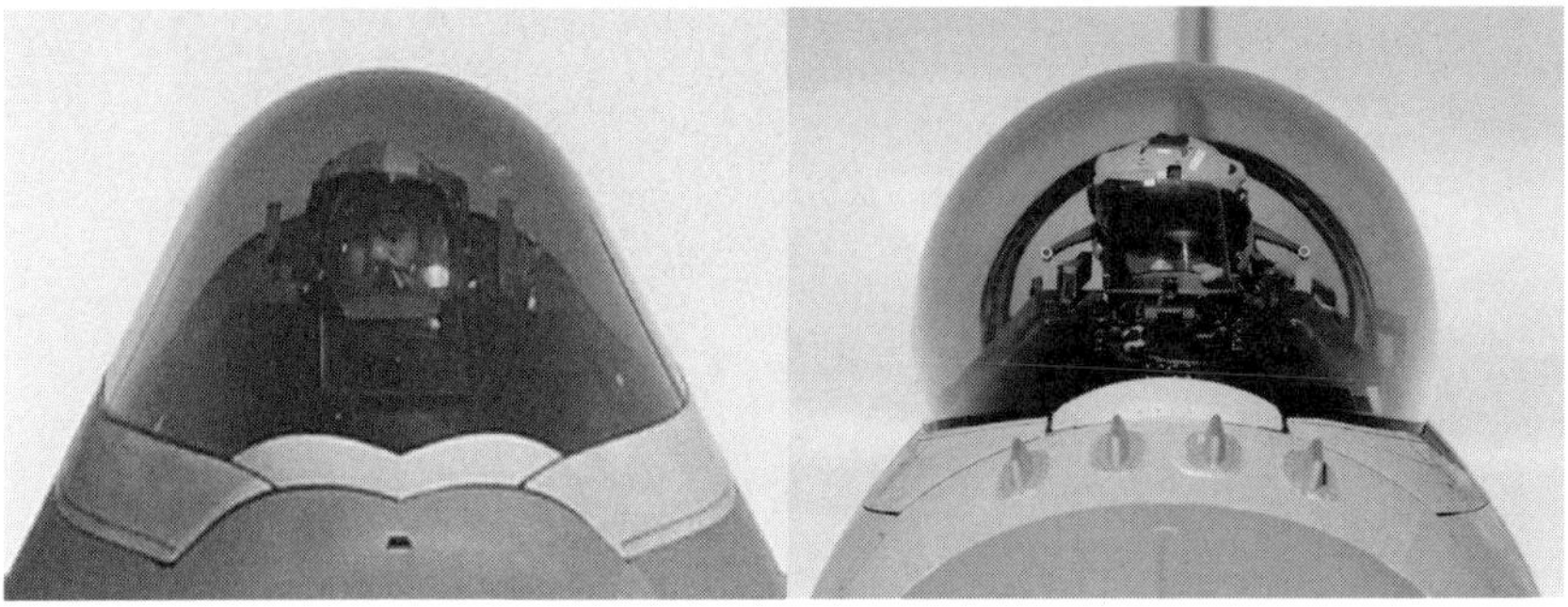

［図11-13］正面から見たF-16（右）とF-22（左）のコクピット

とりあえず、F-16とF-22のコクピットを正面から見てみます。［図11-13］

一目で分かるのは、コクピット前部の計器類を収めた箱部分の形状です。F-16にはいろんなものがゴチャゴチャと付いていて、やや角ばった形状です。一方、F-22ではこれが丸い滑らかな形状に整形され、余計なものも一切付いていません。すなわち余計な電波反射は一切起きないように工夫されています。

そしてキャノピー下部の両脇（コクピットの斜め下部分）についても、F-16では横下方の視界確保のため大きく透明部分が確保されているのに対し、F-22では大きな横板が付いてそちらからレーダー波がコクピット内に飛び込まないようになっています。

しかしこれでも完全ではなく、基本的に少しでも電波が飛び込んだら終わりです。では、どうするのか。ただしここからは私の推測もだいぶ含まれますので、この点はご了承のほどを。

［図11-14］を見てください。まずはF-15は普通の透明キャノピー（天蓋）です。それを支える枠組みが前後に二つあります。次のF-16は風防には紫外線と赤外線対策として金を薄く

［図11-14］上からF-15、F-16、F-22

蒸着させていますが（パイロットを思いやっての施策ではなく、内部機材の劣化を防ぐため）、ほぼ透明のキャノピーです。そしてF-16も後部にキャノピーを支える枠が一つあります。

これらに対してF-22のキャノピーは金の蒸着が行なわれ、単純に透明ではありません。さらに電波を反射する恐れのある枠組みは一切ありません。枠がないというのもステルス対策ですが、注目はこの金と思われる蒸着の濃さです（おそらく真空蒸着で貼っている）。

同じように金の蒸着をしたものに、宇宙飛行士のヘルメットがあります。NASAのヘルメットはジェミニ計画（2度目の有人宇宙飛行計画）の昔から船外活動を行なう場合、このキンキラキンの金の蒸着バイザーを付けています。これは宇宙空間で浴びる、人体に有害な紫外線以上の高周波電磁波を弾き返すための工夫です。［図11-15］

薄い金の皮膜は可視光前後の周波数の電磁波のみを通過させる、という反射と透過の特性があります。よって金を透明部部分に薄く蒸着させ、有害な電磁波の侵入を防いでいるのです。

ちなみに写真などで見るとキンキラキンでまったく視界がないように見えますが、異常なまでに明るい真空の宇宙空間では十分な量の光線が通過して外を見ることができます。ついでに光の角度によっては、中の人の顔も意外によく見えたりします。

話をF-22に戻しますが、金の薄い皮膜は可視光以外の電磁波を弾きます。宇宙飛行士の場合は紫外線以上の有害電磁波

［図11-15］薄い金の皮膜がバイザーに貼られているNASAの宇宙飛行士用ヘルメット

を弾くのが主目的ですが、F-22の場合は赤外線以下の低い周波数の電磁波、つまり電波を弾くのが主だと思われます。

すなわち、コクピット内部にレーダー波が飛び込んできて盛大に乱反射してしまうくらいなら、いっそ風防で全部弾いてしまえ！という考え方です。より良い手段ではなく、どうせダメなら多少はマシな方を選んだということであり、すなわちコクピット周辺では厳密なレーダー波の反射制御は行なっていない、ということになります。

このあたりも合わせ、どうも戦闘機におけるステルスは意外に手抜きが多く、実は結構穴が多いんじゃないか、と個人的には推測しています。

3 中学理科レベルで分かるステルス②

レーダー波の反射を制御する3つの方法

引き続き、〝中学生の理科でも分かる〟ステルス技術なのですが、ちょっとだけレベルを上げていきます。まずは機体表面でレーダー波の反射を制御する方法からです。この点については3つの基本的な対策があります。

①レーダーは、打ち出した電波が戻ってくることで目標を発見する。よって機体が受けたレーダー波を、レーダーの方向（つまり飛んできた方向）とは別方向に弾き返せば見つからない。

②レーダー波を次々とキャッチボールのように連続反射させることでエネルギーを減衰させ消滅させてしまえば、アンテナに電波は戻らない（電波のエネルギーを熱に変換させることで奪い、消滅させる）

③電波吸収塗料などを機体表面に塗り、吸収しても同じ効果がある。

といったところです。

これらを理解するには、まず機体表面で電波はどう反射するのかを知る必要があります。この点は中学で習うレベルの理科で十分に理解可能で、そしてそこまで理解すればステルスの6割は理解できたと思ってよいでしょう。

ステルスの原理は意外と単純で、高度な数学の塊になるのは、それを実際に三次元形状の機体に運用するときからです。とりあえずは基本中の基本、入射と反射について確認します。

ステルスの基本その3――傾斜をつけてレーダー波を戻さない

電波は光と同じ電磁波ですから（光より周波数が低いが）、通過できず吸収もされない金属などの物体にぶつかると弾き返されて反射します（厳密には一部が内部に浸透してエネルギーの損失となるが）。そしてその反射には、中学理科で習うお馴染みのルールである、入射角と反射角が適用されます。

反射面に対して垂直な線を対象に、ぶつかった（入射）電磁波は同じ角度で反対側に弾き返され（反射）ます。このとき、垂直線に対して入射線の成す角度を「入射角」、反射線の成す角度を「反射角」と呼び、両者は等しくなります。［図11-16］

入射と反射の角度が反射面に対する垂直線を軸に等しくなるということは、次のようなことを意味します。

先述のように索敵用のレーダー波はほぼ横か、あるいは浅い下向きの角度をもって飛んできます。ここでは下側10度の角度で飛んでくる場合を考えましょう。このレーダー波が機体表面にぶつかったとき、その機体外板の傾斜角度によって反射の方向が異なってくるのです。

［図11-17］を見てください。まず普通に垂直に切り立った面にぶつかると、軸を対象に10度でそのまま反射されます。つまりほぼ電波が飛んできたレーダー方向に電波を弾き返してしまうのです。これも先述したように電波は拡散しますから、当然これは相手のレーダーアンテナに探知されます。

ここで反射する機体の外板が上向きに傾いていたらどうなるでしょうか。例えば20度の傾斜なら面の垂直線も一緒にプラス20度傾くので、レーダー波に対して30度の角度をもつことになります。となると入射角も30度、反射角も30度となるので、合計で60度も離れた上方向に弾き返されます。こうなると電波はほとんどレーダーアンテナには戻らないでしょう。

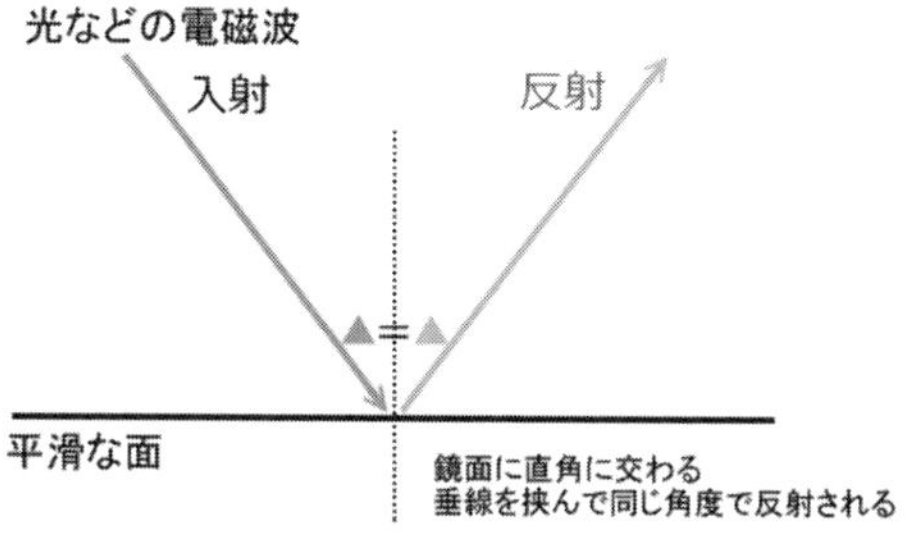

［図11-16］入射角と反射角の法則

さらにこれが35度までいくと、90度の角度で上方向に弾き返されるため、電波は空に向かって飛んでいってしまい、レーダーアンテナにはまったく戻りません。すなわち探知されないのです。

ここで【ステルスの基本その3】の「胴体側面に傾斜をつけてしまえば、レーダーに見つかりにくくなる」が完成です。馬と鹿が団体で遊びにきたような単純な話です

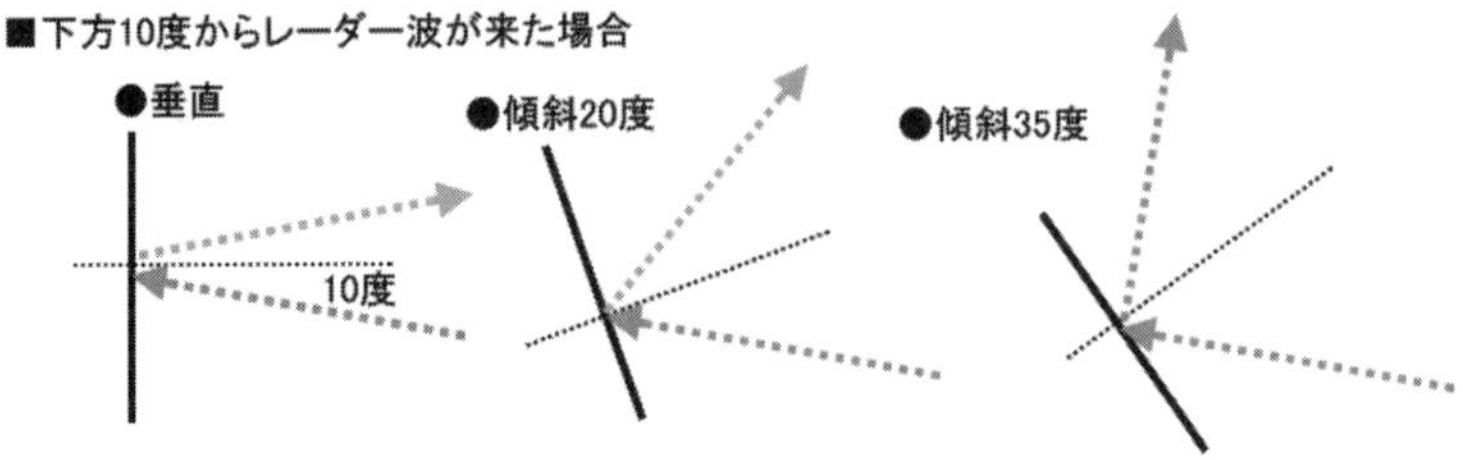

［図11-17］下方10度からレーダーが来た場合、機体の外板が垂直だと（レーダーの発信源の方向に）ほぼ返してしまうが、外板が傾いているとレーダーを拡散させることができる

が、これは極めて効果的なステルス構造となります。

F-117がおむすび型、つまり正面から見て▲（三角）の断面構造をもつのはこのためです。すべてが斜め上方向に傾いた面で構成されたこの機体は横方向から来たレーダー波をすべて上方向に弾き返し、相手のレーダーアンテナには戻らないようにしてしまっています。ちなみにおそらく現在に至るまで、最強のステルス性能をもつのがこの機体であり、より大型のB-2や、戦闘機型のF-22、F-35などのステルス性能は一段落ちる、と筆者は推測しています。［図11-18］

［図11-18］正面から見たF-117。F-22やF-35と違って黒色なのは夜間爆撃機だからで、つや消しによって光の反射を抑えている。そのためF-22とは違う電波吸収体を使っていると推測されるが詳細は不明（Photo：Lockheed Martin）

ステルスの基本その４——機体下面を平らに

ちなみにこのＦ-117の機体の下面が真っ平らなのは、近距離からのレーダー波対策です。これも入射と反射を利用した対策になっています。［図11-19］

近距離からのレーダー波、具体的には最も恐ろしい地対空ミサイルなどからのレーダー波はより下側から飛んできます。そのため機体下面でこれを受けることになり、横面の対策だけでは異なる方向に反射できません。

そこで下面を真っ平らにしてしまうわけです。すると垂直線への入射角と反射角が極めて大きくなるので、あっさり反対側に電波は飛ばされて電波はレーダーに戻らなくなります。

ただし機動性確保のために上翼にしているＦ-22などの場合、胴体と主翼の下面をツライチにできません。［図11-21］

そこで［図11-19］の下図のように、二段階反射でレーダー波を下方向に捻じ曲げるようにしています。一度主翼で反射した電波は再度胴体にぶつかって、下方向に弾かれます。これはＦ-117のような平らな下面に比べると効果は落ちますが、それでも電波はほとんどレーダーに戻らないでしょう。

ですからレーダー波が胴体横にぶつかった場合は、主翼に当たった場合とは逆に下向きに反射され、探知される可能性は（上向きに反射した場合と比べると）高くなります。しかしこのあたりは、戦闘機の機動性とステルスを両立させるためのギリギリの妥協点なのだと思います。

ちなみに平らな胴体下面にぶつかったレーダー波はＦ-117と同じように明後日の方向に飛んでいき、最も効果的に処理されることになります。

これが【ステルスの基本その４】の「機体下面を平らにすることで、電波をレーダーに向けて戻さない」です。

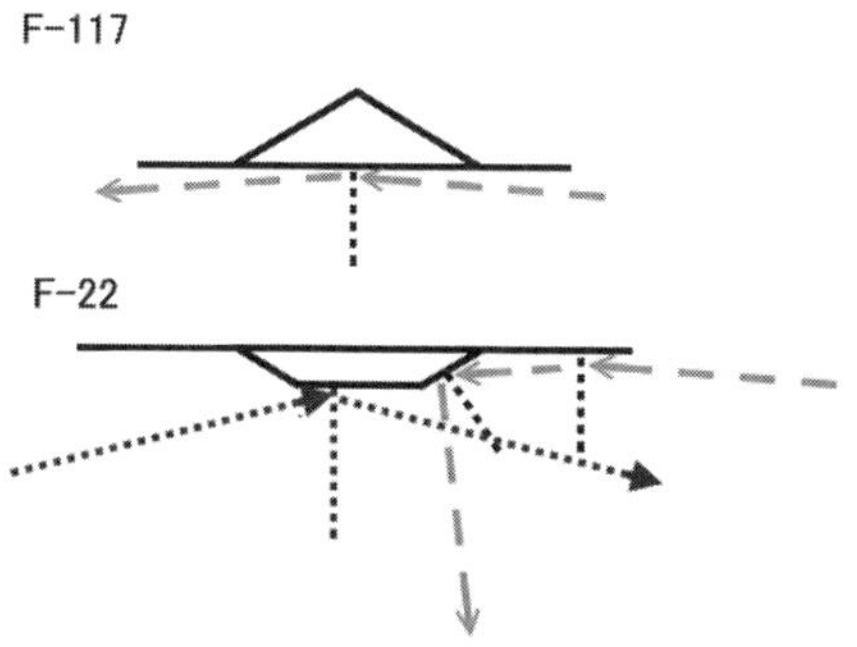

［図11-19］F-117とF-22の機体下面にレーダーが当たった場合の反射方向

ただしこれはあくまで、水平飛行中の話であることに注意してください。旋回中に機体を左右に傾けると、角度によってはこの効果が変わるどころか逆に盛大に電波をレーダーアンテナに打ち戻すことになります。

そこらへんについて何か対策があるの

か、諦めているのかは残念ながら私には分かりません。原理的にはどうしようもないので、割り切っているのだと思います

［図11-20］B-2の機体下面と側面。機体下面がほぼ平らな形状であることが分かる（Photo_below：Balon Greyjoy）

が、F-117がコソボで撃墜されたときも旋回中に探知されたという話があります。

YF-23のステルス性がF-22より上だったとされる理由

正面からF-22を見ると、外板を傾けているため、胴体の断面型がソロバン玉のような六角形に近い形状をしています。［図11-21］

また機首上部の側面とキャノピー側面の角度が揃えられ、両者が直線を成しているのが分かります。これはおそらく金蒸着したキャノピーで、レーダー波を胴体と同じ角度で上に弾き返すためだと考えられます。

しかしF-22は主翼が上翼なので、F-117のように胴体側面にぶつかる電波をすべて上に飛ばすことはできません。胴体下側は地面の方向に向けて弾くようにしています。この場合、上に向けて弾くよりも探知されやすくなりますが、戦闘機としての運動性能も求めた結果でしょう。その分、ステルス性能はF-117よりは落ちてしまうはずだと推測されます。

外板の形は、F-22（YF-22）と競争試作になって敗れたノースロップのYF-23はより徹底しています。［図11-22］のようになるべく下側を平らにできるように、上部構造物がかなり出っ張った形状になっています。ステルス性能ではYF-23の

［図11-21］正面から見たF-22。水平・垂直になっている外板はなく、主翼より上部は飛んできたレーダーを上へ、主翼より下部は下へと飛ばす設計になっている。また、機首上部の側面とキャノピー側面の角度や、空気取入れ口の側面と垂直尾翼の角度が揃えられており、正面から見るとソロバン玉のような六角形に近い形をしているのが分かる

［図11-22］正面から見たノースロップのYF-23。機体下側をできるだけ平らにできるように、上部構造物がかなり出っ張った形状になっている

ほうが上だったと言われていますが、おそらくその通りでしょう。

ステルス機の垂直尾翼が2枚ある理由

ちなみにステルス機の垂直尾翼が外側に向け斜めに曲がっているのもまったく同じ理由で、レーダー波を下側に打ち落とす構造となっています。本来なら内側に傾けて上に弾き返したほうがいいのですが、それでは安定性や運動性が不安定になってしまうようで、通常は外側に傾けます（ロッキードの最初のステルス試作機、ハブ・ブルーではステルス性を重視して内側に傾けてあったのが、F-117から外側に変更された）。［図11-23］

またステルス機の垂直尾翼が常に2枚なのは、1枚だと斜めに傾けられないからです。そして傾けられずに名前の通りに垂直な尾翼だと、盛大にレーダー波を反射してしまうことになります。F-35が単発機なのに双尾翼にした理由がこれです。

さらにF-22の場合、かなり垂直尾翼が大きいので、ここで一度下向きに反射した後、すぐ下にある主翼と水平尾翼によって一部をさらに上に弾き返す、といった凝った構造にもなっています。

［図11-23］1970年代半ば、DARPA（国防高等研究計画局）の依頼によりロッキードのスカンクワークスが開発した最初のステルス試作機ハブ・ブルー。垂直尾翼が内側に傾いているのが分かる。2機が制作され、1977年12月に初飛行を行なったが、いずれも試験中に墜落して失われた

［図11-24］下面から見たF-22。エンジン部分以外は凹凸があまりなく、ほぼ平面になっている（Photo：wallycacsabre）

ちなみに機体下面を可能な限り平らで滑らかにするという基本法則は、F-22ではきちんと守られています。胴体後部は円筒形のエンジン収容のためにどうしても筒状になってしまいますが、それ以外は可能な限り平らで滑らかにされています。ただし主翼の平面形はやや複雑な曲面をもつのですが、あれがステルス対策なのか、空力対策なのかは私には分かりません。［図11-24］

一方、F-35ではこの基本法則をほぼ無視しています。なぜかは分かりません。［図11-25］

機首下面以外は凸凹だらけで、これがステルス機なの?? という構造になっています。特にエンジン回りは何の工夫もないくらい、そのまんまです。F-22の開発終了後、もはや機体下面の平面性は問題にならなくなった可能性も完全には否定できませんが、個人的には単なる手抜きの可能性を捨てきれません。元々F-22より安価で手軽な機体として開発が始まっているのがこの機体ですし(現実にはまったくそうならなかったが)。

おそらく近距離下方向から、すなわち最も怖い誘導ミサイル系の照準レーダーから狙われた場合、F-22やF-117に比べてF-35はステルス性能ではかなりの脆弱性を抱えている気がします。運動性にも問題を抱えているはずなので、近距離から地対空ミサイルを撃たれたらおそらく逃げ切れないでしょう。

[図11-25] 下面から見たF-35。凹凸が多く、平面にしようという意図は感じられない

ステルスの基本その5――レーダー波自体を消す

ステルスの基本の最後に、そもそも「レーダー波を消してしまえば問題解決！」という、より積極的な対策を見ていきます。ただしここからは話は簡単ではなく、さらに最も機密性の高い部分でもあるので私に分かることも限られます。とりあえず分かる範囲で最低限の解説を行なってみたいと思います。

レーダー波は電磁波ですから、エネルギーをもった光子の波動です。これを止めるにはそのエネルギーを奪えばよく、とりあえず熱に変換して消してしまえばよいことになります。

どうやって？　というと、基本的には衝突によって熱を発生させることになります。やり方としては大きく二つあり、「とにかく何度も連続反射させて少しずつエネルギーを奪う方法」と、もう一つは「電磁波を吸収する方法。つまり、熱変換の効率がよい素材である磁性体（フェライト、ナノカーボン）を埋め込んだ電波吸収材質を機体表面に置く（パネルとして設置するか塗料として塗る）方法」のどちらかになります。

《エネルギーの奪い方①》反射で消耗させる

まずは理屈だけなら単純な、何度も反射させてエネルギーを奪ってしまう方法です。

電磁波は反射される場合でも、わずかながらそのエネルギーを熱の形で奪われます。よってこれを何度も連続して行なうことでエネルギーを減衰させて消滅させる、あるいは少なくともレーダーアンテナに戻れない程度にまでエネルギーを奪うという考え方です。基本的には以下のような形でこれを行なうことになります。

筒状の部分に電波を飛び込ませ、ここから出ていくまでに何度も連続反射するようにしておき、最後は減衰して消えるか、少なくともレーダーアンテナに戻るだけのエネルギーを残さないようにします。［図11-26］

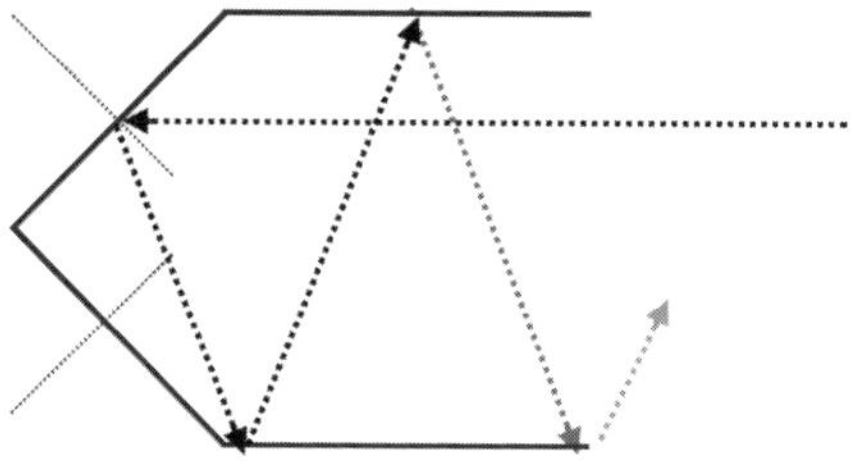

［図11-26］飛んできたレーダーを筒内で何度も反射させ、減衰させるイメージ

勘のいい人は気が付いたと思いますが、Ｆ-117やＦ-22の空気取入れ口で行なわれている工夫がこれで、中に飛び込んできた電磁波を内部で反射させ、外に出ていかないようにしてしまいます。Ｆ-117の場合、コクピットでもこれをやっている可能性があるのですが確証はありません。［図11-11／-12］

理屈は単純ですが、実際にやるには一定の幅の角度から飛んでくるすべての電波をきちんと狙った方向に反射する三次元形状を設計する必要があり、決して簡単でありません。このあたりから数学の塊になってくるわけです。

Ｆ-117では空気取入れ口を細かい格子でフィルターのようにすることで問題を単純化し、解決しています。一方、Ｆ-22ではきちんと三次元の筒状の中でこれを行なっています（空気取入れ口内をよく見ると、単純な四角い筒ではなく、複雑な立体を形成している）。ここは開発時期の違いや、その間のコンピュータの演算能力の発展による違いによると思われます。

《エネルギーの奪い方②》素材で吸収する

次は電磁波に対する損失材料を使って、そのエネルギーを奪ってしまう方法で、いわゆる電波吸収塗料の利用です。これを行なうには磁性材（Magnetic material）と呼ばれる電磁波のエネルギーを熱にして吸収してしまう微小素材が使われるのですが、基本的に周波数ごとに対応できる素材とその粒子の大きさが異なってくるため、話は単純ではありません。

現代のレーダーで使われるＳバンド（２～４ＧＨｚ……波

長10㎝前後）以上の高周波数には酸化物磁性体、いわゆるフェライト粒子を含むものが使われるのが普通です。近年ではより効率の良い、数ミクロン単位のコイル状炭素であるカーボンマイクロコイル（ＣＭＣ）が実用化されつつあります。ただし、すでにＣＭＣが軍用に転用されているのかは私は知りませぬ。

いずれにせよ周波数ごとに使える素材は限定されてくるので、高周波と低周波の両者に対応するのは困難です。このため高周波に対応している塗料を使っている最新ステルス機は低周波レーダーだと捉えられやすい、という説が以前から一部で知られています。

実際、１９９９年3月、コソボ紛争中にセルビア空軍にＦ-１１７が撃墜されたとき、セルビア側は波長約1メートル、周波数３００ＭＨｚという第二次世界大戦の警戒レーダーのような低周波レーダーでこの侵入を掴んだとされています（そして先にも書いたが、旋回中に捉えた可能性が高い）。

ただし、この周波数の精度ではミサイルの誘導は無理ですから、Ｓ-１２５（西側呼称ＳＡ-3ゴア）地対空ミサイルを複数一斉に発射した後、手動で誘導して爆破まで行なったようです。

ちなみに電波吸収素材は対応する周波数が下がるほど必要な厚みが増えるため、塗料として扱うには不利になります。そういった点でも低周波への対応は難しいのです。近年のステルス用塗料の進化は私には分かりませんが、とりあえず低周波レーダーが有効な可能性が高いということは戦場に行く前に知っておいて損はないでしょう。

また通常の電波吸収体は、面に対して垂直方向の入射を前提としています。そのため強い角度から飛んでくる電波には対応できないモノが多いです。これは電波の発振源が極端に近距離にあって、球形に拡散する（つまり水平波ではない）場合も同じです。

よって遠距離にある地上のレーダーサイトや敵の空中警戒機のレーダー相手なら問題ないですが、近距離に存在する誘導ミサイルの電波などはこの不利な条件に当てはまる可能性が高く、この点でもまた不安は残ります。

とにかく撃たれてしまったら、後はレーダー誘導によって当てられてしまう可能性は低くないということも、戦場に行く前に覚えておきましょう！　といっても、このテーマについてはなにせ情報がないので、あくまで推定の範囲を出ません。

参考までに、Ｆ-22の機体が独特の光沢をもつのはこの電磁波損失材料を含む塗料、つまり電波吸収素材を表面の塗装しているからです。［図11-14］

しかし基本的に剥がれやすい素材なため、一定期間ごとの再塗装が必須と見られており、その維持管理コストの増大する問題を抱えています。さらに機体の一部に塗料ではない、電波を吸収する素材をパネルとして張り付けている可能性があるのですが、これも現状は情報がなく判断できません。

今後、世界の空軍で次々とステルス機が採用されていくとなると、果たしてそのコストに見合うだけの性能があるのか、10機のステルス機でも１００機のＭｉＧ-21や50機のＦ-16相手に勝てるのかという問題が付きまとうことになるでしょう。

コストで負ける機体は、よほどの性能差がないと数で勝てません。そこまでの差があるかと言われると現状は疑問なのです。個人的には今後の戦闘機は非ステルスに再度回帰していくのではないかと思っています（まったく無視するのではなく、他の性能に対する優先度を下げる）。

4　ステルスの歴史（1）——第一世代

ロッキードの系統とノースロップの系統

さてここからはステルス機の歴史を少し見ていきます。主にアメリカ空軍の技術開発の歴史になるわけですが、これには大きくロッキード系、そしてノースロップ系の二つの流れがあり、それぞれの資料として『Skunk Works : A Personal Memoir of My Years at Lockheed』と『Inside the Stealth Bomber』の2冊の本があります。

前者は二代目スカンクワークスのボス、ベン・リッチにLeo Janosという編集者が取材して書いた彼の自伝なんですが、かなりの部分がステルス関係の記述に割かれており、基本中の基本の資料となっています。ただし編集者の技術的な部分の理解不足と、リッチのややハッタリをかましたうえで細部を気にしないという厄介な性格から、単純に鵜呑みにするのは要注意な本であることに気を付けてください。この本は日本語訳もあり、『ステルス戦闘機』という変なタイトルで１９９７年に講談社から出ています。［図11-27］

2冊目はＢ-2を対象にした本ですが、基本的にノースロップのステルス技術全般について述べたもので、当時の関係者の多くにインタビューを行ない、かつ技術的な解説も的確で参考になるものです。こちらは現在まで邦訳はありません。

とりあえずもう少し詳しく知りたいという人は、これらの一読をお勧めします。

[図11-27] F-117のコクピットに座る、1975年にスカンクワークスの創設者〝ケリー〟・ジョンソンの後を継いだベン・リッチ（1925〜95年）。F-104やU-2、A-12、SR-12、F-22などの開発に携わり、特にF-117の開発では中心的な役割を果たしたため「ステルスの父」と呼ばれる（Photo：Lockheed Martin）

〝レーダーが届かない高高度を飛ぶステルス機〟U-2

とりあえず、本書では「航空機をレーダーで捉えにくくする技術」をステルスと定義します。その歴史は意外に古く、レーダーが本格運用され始めた第二次世界大戦にはドイツがすでに研究を開始。試作機で終わったホルテンの無尾翼機ジェット機Ｈｏ２２９にその技術を投入していたとされます。

しかし、ドイツのステルス技術はそこから特に発展を見せず、戦後の米ソもこれに注目していません。

その後、レーダーに捉えられない機体を本気で開発し採用したのは１９５０年代後半、アイゼンハワー大統領時代のアメリカでした。１９５０年代に冷戦が本格化すると、ソ連の内陸部や、さらには核武装してしまった中国の内陸部の偵察が絶対に必要という状況にアメリカは追い込まれます。

当時の大統領、アイゼンハワーの判断でこの任務は空軍でも海軍でもなく、戦後に設立された情報機関ＣＩＡが担当することになりました。どうも軍部が直接その任務に当たるよりは対外的な言い訳が可能という理由だったようですが、どうでしょうねえ、それは……。

とりあえず、そのＣＩＡの依頼を受けて偵察機の開発に当たったのが、有名な〝ケリー〟・ジョンソン率いるロッキードの

［図11-28］グライダーのような長い主翼をもつ高高度偵察機U-2の前でポーズをとるクラレンス・レオナルド・〝ケリー〟・ジョンソン（1910〜90年）。ロッキードでU-2やSR-71など、40を超える航空機の開発において中心的な役割を果たしたとされる。優れた航空技術者であったのと同時に、営業活動や組織運営でも豪腕を発揮した人物でもあった（Photo：Lockheed Martin）

研究開発部門、スカンクワークスだったわけです。ここからスカンクワークスとＣＩＡの怪しく、胡散臭い関係が始まります。そんな彼らが最初に開発したのが１９５５年８月に初飛行した高高度偵察機Ｕ-２でした。［図11-28］

通常の機体では届かないような２万５０００メートル近い高高度を飛行する偵察機です。この高度ならあらゆる戦闘機は到達できず、さらにソ連のレーダーでは捉えられないのでソ連領空を侵犯する違法任務を秘匿できると考えられていたのです。

これは朝鮮戦争時のデータを基にソ連のレーダー能力を推測した結果でしたが、現実にはソ連の技術はアメリカの想像の上を行っており、１９５６年夏に開始された最初の任務からＵ-２はレーダーで追尾され続けました。

当然、ソ連からアメリカに矢のような抗議が殺到します。驚いたロッキードとＣＩＡはＵ-２がレーダーに映らなくなる技術の開発を始め、これがアメリカにおけるステルス技術の始まりとなりました。

ＣＩＡから始まったアメリカのステルス研究

二代目スカンクワークスのボスであるリッチによると、最初の任務からわずか半年後の１９５６年末に事態を憂慮したアイゼンハワー大統領から直接、U-2のレーダー対策がCIAに命じられ、レインボー計画の名でレーダーに映らない機体の研究が始まりました。これがアメリカにおけるステルス研究の始まりです。ステルス技術は空軍でも海軍でもなく、スパイ天国CIAがその源流なのでした。

［図11-29］機体周囲にピアノ線を張り巡らせたU-2のステルス仕様機の垂直尾翼。「ダーディー・バード」と呼ばれた（Photo：Lockheed Martin）

そこで採用された対策は電磁波を吸収するフェライト（酸化鉄）系の塗料を塗ることと、各波長に合わせた長さのピアノ線（索敵と照準レーダーでは周波数が違うので、別々のものが必要）を機体周囲に張り巡らしてレーダー波を吸収すること、そしてソールズベリー・スクリーン（Salisbury screen）と呼ばれるレーダー波を吸収する格子状の金網を機体下面に貼りつけることでした。［図11-29］

これにより、実験では最大10分の1までレーダー反射を小さくすることに成功したものの、特定の周波数のみに有効だったり、高度が変わるともうダメだったり、重量増が酷すぎて搭載できなかったりと、あまり効果的とは言えない結果に終わります。

当時、ソ連がレーダー誘導で二段式ロケットによる高高度対空ミサイル（のちのS-75／西側呼称SA-2ガイドライン）を開発中であるのをアメリカはすでに知っていましたから、このままではまずいとCIAは考えたようです。このためステルス性の獲得に限度があったU-2に代わる機体の研究が1958年半ばから開始されることになります。

そして実際に1960年5月、フランシス・ゲーリー・パワーズが操縦するU-2がソ連の上空でレーダー誘導の高高度対空ミサイルSA-2によって撃墜されて捕虜となり、これによりソ連からの一方的な非難にさらされる事件が発生します。CIAの不安は的中したわけです。

こうして以後、U-2によるソ連本土偵察は断念されることになりました（ただしキューバ上空への偵察や、台湾空軍による中国本土上空への侵入は以後も続き、そして何機ものU-2が撃墜され犠牲者は増え続ける）。

〟世界初の実用ステルス機〟ブラックバード

ただしすでに述べたように、CIAは1958年半ば頃から次世代偵察機の開発に入っていました。コンベアなども競作に参加していたのですが、最終的に「マッハ3で飛び、レーダーからも見つかりにくい」という当時としては驚異的な機体の開発に目処を立てたロッキードが、U-2に続きCIA偵察機の仕事を勝ち取ります。

「牛車計画（オックスカート計画：Project OXCART）」と命名されたこの計画により開発されたのがA-12偵察機で、のちに複座化されたものが空軍向けのSR-71として採用されます。ちなみにどちらも愛称はブラックバードで、外見もほとんど変わらないので混乱しがちですが、それぞれ別の機体ですから要注意です。

空軍型のブラックバードSR-71は先に開発されていたCIA型ブラックバードA-12の機能強化版で、さらに各種電子装置などの操作をする搭乗員（偵察装置操作士官：Reconnaissance systems officer：RSO）の座席が追加されて複座になったものです（ブラックバードは電波偵察機としても使える）。両者を一目で見分けるのは困難で、とりあえず最初に開発されたのが単座のA-12でこれはCIA用、その次に

［図11-30］ロッキードのスカンクワークスが開発した超音速・高高度偵察機ブラックバード。右がCIAのA-12で、左が発展型でアメリカ空軍用のSR-71。単座のA-12に対し、SR-71では複座化され、偵察機器を増設したため全長が2メートルほど伸び、さらに機首の形状も少し異なる。SR-71の通称の「ハブ」は沖縄（嘉手納基地）にいたことにちなむ

つくられたのが複座で空軍用のSR-71、どっちも愛称はブラックバードと覚えておけばよいでしょう。［図11-30］

このブラックバードシリーズからステルス技術が本格的に盛り込まれました（当時はステルスとは呼ばれず、低識別性などと呼ばれたが）。

これまで紹介してきた単純ステルス技術の数々、すなわち横方向からのレーダー波を反射しにくい平べったい胴体や、レーダー波を明後日の方向に向けて反射する胴体側面の傾斜外板、同じく傾斜した垂直尾翼（直線飛行が基本なので、運動性を犠牲にして内側に傾けている）などは、すべてこの機体によって初めて実用化されたものです。

そして、ブラックバードのステルス性を実現させた最大の要因が、特徴的な機体前部の「ヒレ」でした。

これは12番目の開発機、A-12から試験的に取り付けられたものですが、これによってレーダー反射率が劇的に低下、リッチによれば実に90％も減らしてしまったのだとか。すなわち従来の10分の1であり（おそらく水平方向からのレーダー波に対する数値）、これによってスカンクワークスは初めて機体のステルス性に自信が持てるようになった、としています。

［図11-31／図11-32］を見れば分かるように、このヒレが機首側面に付いたことで、機体の上部はおむすび型の▲となって、上側に傾いた外板をもつことになりました。このメリットはすでに見た通りで、横方向からのレーダー波を発信元のレーダーアンテナとは別方向、すなわち上に向けて弾きます。

さらに機体下面も斜めの側板をもちながら平らに近い構造となり、レーダー波を明後日の方向へ反射させることに貢献しています。先述のステルス対策が一気にここに持ち込まれたわけです。ブラックバード恐るべしと言っていいでしょう。

［図11-31］正面上方から見たSR-71。機首部分がエイのヒレのようにビヨーンと左右に広がる特徴的な構造をしている（Photo：Bryan Alexander）

［図11-32］正面から見たSR-71。機体の上半分と下半分の接合部分が張り出しになったことで、水平方向からのレーダーを（発信方向に）返す部分が限りなく小さくなっている（Photo：NASA）

ついでに後で見るノースロップが開発した、「滑らかな接合面によって反射を抑える」というステルス技術もおそらく無自覚なまま取り込まれており、かなり理想的なステルス形状となっています。機体形状によってレーダー波の反射を制御するステルス技術の７割近くが、この機体ですでに実現されてしまっていたわけです。

F-22などの第三世代に近い第一世代のステルス技術

実際、B-2やF-22などのステルス第三世代の技術は、第二世代のＦ-１１７よりもこの第一世代のステルス技術であるブラックバード式に近いと言えます。

偶然この形状にたどり着いたのか、きちんと理屈を分かったうえで設計しているのかははっきりしません（のちに開発されたＦ-１１７の形状を見ると、ブラックバードでレーダー反射が減った理由を完全には理解できていなかった可能性が高い）。エンジンポッドが丸いままだったりと細部の詰めが甘いうえに、高温で伸縮する外板のため接合部に凹凸が多く、現代のステルス機に比べると性能的にかなり見劣りはします。しかしそれでも１９６２年４月に初飛行した機体で、ここまでステルス技術が完成していたことは驚異的です。

［図11-33］パイパー・エアクラフトのプロペラ軽飛行機パイパー カブ（J-3）（Photo：omoo）

ちなみにリッチによるとSR-71（ブラックバード）のステルス性は65%が機体形状による工夫で、残り35%が磁性体ファライトを使った電波吸収部材と塗料によるものだそうな。意外に電波吸収材の貢献度が高いですね。

そしてブラックバードのレーダー反射率は小型機のパイパーカブ（J-3）とほぼ同じだとされますから、両者のサイズを見ると、

パイパーカブ……全長 約6．8メートル／全幅 約10．7メートル

SR-71……全長 約32．7メートル／全幅 約16．9メートル

となり、全長で約8割、全幅で約6割も小さい機体と同じ大きさでレーダーに映ることになり、かなりのステルス性能が確保されていると見ていいと思います。もっともパイパーカブはマッハ3では飛べないので、（相手のレーダーから見て）両者の識別は簡単だったりはします。［図11-33］

ついでにスカンクワークスは、A-12をマッハ3の高速戦闘機に改造するという野心的すぎる計画（YF-12）を空軍にもちかけ、とりあえず試作機の製作予算を勝ち取ります。

このYF-12は、ソ連の超音速爆撃機を迎撃する機体としてアメリカ本土で運用される機体だったので、ステルス性は必要ありませんでした。だったら機首周辺のヒレはあっても邪魔で単なる重量物になってしまうので、これを外し、ごく普通の円筒状の機首部に変更されています。［図11-34］

A-11以前の形状への先祖帰りとも言えますが、これによって、あのヒレはステルス性確保のためだったことが間接的に確認できるわけです。もっとも、ヒレを付けたままだったら、YF-12が世界初のステルス戦闘機だったわけですけどね。

ただし高すぎるうえに実用性が低すぎ、そのうえICBM時代になってソ連の超音速爆撃機はアメリカまで飛んできそうにないということで、3機の試作機がつくられただけでYF-12計画はキャンセルされてしまいます。

ちなみにA-12の戦闘機型ですからSR-71とは別物で、そもそもこっちのほうが先に開発されていました（YF-12が19

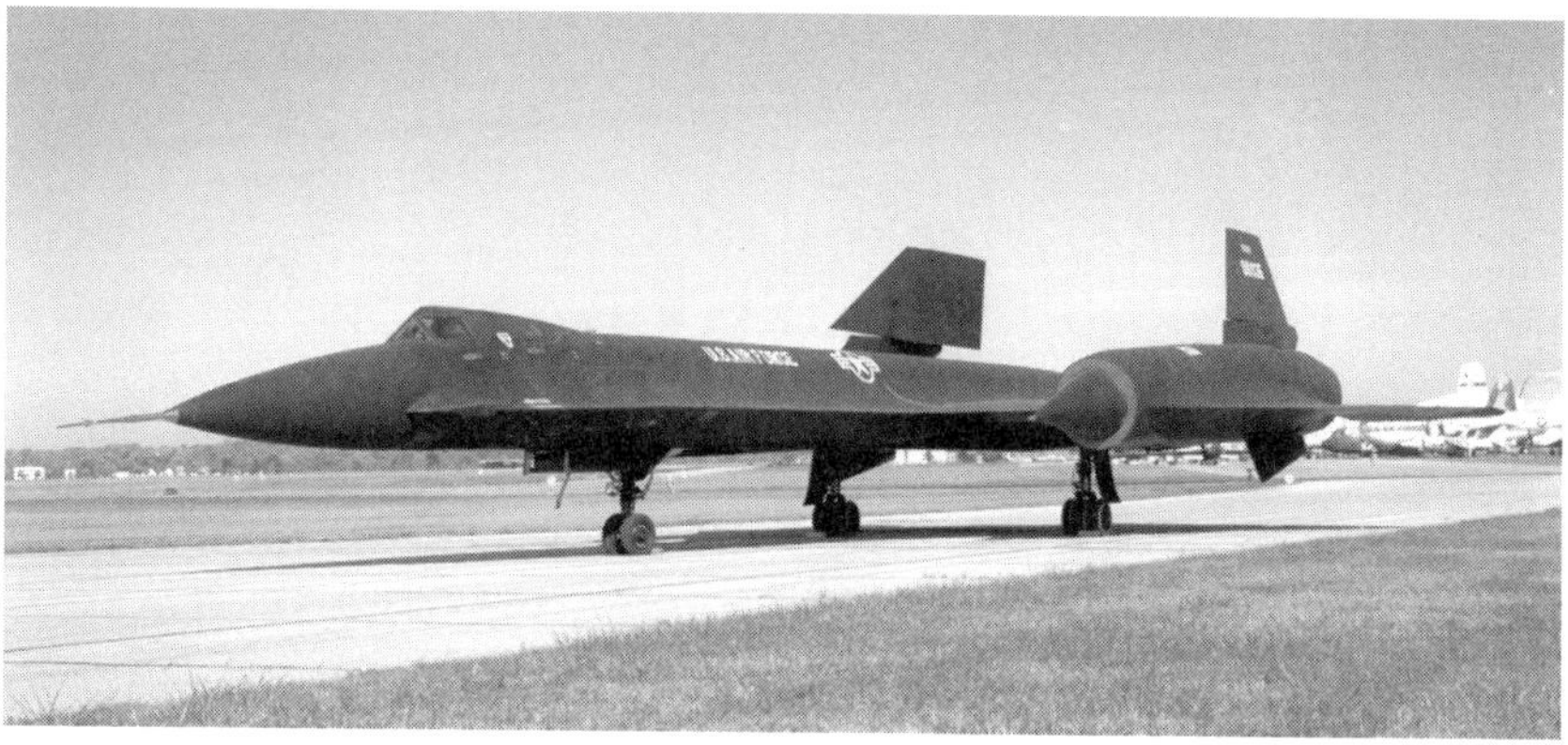

［図11-34］A-12の派生型の一つとして開発されたアメリカ空軍向けの迎撃戦闘機型YF-12。機首部のヒレ部分が撤去されて普通の円筒状になっている

63年8月、SR-71が1964年12月飛行)。ただしこの機体はパイロットと別にF-89スコーピオンのような火器管制官を乗せた複座迎撃機となっており、ブラックバードシリーズで最初に複座化された機体でした。SR-71の複座化に当たり、この設計が利用された可能性はあります。

〝第一世代ステルス技術の集大成〟D-21無人偵察機

1960年代の第一世代ステルス技術の集大成とも言えるのが、このロッキードD-21無人偵察機でした。これはA-12が初飛行に成功したのとほぼ同時に始められた「荷札(Tag board)計画」によって開発されたもので、1964年12月22日、実はSR-71と同日に初飛行に成功しています。

先に述べたようにソ連領空でU-2が撃墜された後も、台湾では中国本土の偵察にU-2を使い続けていました。その結果、少なくとも4機以上が撃墜されてしまっています。これはさすがにまず〜いということで、その後継機として考えられたものらしいです(アメリカはSR-71を台湾に供与する気はなかった)。

D-21無人偵察機は1969年から実験飛行が開始され、51機が製造されています(リッチの証言による。ただし諸説あり、完成したのは35機だけという話もある)。

［図11-35］上がロッキードのスカンクワークスが開発した無人偵察機D-21で、下がそのD-21を背面に載せたM-21（D-21を発射するためにA-12を改造した機体）。映像の回収は、ある地点まで戻ってきた段階でカメラモジュールをパラシュートで投下することになっていた

この機体もマッハ3以上での飛行が前提とされ、ブラックバードと同じく音速以上のときはラムジェットエンジンを推力としていました。

機首の円錐型カバーの後部にできる衝撃波背後の高熱・高温の空気をエンジンに取り込み、そこに燃料を直接噴射して燃焼させ爆発的な推力を得る仕組みで、そのため（高熱・高温の空気をつくるための）タービン式圧縮器を必要としていません。

ただし強烈な衝撃波背後の圧縮が生じない超音速以下（マッハ1．4前後以下）ではラムジェットは動作しないため、その速度までの加速する手段が必須となりました。当初はD-21をブラックバード（A-12を改造したM-21）の機体上部に乗せ、マッハ3での発射を考えていたのですが、超音速飛行中の切り離しは困難が伴い、最終的に死亡事故まで発生したため、断念されます（ただし何度かは成功している）。［図11-35］

のちにB-52からの落下式発射に切り替えられ（固体燃料ロケットブースターでマッハ3まで加速後、ラムジェットエンジンを始動）、実際に中国への実験偵察にも投入されています。ただし4回行なわれたすべての偵察飛行は失敗に終わりました。機体は無事に帰ってきたこともありましたが、フィルムの回収が難しく、一度も成功しないまま、最終的に1971年夏にその計画は打ち切りとなっています。

無人機でコクピットが不要になったことと、エンジンが単発でエンジンポッドがなくなったこと、小型だったことなどにより、当時知られていたステルス対策がすべて理想的な形で盛り込まれ、驚異的なステルス性をもっていた機体だったようです。

リッチによるとスカンクワークスの第一世代ステルス機で最もその性能が高く、実戦テスト飛行において中国のレーダーがこれを捉えた形跡はないとしています。もっとも、中国側の記録が公開されていないので、断言はできません。

1960年代のCIAのELINT作戦

月に反射したレーダーを受信する「月面反射収集計画」

ここでちょっと脱線。冷戦期のソ連レーダー対策として開発されたのが「牛車計画」、すなわちブラックバードシリーズのステルス技術だったわけですが、それに伴いCIAはいろいろレーダー対策をやっておりました。せっかくなので、そのなかでも最高にイカしている対ソ連レーダー計画「月面反射収集計画（Moon Bounce Collection Project）」を紹介しておきます。

ちなみに1960年代のCIAのレーダー対策の暴走ぶりは、元CIA幹部ユジーン・〝ジーン〟・ポーティトゥ（Gene Poteat）が執筆し、2014年に一般公開された『Stealth, Countermeasures, and ELINT 1960-1975』というレポートで広く知られるようになりました。ポーティトゥはU-2とブラックバードシリーズのCIA側の開発責任者であり、さらにベトナムにおける2度目のトンキン湾事件の魚雷艇襲撃は完全な誤認だったと、かなり早い時期（1964年8月の段階）から指摘していた人物でもあります(ただし当時はCIA内部の極秘扱いとされ、公開されず)。

レポートのタイトルにあるELINTとは、敵の使う電子兵器、特にレーダーの周波数を調べる電子偵察を指します。これはCIAの主要業務の一つであり、U-2やのちのブラックバードが電波偵察機能をもっていたのはこれが目的です。

月面反射収集計画では、そのELINTに〝月〟が登場することになります。その背景には、当時ソ連が開発していた新型の早期警戒レーダーで、アメリカ側が〝ノッポの王様（TALL KING）〟というコードネームで呼んでいたP-14レーダーの性能がまったく掴めず、ソ連周辺に置かれた電波収集施設でもまったくその情報が得られないという状況がありました。［図11-36］

このため、当時進行中だったブラックバードの開発においてどれだけの脅威になるのか判断がつかず、CIAとしてはその存在が極めて悩ましいものとなっていました。

［図11-36］ソ連が開発したP-14早期警戒レーダー。NATO側のコードネームは" TALL KING"

そこで唐突に月が登場します。なぜなら次のように考えたからです。

まず、レーダー電波がどこまでも直進した結果、最後は地平線の彼方の宇宙空間へと飛んでいくことになります。それならば、ソ連の地平線付近（レーダー電波の進行方向）にお月さまがあり、その月がアメリカからも見える位置にあれば、電波は月面の表面岩石で反射され、扇状に拡散しながら地球に戻ってくるはずです。［図11-37］

つまり、月によって反射される地球からの電波を拾いまくれば、その中にソ連のレーダー電波もあるはず！　これならアメリカにいながらソ連のレーダー電波が受信でき、その特性を解析できるはず！　という壮大なんだかアホなんだか判断に困る計画が実行に移されてしまったのでした。

電波がそんなに遠くへ届くのか？　と思われるかもしれませんが、大気圏外の真空中に出てしまうと電波の減衰は極めて小さくなりますから（だから数万光年の彼方の光や電波が届くのだ）、意外に現実的な発想でもありました。早期警戒レーダーの周波数ならば１００キロ前後の大気圏外までは余裕で到達するので、理論的にはそれほど無茶ではないのです。

ちなみにこれはバイスタティック・レーダー（Bistatic radar）、いわゆる複式レーダーであり、送信機と受信機を離して設置し、別々の場所で受信するレーダー技術の初期的な研究でもありました（Bi＝複、Static＝固定式の意味で、複式固定レーダーという造語）。

バイスタティック・レーダーは、発信するレーダーアンテナ以外の場所でレーダー波を受信すればステルス機を見つけられる技術として近年注目されていますが（ステルス機が電波を発信元のレーダーアンテナとは異なる方向に弾いたとしても、別の場所のアンテナで拾う）、そのルーツはこれまた１９６０年代まで遡るわけです。ただしこの時期のものは、ソ連のレーダーで発信された電波を別の場所（主にアメリカ本土）で受信する、という内容でした。

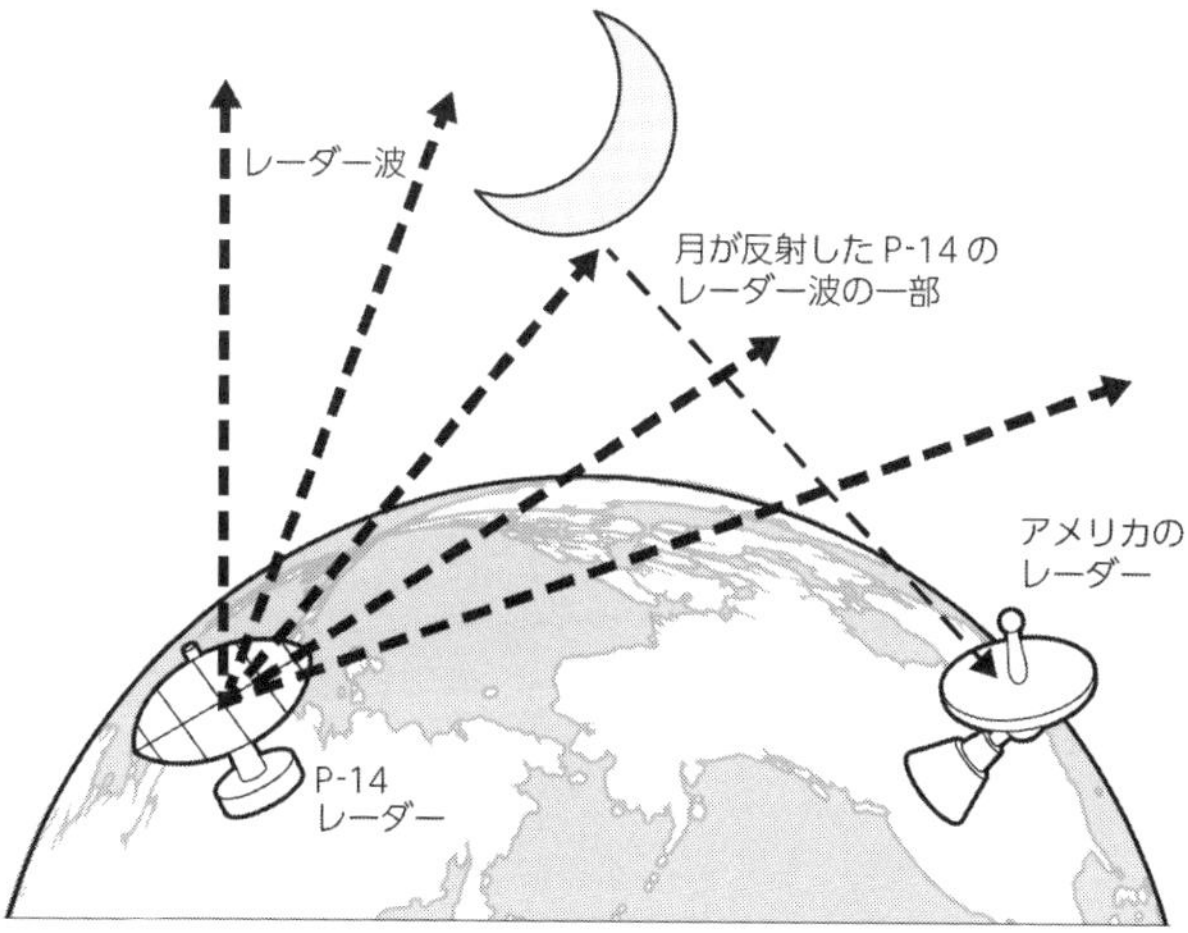

［図11-37］「月面反射収集計画」のイメージ図。月に反射して地球に戻ってきたソ連のP-14のレーダー波を拾うことで、（P-14レーダーの）おおよその位置を特定することに成功した（Illustration：宮坂デザイン事務所）

P-14のおおよその場所の特定に成功

この計画を推進する大きな力となったのが、アメリカのレーダー技術研究の総本山として1951年に設立されていたリンカーン研究所（Lincoln Laboratories）です。国防省がMIT（マサチューセッツ工科大学）の協力のもとに設立した研究所で、当時、月の表面地形を地球上のレーダーで観測するという技術を完成させており、これに注目したCIAのポーティトゥが協力を要請したのでした。

とりあえずこの計画を成功させるには、ソ連の地平線付近にある月が同時に見える場所で、その微弱な電波を捉える大型レーダーが必須となります。この条件から選ばれたのが、まず東海岸のチェサピーク湾付近で海軍が運用していた、60フィート（18.3メートル）RCAアンテナ（おそらくパラボラアンテナ）でした。次に西海岸のカリフォルニアでもスタンフォード大学が運用していたアンテナを借り、2ヵ所で観察できるようにして1964年頃から作戦を開始したようです。

そして驚くべきことに、P-14のレーダー波の受信に成功し、さらに複数のレーダー基地の設置場所を特定することまで成功したそうです（2ヵ所で受信しているので理論上は電波の発信源の特定ができるが、当然月面が完全な平面と仮定する必要がある。つまり無理がある……）。いやはや、何でもやってみるものです。

しかし、さすがに労力がかかりすぎるのと、人工衛星による電波の収集が可能になったために意味がなくなってしまい、ほどなく計画は中断されたようです。ちなみにあくまでおおよその場所の特定までであり、ポーティトゥによると、ロッキードが出したレーダー基地の位置と数は「一部の関係者から見ると、かなり見積もりが甘いように感じられた（which some felt were overly optimistic）」とのことでした。

レーダー欺瞞作戦「パラジウム計画」

こういったELINT活動でソ連のレーダー情報をかき集めたCIAですが、その情報を基に行なわれた、より攻撃的な作戦として「パラジウム計画（Project PALLADIUM）」というものもありました。

これは割り出したソ連のレーダー周波数に干渉できる装置をつくり、実際には飛んでいない機体が相手のレーダー画面に映し出されるようにする欺瞞作戦でした。ポーティトゥによると、任意の大きさ・速度・進行方向・高度をもつ物体の反応をソ連のレーダーに自由に発生させられたそうなので、相当な技術です。

ちなみにそのための装置は極めて巨大でした。これを日本で運用したとき、たまたま大雪で北部の空港（おそらく三沢基地？）が閉鎖されてしまい、鉄道輸送しようとしたら日本の鉄道の小さなトンネルを通すことができず、ソリとトラックによって運んだために到着まで3週間もかかったという話もあります。

1962年のキューバ危機の際、キューバに持ち込まれたソ連軍のレーダーに対しアメリカ本土から干渉を行なって成果を上げたとのことなので、一定の実用性をもっていたと見ていいようです。1960年代のCIAの電波活動は大したものだと言ってよいと思います。軽く狂っていますけどね。

5　ステルスの歴史（2）——第二世代

第一世代から15年も進展しなかったステルス

ブラックバードシリーズのA-12とSR-71は人類最初の実用ステルス機でした。しかし、その後この技術は以後15年近く、特に何の発展も見せないままに終わります。

そこからF-117に繋がる第二世代ステルス技術が生まれ

るきっかけは、ベトナム戦争で地対空ミサイルに散々な目に遭ったアメリカ軍の経験でした。

ベトナムの空ですらあの地獄だったのだから、ソ連本土と戦争になった場合、その何重にも張り巡らされた地対空ミサイル網を超えて攻撃するのは不可能じゃないか、と考えられ始めたのです。その対策として、地対空ミサイルはレーダーで照準をつけるのだから、これに見つからない技術があれば撃たれないで済むのでは？　という単純と言えば単純な発想から第二世代ステルスの開発はスタートしています。

ちなみに「ステルス技術は本来、地対空ミサイル対策なのだ」という点は覚えておいてください。そもそも空対空の近距離戦で使う技術ではなかったわけです。

そしてここから登場するのが、国防省の下で軍事科学研究を行なっている組織、国防高等研究計画局（ＤＡＲＰＡ［ダーパ］）でした。

ＤＡＲＰＡ（Defense Advanced Research Projects Agency）は軍組織から独立した国防長官直属の研究機関であり、１９５７年のスプートニク・ショックを受けてアイゼンハワー大統領が設立したものです。元は単に高等研究計画局（Advanced Research Projects Agency：ＡＲＰＡ［アーパ］）という名前だったのですが、１９７２年に国防（Defense）の名前が追加され、現在のダーパになりました（厳密には１９９３年から２年間だけＡＲＰＡの名に戻っていたらしいが）。

このＤＡＲＰＡが、ベトナム戦争や中東戦争の戦訓を受け、レーダー誘導ミサイルを無力化する技術、のちのステルスに関する研究を１９７４年に開始します。これについて、フェアチャイルド、グラマン、ジェネラル・ダイナミクス、マクダネル・ダグラス、ノースロップの５社に性能要求が出されました。……明らかにロッキードは意識的に避けられていますね。

すでに見たようにロッキードが世界初のステルス機を開発していたのですが、軍の現場から独立していたＤＡＲＰＡはブラックバードシリーズがステルス性能をもつことを知りませんでした。さらにスカンクワークスのボス、〝ケリー〟・ジョンソンは業界では嫌われ者だったので、おそらく意識的に外されたと見ていいでしょう。

ＣＩＡと太いパイプをもち、怪しい仕事の取り方をやっていたうえに唯我独尊的なジョンソンは、この直前に動いていた軽量戦闘機（ＬＷＦ）計画を嗅ぎつけてボイドの元に直談判に乗り込んでいます。しかしエネルギー機動性理論なんて微塵も理解できてなかったくせに上から目線で一席ぶった彼は、速攻でボイドの事務所から叩き出されてしまいました（この件については、ボイド本人が名前を微妙にボカシながら証言している）。

この翌年、１９７５年初頭に彼はロッキードとスカンクワークスを去ります。これは定年（65歳）だったのも確かですが、ジョンソンではもう仕事がもらえないことによる更迭という面もあったような気がします(その後継者が二代目スカンクワークスのボスであるベン・リッチ)。

とりあえずＤＡＲＰＡは、５社の中からマクダネル・ダグラスとノースロップの２社にステルス技術の研究開発を発注しました。ただし、あくまで研究段階の発注であり、それぞれがわずかに10万ドルずつもらっただけでした(リッチは１００万ドルをもらったはずだとするが怪しい)。

なので、正直それほどステルス技術が重視されていたという感じでもなく、実際この２社が選ばれたのはまともに参加表明したのはこの２社だけだったから、という面さえありました(フェアチャイルドとグラマンは最初から辞退。ジェネラル・ダイナミクスは妨害電波装置の開発を提案して却下された)。ステルス技術は、最初はそれほど期待されていなかったのです。

ソ連の無線技術者向けの論文からヒントを得る

１９７５年初頭、スカンクワークスの二代目ボスとしてベン・リッチが就任します。その直後に彼はこの計画を嗅ぎつけ、自分たちが排除されていたことを知って強引に割り込んできます。当然、すでに研究予算は分配済みだと言われるのですが、リッチは独断で1ドルの研究開発費で仕事を請け負い、そして最終的にステルス機開発の勝者になってしまいます(タダで請け負わなかったのは、法律で政府の仕事を無償で行なうのは禁じられていたから)。

リッチは当初、ブラックバード世代のステルス技術で勝負する気だったと思われるのですが、当時のスカンクワークスのレーダードーム部の設計責任者、オーバーホルザー（Denys Overholser）が１９７５年4月になってからまったく新しいステルス技術の提案をリッチに対して行ない、これが第二世代ステルス技術の始まりとなります。[図11-38]

それが「希望なきダイヤモンド（Hopeless diamond）機計画」で、Ｆ-１１７に繋がる第二世代ロッキード式ステルス技術の母体になるものでした。ちなみにこの変な名称は理想のステルス性を追求した結果、機体形状が細長いダイヤモンドのようになっていたためで、有名なHope Diamondに引っ掛けたダジャレでした。[図11-39]

［図11-38］F-117の前でポーズをとるデニス・オーバーホルザー。ボーイングからロッキードのスカンクワークスへ移り、曲面部分がない機体（Hopeless diamond）がそれまで最もステルス性が高いとされていた無人偵察機D-21よりも1000倍ステルス性が高いことを導き出した（Photo：Lockheed Martin）

このとき、オーバーホルザーは空軍が公開していた海外文献の英訳のなかから、ソ連の物理学者・数学者で、モスクワ工科大学の教授だったピョートル・ヤコビリヴィチュ・ウフィンソフ（Pyotr Yakovlevich Ufimtsev/Пётр Яковлевич Уфимцев）の論文を発見、そこから正確なレーダー波の反射量が測定できることに気付きます。

これは『鋭角に接する波動の物理法的回折《かいせつ》解法（Method of Edge Waves in the Physical Theory of Diffraction)』というタイトルを見ただけで頭が痛くなるシロモノで、実はA-12の初飛行の年の1962年にすでに発表されていた論文でした（このEdge Wavesは陸棚《りくだな》波《は》のことではなく、直訳の通り「鋭角に接する波動」のこと）。［図11-40］

アメリカ空軍がこれを1971年になってから翻訳し、関係者の閲覧を許していたのです。純粋に物理学の論文ですから、ソ連も軍事機密にな

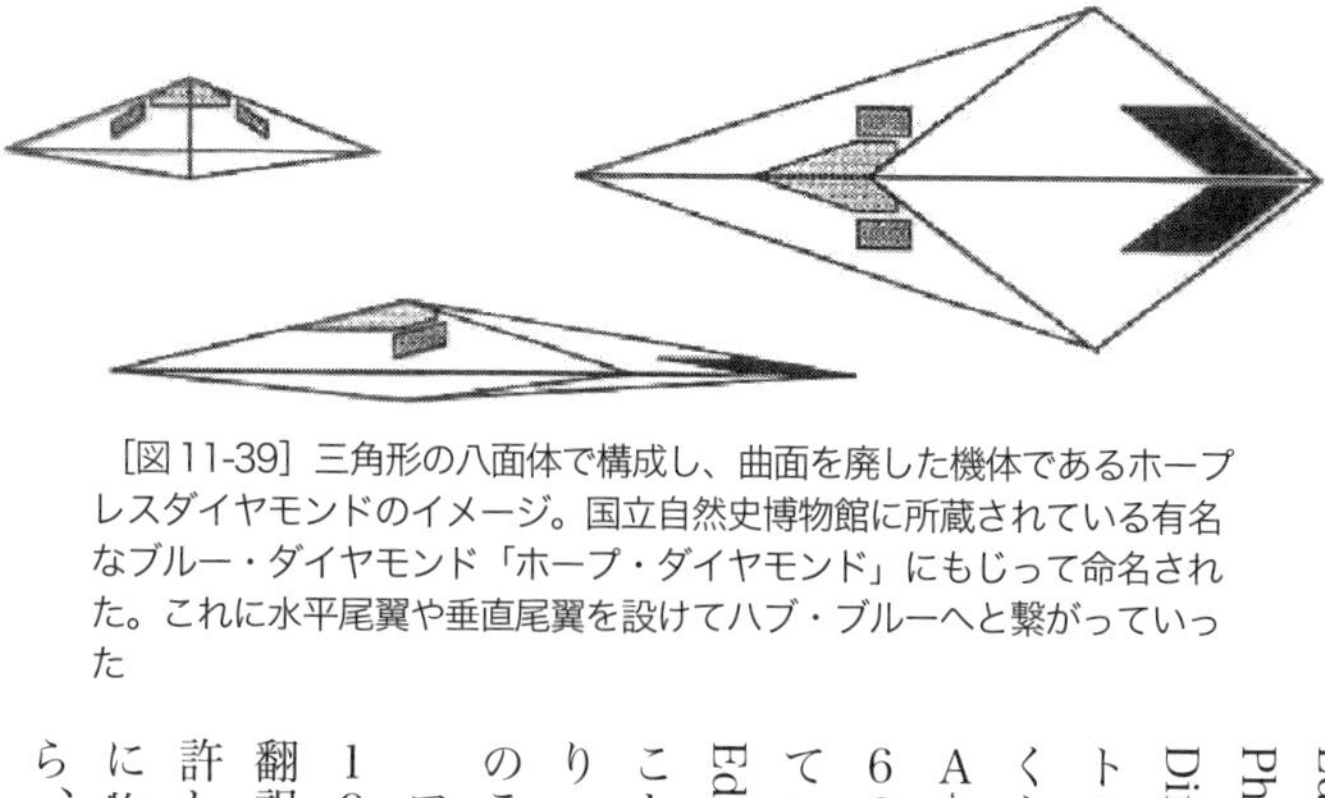

［図11-39］三角形の八面体で構成し、曲面を廃した機体であるホープレスダイヤモンドのイメージ。国立自然史博物館に所蔵されている有名なブルー・ダイヤモンド「ホープ・ダイヤモンド」にもじって命名された。これに水平尾翼や垂直尾翼を設けてハブ・ブルーへと繋がっていった

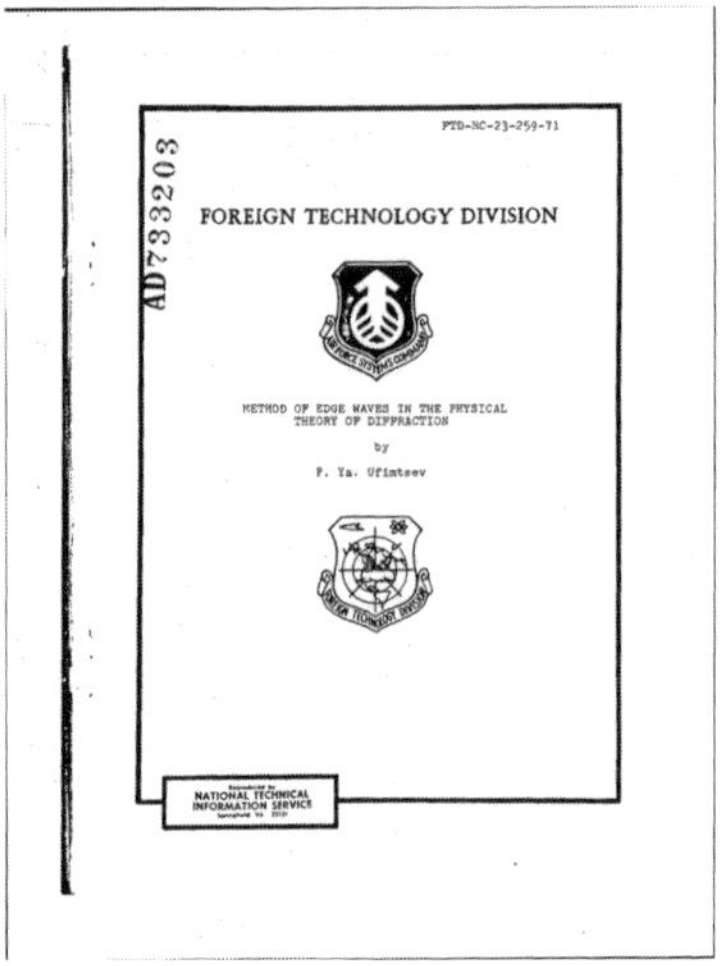

FTD-HC-23-259-71

AD733203

FOREIGN TECHNOLOGY DIVISION

METHOD OF EDGE WAVES IN THE PHYSICAL
THEORY OF DIFFRACTION

by

P. Ya. Ufimtsev

NATIONAL TECHNICAL
INFORMATION SERVICE

［図11-40］英訳されてNTIS（National Technical Information Service：アメリカ合衆国商務省科学技術情報サービス）によって提供されている、ソ連の物理学者ウフィンソフの論文『Method of Edge Waves in the Physical Theory of Diffraction』の表紙

んてしていませんし、翻訳したアメリカ空軍も無線技術者向けの参考用として紹介したものだったようです。

ちなみに、アメリカ軍の論文翻訳担当者による論文冒頭の注意書きだけを抜き出しておきます。

不連続面をもつ物体に接触した電磁波の回折を検討した論文である。なかでも不連続面の一辺の長さが、電磁波の波長より長い場合を想定している（訳注：つまり基本的に波長の短い高周波［ほぼＵＨＦ以上］が対象となる。やはりステルスは基本的に低周波に向かないのだ）。それらの数値を得るため、純粋に理論的な計算による手法だけでなく、これを作図によって求める幾何学的、物理光学的な手法、そして双方による求め方が、本論文中にて述べられている。

（純粋に技術的な説明なので中略）

本論分は回折現象に興味がある物理学者、無線技術者を対象にしているのはもちろん、電磁波を専門とする大学院生、アンテナと無線電磁波の伝播の専門家を志望する者にも向いている。

という感じで、本来はまったくステルス技術などとは関係ないと思われていたものでした。これをきちんと理解してステルスに応用したオーバーホルザーの勘の良さを褒めるべきなのでしょう。

「面と面の接合部の反射率」が計算可能に

ウフィンソフの理論は、機体の鋭角部、つまり面と面の接合部や主翼の縁《ふち》など直線部のレーダー波反射率を正確に計算できるようになるものでした。単純な平面部の反射率は先に見た入射角と反射角でほぼ分かっていましたから、この知識が追加されることによって「機体全体が反射するすべてのレーダー波」を正確に求められることになります。当然、それが最も少なくなる形状も計算で求められるということです。

スカンクワークスのリッチはあっさりオーバーホルザーの言い分を受け入れ、そのステルス技術の研究に予算を割きます（当然、自社負担）。初代のジョンソンはのちに強烈にこの設計に反対していますから、この1975年1月の段階でリッチがスカンクワークスの親分の座を引き継いでいなかったら、この話はここでお終いになっていた可能性も高いので、そういった意味では幸運でした。

こうして論文に基づいてレーダーの反射量を求めるコンピュータプログラムが作成されることになります。とはいえ、当時のコンピュータでは処理能力に限界があり、かなり苦労したようです。ちなみに処理速度よりも、すぐに満杯になって止まってしまうメモリの容量のほうが問題になったそうな。

とりあえずエコー1と名付けられたコンピュータプログラムが5週間で書き上げられ、理想的な機体形状が計算によって求められることになります。ついでにこのプログラムは、最初にこれを言い出したオーバーホルザーと、もう一人の技術者シュローダーの二人で書き上げられました。

シュローダーはこの段階ですでに80歳を超えており、一度は引退していた技術者でした。元々はレーダーと数学の専門家であり、この計画のため急遽、引っ張りだされたようです。

計算から導き出されたカクカク形状

この段階で、オーバーホルザー率いるチームが出した答えは、のちのF-117の胴体によく似た、緩やかなピラミッド型の機体でした。三角形を集めた凸型で、底が平らな立体形状です。

レーダー反射量の計算もこの段階までに終わっており、それは例の無人機D-21の1000分の1以下でした。当時の戦闘機のサイズに換算した場合、レーダーに捉えられる面積は「無限小に近く、あえて言うなら鷲の目玉程度の大きさ」だとされました。まさに画期的なステルス性をもつ機体が生まれつつあった、と言えます。

ただし、これはあくまで理想体、つまりコクピットも空気取入れ口もない、純粋に単純な立体としての場合でした。実際はそこにさまざまな航空機に必要な要素が加わりますから、そこまでのステルス性は維持できません。それでも画期的なステルス性をもっていたことは間違いありませんでした。

ちなみにこのプログラムで計算できるのは、あくまで各面と面の接合部や、主翼や尾翼などの縁を単体で見た場合の反射量でした。それらを一つひとつ重ね合わせて機体の形にし、そこから全体のレーダー波反射量を計算するのは、どうも一部は勘と手作業だったようにも見えます。

のちにＦ-１１７がカクカク形状となったのは、この計算を単純化するため、最も簡単な鋭角による面接合を選んだからでした。接合部に丸みをつけてしまうと計算量があまりに膨大になり、当時のコンピュータでこれを処理することは不可能だったからです。

そのため、さらにのちにノースロップがＢ-２で丸みのあるステルスを登場させたとき、リッチはコンピュータの計算能力の向上によるおかげだと思い込んでしまったのですが、実は違います。

ノースロップのステルスはそもそも「複数の面を組み合わせる」ことをせず、可能な限り面を減らした単純な立体構成で、滑らかに組み上げてステルス性を確保するものだったのです。面がなければ接合面もなく、そして薄い構造の全翼機にしてしまえば、側面がほとんど存在しません。滑らかで単純な面構成がステルス性に有効なことを、ノースロップはすでに知っていたのです。

なのでＢ-２がＦ-１１７のようなカクカク設計でなくなった理由は、コンピュータの発達による設計技術の向上ではなく、ノースロップが持ち込んだ、ロッキードとは異なる設計思想の機体だったからなのです。この点は、リッチの流したデマが未だに鵜呑みにされていますから要注意です。［図11-20］

ハブ・ブルーへの道

オーバーホルザーの提案後、ロッキードの第二世代ステルス技術の開発は順調に進んでいきます。

１ヵ月後の１９７５年５月には基本形状が決定され、すぐに10フィートサイズ(約３０５センチ。技術実験機なので実機のサイズが決まっておらず、縮尺なしで単純に10フィートの大きさでつくられた)の模型が完成。９月14日には実験室内でのレーダーテストが終了します。［図11-41］

結果は先述のように、従来スカンクワークス最強のステルス機と見られていた無人機Ｄ-21の１０００分の１しかレーダーに反応しない、という驚くべきものでした。そしてこれはコンピュータで計算した理論値とほぼ一致した数字でしたから、オーバーホルザーの考えが正しかったことも立証されたのです。

この実験結果は関係者を狂喜させます。さらに屋外で１５００フィート（約４５７メートル）の距離からのレーダー測定をしたところ、まったくレーダーに映らず、そのステルス性能がここでも確認されました。

余談ですが屋外のレーダーテスト施設をロッキードはもっ

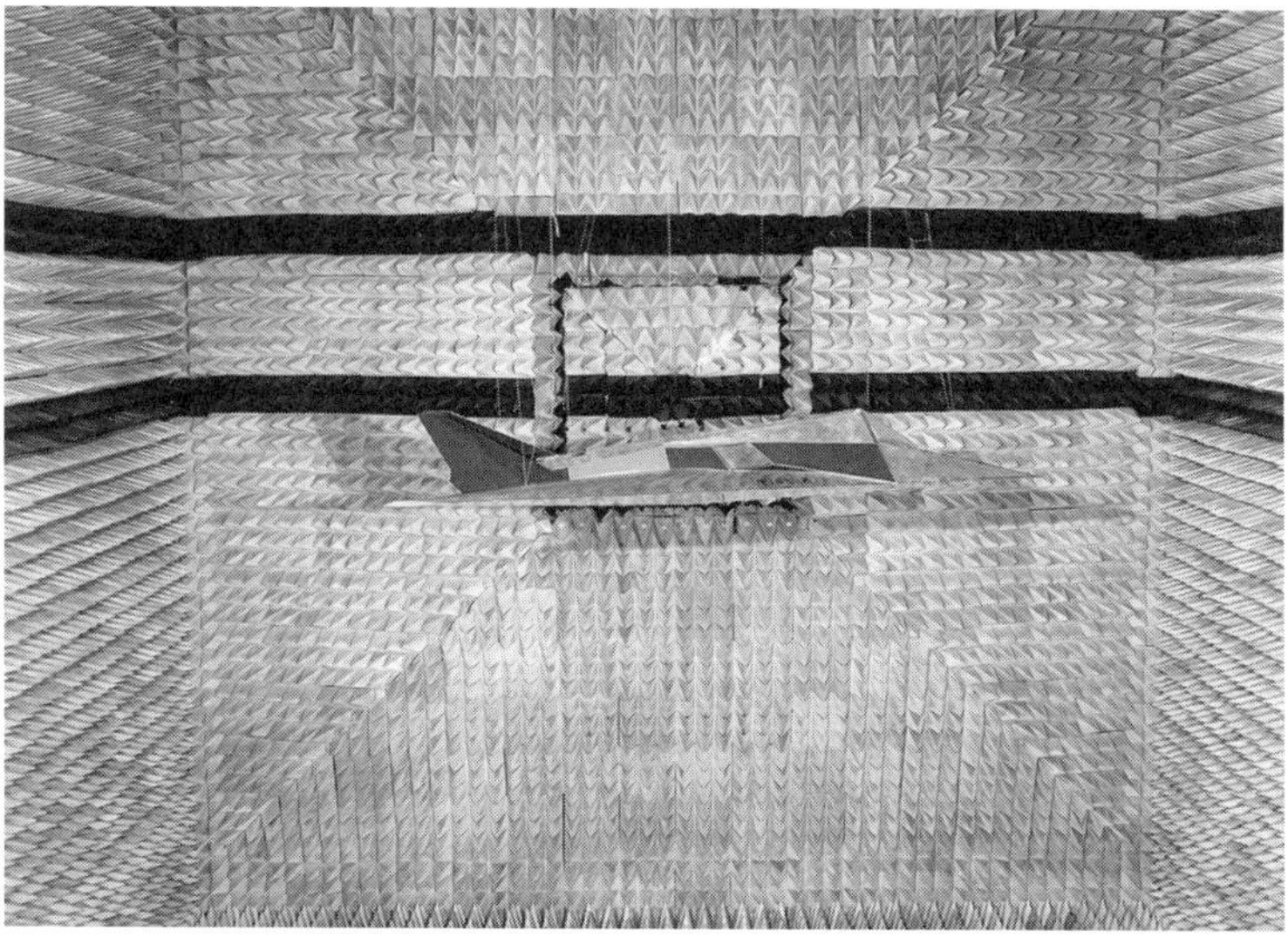

［図11-41］周囲の壁に電波吸収体を貼り付けて、電波の反射をほぼなくした電波無響室の中で実験が行なわれているハブ・ブルーの模型（Photo：Lockheed Martin）

ておらず、競作ライバルのマクダネル・ダグラスの施設を借りてこの実験は行なわれました。ロッキードにしてみればマクダネル・ダグラスにその秘密を盗まれる可能性があったはずですし、マクダネル・ダグラスにすれば敵に塩を送るようなものでしたが、ごくあっさり、この実験は行なわれたようです。もしかすると、この段階ですでにマクダネル・ダグラスはステルス技術を諦めてしまっていたのかもしれません。

そして10月には、本来の候補だったマクダネル・ダグラスを蹴落とし、ノースロップと並んでロッキードが最終候補に選ばれます。その後、両社に150万ドルの予算が与えられ、4ヵ月以内に実機大の模型製作が義務付けられたため、スカンクワークスでは全長38フィート（約11．6メートル）の木製模型を翌1976年3月につくり上げています。

そしてこの年の秋から、ノースロップの機体模型と併せ、1ヵ月以上のレーダー試験がニューメキシコ州にあったホワイトサンズの実験場で行なわれることになりました。［図11-43］

ちなみに当時、ステルス技術に軍があまり期待してなかった証拠として、この実験時の模型を支える支柱がまったくステルス技術を無視したものだったことが挙げられます。このため支柱が盛大にレーダーを反射して模型の正確な反射量が測定できない、という間抜けな事態が生じます。最終的に当時で50

万ドルもの予算をロッキードとノースロップが負担し、ステルス性を考慮した支柱を納品して実験が続行されることになるのでした(ちなみにこの支柱もスカンクワークスのオーバーホルザーが設計した)。

さらに砂漠のど真ん中の実験場でまだ暑い10月に実験を行なったため、大気温度が上がると電磁波の逆転層ができ、レーダー反射の量をより少なくしてしまっていたのですが、軍はこれに気付きませんでした。つまり、実際より優秀な数字が出てしまっていたのです(オーバーホルザーの証言によると、彼は気付いていたが黙っていたそうな。ただし最後にはバレていたはずだ、とのこと)。

「ハブ・ブルー」と名付けられた開発計画

こうして実験は終了、設計担当のオーバーホルザーによれば、ロッキードの機体はノースロップのものより10倍もステルス性は高かったとされます。具体的には全長38フィート(約11.6メートル)の機体が、ゴルフボール以上の大きさで捉えられることはなかったようで、この結果に驚いた空軍は、さっそく飛行可能な実験機の製作をロッキードのスカンクワークスに命じることになります。

このあたりから、ステルス技術が軍の注目を大きく引くことになったようです。そして開発計画には「ハブ・ブルー(Have blue)」という名称が与えら、のちにこれがそのまま機体の名前にもなります。

ちなみに空軍側の要求は、14ヵ月以内に2機の試作機の完成でした。よって時間的にも予算的にも新規開発部分の限度があったため、ステルス性に関わらない多くの部品は既製品の寄せ集めとなりました。まずエンジンはとりあえず飛べばいいということで、非力ながら入手が容易だったGEのJ-85を2基搭載することとし、これは空軍から供与してもらいます。

その他にもコクピットはほぼF-16をそのまま採用。そのうえでフライ・バイ・ワイヤ技術なしでは真っすぐすら飛ばないと考えられた構造でしたから、これもF-16のアナログ・フライ・バイ・ワイヤ装置を流用しました。ただしまったく別の機体ですから、その飛行プログラムは全面的につくり直されています。そして油圧装置はF-15とF-111から使えるものを片っ端から取ってきたようです。

このとき、空軍からは総額で300万ドル分の部品の供与があったのですが、どうもこれ以外の資金援助はほとんどなかったようで、よくまあ、スカンクワークスはこんな仕事を受けたなあと思います。もっとも、その後ステルス機で大儲けするので、十分、割に合った投資となったのですが。

ついでに最初の研究を自社開発としたため、各種特許は軍の

［図11-42］レーダー試験のために、ロッキードが製作したF-117の実物大の模型（Photo：SDASM Archives）

管轄ではなくロッキードの所有となっており、これもロッキードの大きな収入源となりました。世の中、何が幸いするか分かったもんじゃないですね。

地対空ミサイル部隊のすぐ側を飛んでも探知されず

こうして早くも１９７６年７月に、各部品を集めた組み立てが開始されます。なにせ誰もつくったことがない種類の機体ですから、１９７７年12月の初飛行まで1年半近くかかっています。最終的に２機（ＨＢ１００１とＨＢ１００２）が製造されましたが、わずか2年間のうちに両機とも試験中に墜落して失われてしまい、現存機はありません（ＨＢ１００１のパイロットは負傷し引退を余儀なくされたが、死者は出ていない）。

とりあえず墜落までに1号機のＨＢ１００１が36回、２号機のＨＢ１００２が52回の試験飛行を行ない、これによって「ステルス機は実用性がある」と認められることになります。

なかでも１９７９年、ＨＢ１００２を使って行なわれた地対空ミサイルのレーダーテストでは、敵の地対空ミサイルにロックオンされることなく目的地に到達できることが可能と確認され、これがステルス攻撃機の正式採用の大きな原動力になったようです。

この実験は海兵隊の地対空ミサイル（ＭＩＭ-23ホーク）運用部隊に対して行なわれたもので、高度８０００フィート（約２４３８メートル）の低空で侵入し、部隊の展開地点付近の上空を通過する、というものでした。

［図11-43］テスト飛行を行なうハブ・ブルーを下面から見た写真

［図11-44］F-117のステルス技術にヒントを得たベン・リッチが国防省に提案し、ロッキードがDARPAと極秘に開発したステルス実験艦シー・シャドウ(IX-529)。1981年の初実験では航跡波が大きく、プロペラ部などの改善された。テスト段階から先に進むことなく終了し、1993年に公開された

ちなみに実戦では80キロ以上の距離で捉えないと高速飛行するジェット機の撃墜は困難とされているのですが、このときは機体が部隊のすぐ側《そば》をかすめて飛んでも最後までレーダーでは捉えられませんでした。これにより、地対空ミサイルでもロックオンできないことが証明されたのです(ちなみにステルス技術を秘匿するため、海兵隊の部隊には電波妨害装置の実験と知らせてあった)。

こうしてスカンクワークスの第二世代ステルスはその有用性を認められ、これが１９８１年に初飛行するF-１１７として結実することになります。

6　ステルスの歴史（3）——第三世代

保険として残されたノースロップのステルス研究

一方、この段階で敗者となったノースロップもステルス技術の開発を続行しており、やがてそれは〝滑らかなステルス〟として第三世代ステルス技術に結実することになりました。

ロッキードのスカンクワークスによる第二世代ステルス技術はF-117として結実していくのですが、その形状から分かるように飛行性能は悲惨なものがあり、どうも空軍としては別の角度からの技術展開も保険として用意しておきたかったようです。

その結果、ロッキードと共に最終選考まで残ったノースロップにも次なるチャンスが与えられることになります。それが1976年頃から始まる「強襲遮断計画（Assault Breaker Project）」でした。

これは当時ヨーロッパでソ連とNATO軍が戦争を始めた場合、ソ連の戦車の数が圧倒的でNATO地上軍だけではとても勝ち目がないと考えた空軍による計画です。対戦車戦に航空戦力を投入するしかないのは明らかなので、その作戦支援を行なうための情報収集用の機体を開発せよ、というものだったのです。

それがなぜステルス計画に繋がるのかと言うと、敵の進撃エリア上空に進出して対地レーダーで敵の戦車や車輌の位置を把握し、それを基に友軍の指揮管制を行なう機体だからです。ソ連軍がよほどの間抜けでない限り、そんな機体が呑気に敵支配地の上空を飛んでいられるとは思えませんから、これまた敵に見つからないためのステルス技術が必須になるわけです。

そのための機体開発が1976年12月、まだハブ・ブルーが初飛行する前から動き出し、これはBattle field Surveillance Aircraft-Experiental（BSAX）すなわち戦場監視実験機としてノースロップにチャンスが与えられます。他のメーカーに開発が打診されたかどうかはよく分からないのですが、どうもノースロップのステルス技術維持のために計画された機体のような印象が強いです。

この開発を通じて、ノースロップは独自のステルス技術を育成し、実験機「タシット・ブルー（Tacit Blue：沈黙の青）」を完成させました。最終的にこの機体開発は中止となるのですが、このとき開発されたノースロップ式のステルス技術はのちに戦略爆撃機B-2、そしてF-22のライバルだったYF-23の開発に大きな影響を与えることになります。［図11-45］

滑らかな構造のステルス技術

タシット・ブルーは1982年2月に初飛行し、1機しか製造されていませんが、最後まで墜落もせず、現在は国立アメリカ空軍博物館にて展示されています。余談ですが、この機体の初飛行は自社開発の戦闘機F-20初飛行の半年前であり、ノースロップは両者をほぼ同時進行で開発していたことになります。意外に余裕のあるノースロップです。

この機体は、ステルス・ジェット機の最大の難関である空気取入れ口が見当たりません。これは「横と下方向以外からレーダー波は来ない」ということで、屋根の上、すなわちコクピットの後ろの天井に穴を開けてしまっているからです。

さらに天井の空気取入れ口付近にピトー管やら各種センサー類が入っていて、横方向や正面からのレーダー電波に引っかからない構造になっています。このため、この丸い形状と、その空気取入れ口の位置から〝クジラ（The Whale)〟の愛称が付けられたようです（ただし現場では〝宇宙人の通学バス（Alien School Bus)〟とも呼ばれていたらしい）。

この長い胴体は操作員を含む対地上レーダー機材を積み込んだ結果であり、機体内のアンテナは機体の左右どちらにも向けることができ、敵地上空を旋回しながら地上をレーダー走査

［図11-45］ロッキードのF-117とは違って、滑らかな形状をしているノースロップのステルス技術実証機タシット・ブルー。初飛行の1982年2月からプログラム終了の85年まで間に135回の飛行を行なった

する仕様になっていたようです。ただし索敵目的のための機材を搭載するには機体が小さすぎることが間もなく判明し、また最高速度も時速５００キロ以下と実用的とは言いがたく、計画は中断となってしまいます。

結局、この任務用にはグラマンがボーイング７０７（つまり空軍が散々使い慣れているＣ-１３５輸送機と同じ系統の機体）の中古機を改造してＥ-８ Ｊ-ＳＴＡＲ（対地上用の早期警戒管制機）を開発、これが採用されることになります（のちに合併吸収でノースロップ・グラマンになったのは運命か）。このあたりは（ステルス性を活かして敵支配地の上空を飛ぶのでなく、）航空優勢（制空権）を確保するのが大前提ということに作戦方針が変わったのでしょう。

ロッキードとはまったく異なるステルス思想

とりあえずこのタシット・ブルーで採用されたノースロップ式の滑らかな構造のステルス技術は、ロッキードのカクカク形状のステルスとはまったく異なるものであることは一目で分かると思います。全体が滑らかであると同時に、極めて単純な面構成でつくられていることにも注目してください。Ｆ-１１７のように数多くの面を接合するのではなく、上、下、横はそれぞれ可能な限り大きな一枚板として構成されています。

これなら、あらゆる場所のレーダー波の反射方向の向きを揃えるのは容易であり、そもそも面の接合面がないのだから、その点の反射を考える必要もありません。ロッキードのオーバーホルザーがあれほど苦労した面接合部の電波反射の計算なんて最初から要らないのです。例外は主翼と尾翼周りの縁部分ですが、これも丸めたり、曲げたりして対応しています。［図11-46］

つまり設計の発想が、根幹からスカンクワークスの第二世代ステルスとは根本的に異なります。第二世代ステルスはロッキードとノースロップではまったく異なる思想の基につくられているのです。

そもそもタシット・ブルーとロッキードのハブ・ブルーの初飛行は3年2ヵ月しか違いませんから、この時代にスーパーコンピュータが劇的に進化するとはちょっと考えづらく、ノースロップのステルスが丸いのはコンピュータの進化による、というリッチの主張には無理があるのもすぐに分かるでしょう。

シミュレーションではなく、〝勘〟から導き出されたステルス形状

１９９９年に出版された『Inside the Stealth Bomber』の中で、ノースロップの開発担当者にいくつかのインタビューが

行なわれています。そこでのちにB-2のステルス性能の開発責任者となった元ヒューズ・エアクラフトのレーダー技術者ジョン・キャッセン（John Cashen）が、ノースロップにおけるステルス技術の開発について大筋で次のように回想しています。

［図11-46］緩やかに丸められているタシット・ブルーの主翼前縁部。大戦時のプロペラ機以下の速度しか出ないので揚力を補うために主翼に厚みは必須ということもあるが、この緩やかな丸みがステルス対策となっている。また、機体表面だけでなく、機体下面もほとんど凸凹や部品のつなぎ目がなく、ほぼ平らな形状をしている

「レーダー電波の反射を分析できるようなコンピュータ技術があれば使っただろう。でも当初はそんなものはなかったから、経験と従来の道具を使って実験的に開発を進めた」

元々レーダー技術者だったキャッセンは何がレーダー波の反射の要因になるかを知り尽くしており、その経験を基にノースロップの滑らかなステルスの基礎技術は開発されたわけです。機体表面の凸凹や鋭角部を減らすだけで、ステルス性能が大きく向上することを彼は経験的に知っていました。つまりノースロップのステルス技術の基本部分はスカンクワークスの第二世代ステルスのように数学的なモデルを利用したコンピュータ・シミュレーションによるものではないのです。

ただし最終的には、ノースロップでもレーダー波の反射解析のためのコンピュータプログラムを開発しており、このタシット・ブルー、さらにはB-2の開発にもそれらは投入されました。しかし、あくまで最初から〝滑らかな曲線でつくられた機体の設計用〟であり、大元のステルス原理「滑らかな平面の機体でステルス性能が維持できる」ことの発見は、コンピュータ・シミュレーションによるものではありません。

コロンブスの卵だった結合部のアイデア

こうしてつくられたタシット・ブルーですが、胴体は大きく上下で二分割され、それぞれの側面を斜めに傾けてレーダー波の反射対策にしています。このあたりはステルスの基本に忠実です。そして上下共にバスタブのような単純な面構造にし、角を丸くしてレーダー波の反射を抑えているわけです。［図11-47］

ところが、最後の最後に大きな問題が登場してきます。バスタブ型の上下胴体を単純に結合すると、境目に鋭角の長い接合部が生じ、絶望的なまでにレーダーを反射してしまいます。

また、接合部を丸めると、横方向に対し垂直に近い面が生じることになるので、斜め外板の意味がなくなってしまいます。つまり、どうやっても盛大なレーダー反射は避けられぬ状況にノースロップの開発陣は一時追い込まれるのです。［図11-48］

実際、1977年夏に製作された最初の試験用模型ではこの部分に何の対策もなかったため、絶望的なまでのレーダー反射が発生し、空軍から再設計を要求されることになってしまいます。

どうしたらいいのかとノースロップの開発陣は頭を抱えたようですが、ここでステルス性能開発部門の技術者の一人、フレッド・オシーラ(Fred Oshira)が登場します。とにかくすべてが滑らかな平面で構成された胴体を考え続けていた彼は、常にモデル製作用の粘土をもち歩いて、さまざまな形にこねくりまわしていたの

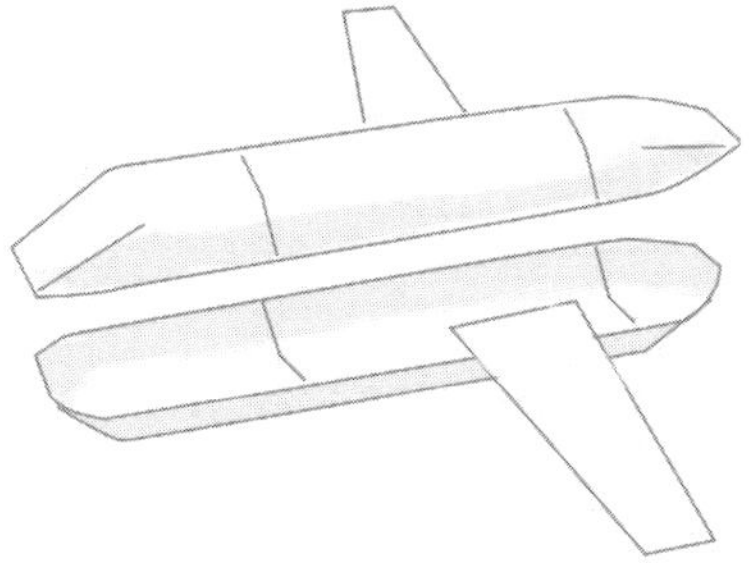

［図11-47］機体を滑らかな外面で囲み、かつ上下方向に傾いたバスタブ型の形状に上下分割すれば、最もレーダー波の反射を抑えることができる

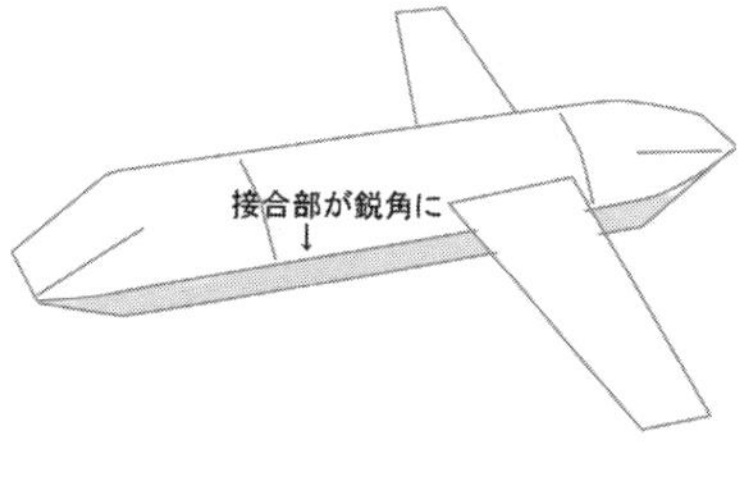

［図11-48］どうしても胴体上下の境目に、鋭角の接合部が生じてしまう

だとか。

ある日、オシーラは家族サービスで子供を連れてディズニーランドに出かけました。子供たちがティーカップの遊具で遊ぶのを見ていたオシーラは、粘土をいじりながら突然閃きます。「接合部を緩やかに外に引き伸ばしてしまえば、鋭角は消えるじゃないか」と。

つまり、接合部をぎゅっと引き延ばしてしまえば、薄い板になってしまいますから、これはレーダー反射を伴わないのです。これは分かってしまえば単純な話でしたが、これがコロンブスの卵的な発見としてノースロップのステルス技術を救うことになります。［図11-49］

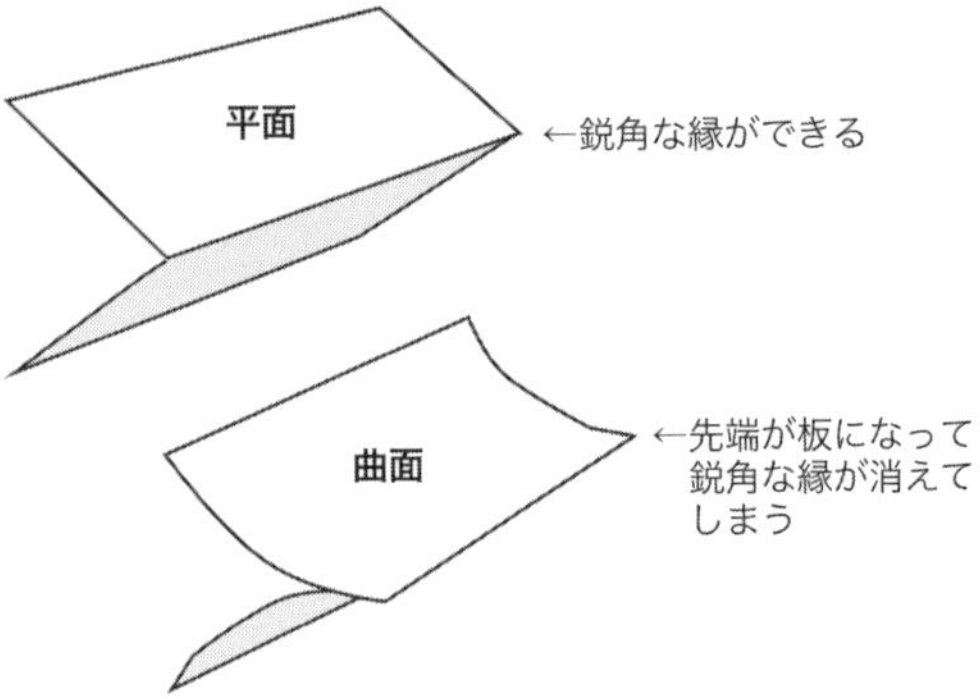
平面
←鋭角な縁ができる
曲面
←先端が板になって
鋭角な縁が消えて
しまう

［図11-49］上下胴体の接合部を引き延ばすことで、（接合部を）薄い板で終わるようにする。そうすればレーダーを返してしまう部位は限りなくなくなる

こうしてオシーラが閃きを形にしたのがタシット・ブルーの特徴的な上下接合部の構造で、［図11-50］です。上下胴体の接合部を引き延ばし、最後は薄い板で終わるようにして鋭角部を消してしまったのです。

［図11-50］オシーラが閃いたとされる、タシット・ブルーの特徴的な上下接合部の構造

この形状を模型実験で確認すると、予想通りレーダーの反応は劇的に低下しました。さらに原理が単純なだけに周波数による制約がなく、鏡面反射をするすべてのレーダー波に有効であり、この発見がノースロップ式ステルスの突破口になります。ノースロップは、本社がディズニーランドのあるカリフォルニアにあった幸運を神に感謝するべきかもしれません。

この技術はのちのノースロップYF-23にも引き継がれ、同機の上下接合部はタシット・ブルー式に左右に引き延ばされて板状になっています。［図11-22／-51］

またロッキードのF-22でも空気取入れ口横で同じような工夫がされており、さらに微妙ながら、機首部でも似たような構造がなんとなく見て取れます。この技術がB-2以降の第三世代ステルスでは大きな役割を果たしている可能性は高いように思われるのです。［図11-52］

初期ステルス機は地対空ミサイル対策から生まれた

一方、タシット・ブルーの開発中断が決定する以前、F-117すらまだ初飛行していない1979年頃から、もう一つ別の新たなステルス機計画が動き始めていました。これがのちのB-2となるステルス戦略爆撃機の開発計画、いわゆる「ATB（Advanced Technology Bomber：先進技術爆撃機）計

［図11-51］YF-23もタシット・ブルー同様に、上下接合部が左右に引き延ばされて板状になっている（Photo：Northrop Grumman）

［図11-52］機体上下の結合部分を引き伸ばす工夫は、F-22でも空気取入れ口横や機首部に見られる

画」です。ノースロップはタシット・ブルーで得た技術を、この計画で開発されたB-2爆撃機に投入していくことになります。

B-2は名前の通り、B-1爆撃機の次に開発された戦略爆撃機です。ソ連本土の地対空ミサイル（SAM）網をどう突破するかという問題で、低空&高速侵入を解答として選択したのがB-1でした。しかしルックダウン能力をもったレーダーをソ連が開発してしまったことで、それが不可能になったのはすでに見ました。このため、B-1は一度開発がキャンセルされ、のちにB型として復活しますが、もはやこれは戦略爆撃機ではありませんでした。

なのでB-52の後を継ぎ、「新たな手段でソ連のレーダー防空網を突破できる戦略爆撃機が必要」という要望から生まれたのがB-2となります。つまり、ステルス能力でソ連の対空ミサイル網を無傷で突破し、目標に到達できる爆撃機です。これまたベトナムで散々痛い目にあった地対空ミサイル対策であることに注意してください。初期のステルス機はすべて地対空ミサイルの悪夢から生み出されたものなのです。

ただし結局、これまた高価になりすぎて、全部で21機という、ほとんど試作機レベルの機数しか生産されずに終わり、生産終了となった後も先代のB-52が未だに現役で頑張る状況になっています。現代の大型爆撃機の任務は多様化しており21

世紀に戦略爆撃機が復活するとは思えませんが、戦闘機と違ってステルス性能は致命的に重要な技術なので安易に放棄することもできず、さて、今後はどうするのか興味深いところではあります。

B-2とF-117はほぼ同世代

ちなみに、航空機としてカクカク形状のF-117より大きく進化した滑らかなB-2ですが（ステルス性能の進化ではない。ステルス機能をもちながらきちんと飛べる機体としての進化。ステルス性能だけを見るならF-117のほうが上である可能性が高い）、実は開発時期は両者でそれほど違いません。この点はよく誤解されているので、これまでに見てきた機体の開発開始と初飛行の日時を確認しておきます。

1976年末　ロッキードがハブ・ブルー開発を開始
1976年12月　戦場監視機実験（BSAX）開発始動
1977年初頭　ノースロップがタシット・ブルー開発を開始
1977年12月　ロッキードのハブ・ブルー初飛行
1978年11月　ロッキードがF-117開発を受注
1980年9月　先進技術爆撃機（ATB）開発始動。ロッキードとノースロップの競作に
1981年6月　ロッキードのF-117初飛行
1981年10月　ノースロップがATBの勝者に。B-2の本格開発を開始
1982年2月　ノースロップのタシット・ブルー初飛行
1989年7月　ノースロップのB-2初飛行

このように1976年から1982年までのステルス開発は、多くの機体で並行して進められているのです。

B-2の場合、開発中にいろいろな迷走が加わって、実機の設計開始から初飛行までに8年もかかってしまったので、F-117とは世代が違うという印象があります。しかし、基本設計の開始はF-117の初飛行前で、実機の設計開始はF-117の初飛行からわずか4ヵ月後であり、基本設計に関しては実はそれほど世代差はありません。

そう考えると1982年8月のF-20初飛行まで、ノースロップはF-20とタシット・ブルー、B-2の3機種を並行開発していたことになります。よくやったなと思います。

しかもそのうち2機種は売れなかったわけで（しかもF-20は経費自分持ちの自社開発）、よく潰れなかったものです。さすがは辣腕トーマス・ジョーンズ経営というところでしょうか（ウォーター・ゲート事件関連の汚職事件で社長の座は引退し

ていたが、まだ彼が経営の実権を握って会社を切り盛りしていた。本当の引退はB-2が初飛行した1989年）。

〝ジャック〟・ノースロップが生涯追い続けた夢、全翼機

とりあえずステルス戦略爆撃機の研究は1979年夏からスタートし、1980年9月に先進技術爆撃機（ATB）として正式に空軍から要求仕様が出されました。これに応えたのが二つのグループで、ノースロップ&ボーイングのチームと、ロッキード&ロックウェルのチームです。ただし開発を主導したのはそれぞれノースロップとロッキードで、ボーイングとロックウェルは製造の外注先といった立場だったようです。

ちなみにまったくの偶然ながらノースロップは1940年代からすでにレーダーに映りにくい理想の爆撃機の形状を知っており、実際に開発した経験がありました。それがノースロップの創業者〝ジャック〟・ノースロップ（John Knudsen "Jack" Northrop）が終始追い続けた夢、全翼機（Flying wing aircraft）でした。これは薄くて大きな側面をもたない胴体と、垂直尾翼のない構造をもつ機体です。［図11-53］

終戦直後に開発されたレシプロ機のYB-35／XB-35、そしてジェットエンジンを搭載し1947年10月に初飛行したYB-49爆撃機がつくられ、正式採用には至りませんでしたが飛

［図11-53］全翼爆撃機XB-35とジョン・クヌーセン・〝ジャック〟・ノースロップ（1895～1981年）。1927年、ロッキードから独立して設立したノースロップ・エアクラフトは他社に吸収合併され、1932年にノースロップをダグラスの創業者と共同設立するが、これもダグラスに吸収される。それでも1939年に三度目の航空会社ノースロップを設立した（1994年、合併によりノースロップ・グラマンとなる）

［図11-54］レシプロエンジンの無尾翼爆撃機XB-35。愛称はフライング・ウィング。尾翼や胴体部分がなくて主翼のみで構成されているのが特徴で、第二次世界大戦でイギリスが敗北した場合に、アメリカ本土と欧州を往復できる長距離爆撃機として開発された。大型の無尾翼としては世界で初めて飛行した機体だったが、振動問題が解決できず、ジェットエンジン型のYB-49の開発がスタートしていたこともあって、1949年に計画は中止された

［図11-55］XB-35を8発のジェットエンジンに換装したYB-49。XB-35よりも巡航速度は時速100キロアップしたが、当時のジェットエンジンは燃費が悪く、航続距離と爆弾搭載量は半減した。試作機2機が開発され、1947年に初飛行。しかし機体が不安定で操縦が難しく、1949年に計画は中止となった

行には成功し、一定の成果を上げています。ただし当時の技術者は〝ジャック〟・ノースロップ本人はもちろん、ほぼ全員がノースロップから去っており、事実上ゼロからのノウハウの積み重ねとなったようですが……。[図11-54／55]

ちなみにロッキードが提案したのもまた全翼機に似た機体で、リッチは同じ全翼機でステルス性能ならノースロップより上だったと主張しています。ただしロッキード案は全翼機というより、F-117を押しつぶしてより平らにした機体という印象が強く、そもそも機体後方に突き出した尻尾の上にF-117のようなV字形の尾翼ももっていましたから厳密には全翼機ではありません。[図11-56]

ATB計画ではノースロップ案が「Ice Peg」、ロッキード案が「Senior Peg」という呼称をそれぞれ与えられていました。

YB-49世代のステルス性がどこまで実験で確かめられていたのかは不明ですが、横方向に大きな胴体断面をもたず、垂直尾翼も廃止できる全翼機はステルスの観点から見ると理想的な形状の一つです（厳密にはYB-49になってから小型のフィンが付いたが）。そのためノースロップは迷わずこの形状を選択しました。ちなみに全幅はYB-49、B-2共に52．4メートルとまったく同じで、これが偶然なのか狙ってやったものなのかは不明です。

ちなみに同社の創業者であり元社長でもある、全翼機大好き

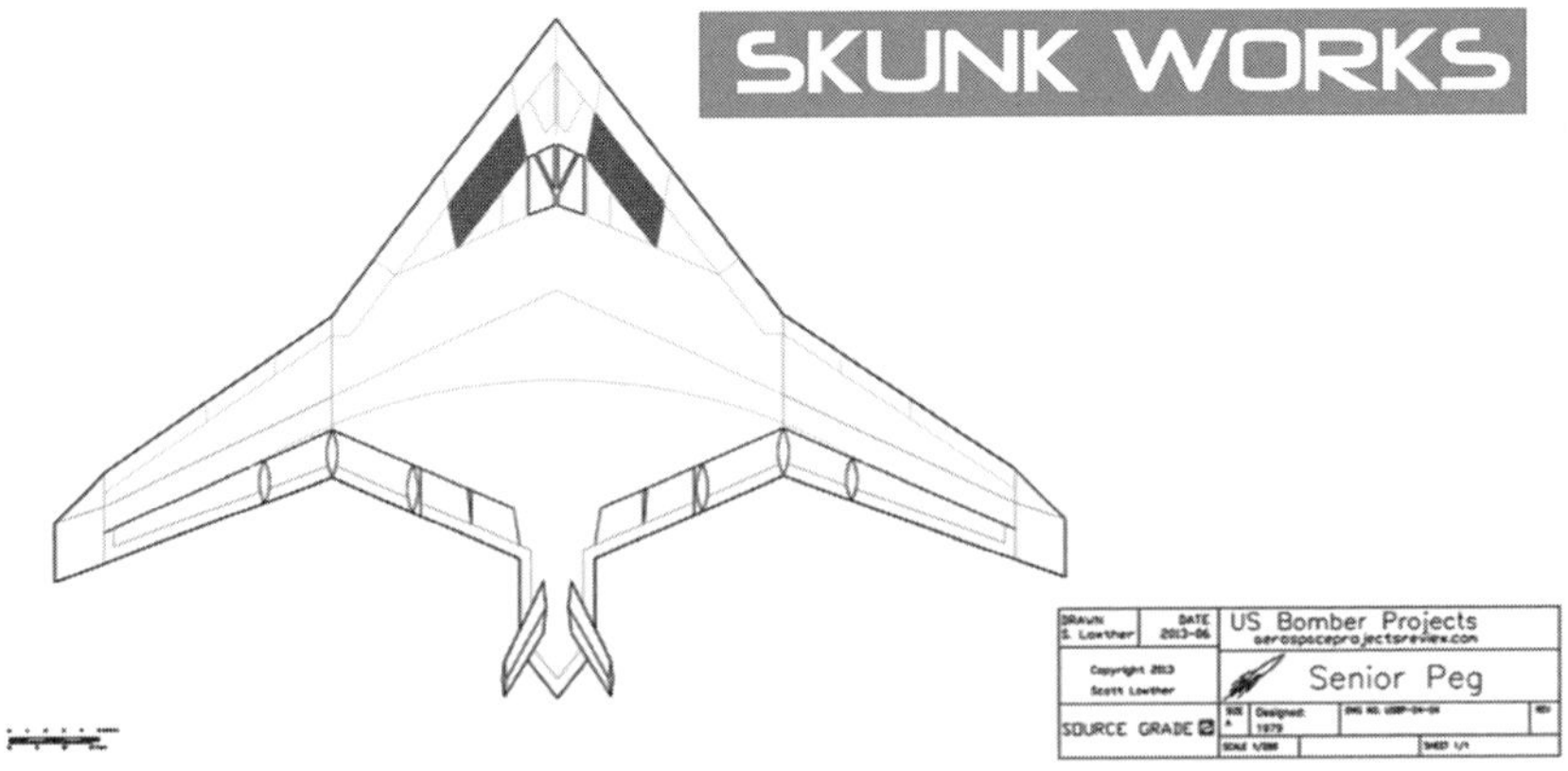

[図11-56] ATB計画で開発されたロッキード案「Senior Peg」。ロッキードもノースロップのように全翼機型を提案したが、V字尾翼があり、完全な全翼機ではなかった

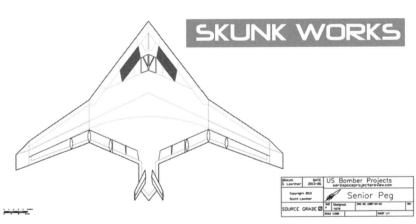

の〝ジャック〟・ノースロップ本人は1981年まで存命で、その死の前年の1980年春にB-2の設計案を密かに見せてもらったようです（まだ正式採用の決定前）。このとき、すでに話ができなくなっていた彼は、渡された紙に「なぜあれから25年も神が私を生かしておいてくれたのか、今分かったよ」と書いたとされます（ノースロップは1952年に引退していたので、実際は28年間だが）。

全翼機型爆撃機B-2にはノースロップ式ステルス技術の多くが投入されています。

まず空気取入れ口は主翼の上、コクピットの横に置かれました。これによって機体下面を平らにし、ステルス性を高めました。そしてタシット・ブルーで問題になった機体上下の接合部は、全翼機ならそのまま引き延ばし主翼にしてしまえば解決です。［図11-20／-57］

横から電波を受けるコクピットや弾倉部、空気取入れ口は単純な面構成で、滑らかに胴体に取り込まれ整形されています。そして当然、垂直尾翼はありません。

ただし、先にも述べたように、ステルス性能だけならロッキードのほうが上だったとされるので、より普通に飛ばせるノースロップ案が選ばれた可能性はあります（必ずしもステルス性能で選ばれたわけではない）。

［図11-57］上面方向から見たB-2。翼端に見えている上下２枚に分かれた動翼はクラムシェル（Clamshells：二枚貝）と呼ばれるもの。これによってエルロン（機体左右の傾き）と垂直尾翼の舵、すなわちローリング（機体前後の傾き）とヨーイング（機首の横振り）の両方の制御を行なう。ノースロップの全翼機が得意とする構造で、B-2の場合はフライ・バイ・ワイヤによってより複雑な制御を可能にしている（Photo：UK Ministry of Defence）

7 なぜYF-23は敗れたのか

ノースロップ式ステルス技術の集大成YF-23

　ここでF-22のライバルにして先進戦術戦闘機（ATF）競作の敗者、そしてノースロップ式ステルス技術の集大成でもあったYF-23を少し見ておきます。

　YF-23は2機が試作され、YF119エンジンを積んだ方の機体が1号機でブラックウィドウII、YF120エンジンを積んだ2号機はグレイゴーストの愛称をもちます。

　ちなみに競作でYF-22に敗れた後、守秘義務の関係から破壊するように空軍は要求し、それに抵抗したノースロップとの駆け引きがあったようです。

　このため試験終了後、NASAに引き渡され、カリフォルニア州のドライデン研究所（というかその所在地であるエドワーズ空軍基地）で野ざらしになっていました。ちなみにエンジンは回収されてしまっていたため飛ぶことはできず、NASAとしても使い道がなくて持て余していたそうな。しょうがないから地上での荷重実験でもやろうかと考えていたようですが（おそらく破壊までやる気だった）、最後までそれは行なわれませんでした（一部で出回っている「NASAが実験機として採

［図11-58］国立アメリカ空軍博物館に展示されているノースロップYF-23A PAV-1（1号機）。シリアルナンバー（S/N）87-0800機。2号機はカリフォルニア州のWestern Museum of Flightにて展示されている

用する計画だった」という話は存在しない）。

その後、1999年頃にまずは2号機がカリフォルニア州のWestern Museum of Flightに引き渡され、のちに1号機が国立アメリカ空軍博物館へと持ち込まれることになります。

一方、YF-23のライバルで、現存する唯一のYF-22は2017年まで同博物館に展示されていたのですが、のちにエドワーズ空軍基地内のNASAドライデン（アームストロング）研究所にある博物館（Air Force Flight Test Center Museum）へと移されてしまっています。

ついでながらノースロップ・グラマンは21世紀に入ってから、空軍の「新世代爆撃機計画（Next-Generation Bomber）」に呼応して、YF-23をステルス戦術爆撃機として復活させようとしたことがあり、カリフォルニアのほうの展示機を回収して改造を行なっています。なので、厳密にYF-23の状態を維持しているのは、［図11-58］の国立アメリカ空軍博物館の機体だけです。ちなみに新世代爆撃機計画は途中で要求仕様が変更になり、YF-23は再び不採用となってしまっています。

それでも最終的に「長距離強襲爆撃計画（Long Range Strike Bomber［LRS-B］program）」に内容が変更された後、ノースロップ・グラマンが勝者となっていますから、ノースロップ式ステルスは死なず、ということでしょう（これがB-1、B-2、B-52のすべての爆撃機を置き換える予定の新型爆撃機B-21）。

ちなみにYF-23はノースロップとマクダネル・ダグラスのチームによる共同開発なので、表記としてはノースロップ／マクダネル・ダグラスYF-23となりますが、機体形状の設計はほぼすべてノースロップであり、実際はノースロップYF-23だと考えて問題ないです。

［図11-59］2025年頃から運用予定のノースロップ・グラマンなどが開発している大型爆撃機B-21。愛称は第二次世界大戦中に日本を爆撃した部隊「Doolittle Raiders」にちなむ〝レイダー〟

「ステルスはYF-23、運動性はYF-22が上」は本当か？

かなり異なるステルス設計思想

YF-23を見ると、多数の面とそのつなぎ目にできる接合線の反射を計算・制御してつくられたロッキード式と、単純な面構成にして接合線を減らし全体を滑らかにまとめたノースロップ式の設計思想の違いがよく分かると思います。

先述のように、面と面を繋ぎ合わせてできる直線部分のレーダー波反射制御が一番の難問になりやすいのですが、これをロッキードは例のソ連の技術論文で解決。対してノースロップは面構造を単純化し、可能な限り直線の接合部をつくらないようにして、唯一避けることができない胴体上下接合部は例の〝縁〟をつくって対応したのでした。

この結果、カチっとしたYF-22とヌメッとしているYF-23という特徴が出てきます。同世代機でも、そのステルス技術の思想はかなり異なるのです。

ここで両者の大きさを数字で比べると、［図11-61］の通りになります。

全長はYF-23のほうが1メートルほど大きいのですが（YF-22は機首部にピトー管があるので、本体はさらにもう少し短い）、全幅はほぼ同じ、重量では実はYF-23のほうが軽いとされます。このあたりの数字はいわゆる〝世の中に出回ってい

［図11-60］YF-23（上）とYF-22（下）

YF-23とYF-22の大きさ

	全長（m）	全幅（m）	全高（m）	翼幅（m）	翼面積（㎡）	乾燥重量（t）
YF-23	20.6	13.3	4.3	13.3	88	13.1
YF-22	19.63	13.1	5.39	13.1	77.1	14.97

［図11-61］YF-23とYF-22の大きさについての諸元

る数字〟でその信憑性は確実とは言えないのですが、今さら機密にするようなものではないので、そう大きくは違わないと思われます。

ちなみに全長（20．6メートル）はあのF-105よりも少し長く、アメリカ空軍が〝飛ばしたことがある〟戦闘機としては、YF-12に次ぐ長さをもつ機体となっています。

数字を見る限り、1．8トンも軽いYF-23のほうが機動性はずっと高かったはずで、世の中で言われているように「ステルス性能はYF-23、運動性はYF-22が上」という単純な話ではないようです。水平尾翼がないぶん、YF-23のほうが機敏な動きができなかった可能性もありますが、そのあたりはフライ・バイ・ワイヤである程度解決できたはずです。

実際、ノースロップのテストパイロットは、「操縦が楽で運動性が良く、乗っていて楽しい機体だった」と証言しています。

2枚しかない尾翼

念のため確認しておくと、YF-23ではステルス性確保のため、傾きの強い尾翼が1枚ずつ左右にあるだけです。すなわち垂直・水平尾翼の両役割を左右2枚の尾翼で担っています。

そしておそらく通常の水平尾翼がないため、台形の主翼面積はYF-22（77．1平方メートル）に比べかなり巨大（88平方メートル）になっています。この怪鳥のような主翼もYF-23の特徴の一つでしょう（個人的にはモモンガを連想するが）。［図11-58／-60］

ちなみにYF-23の主翼が上から見ると台形なのは、主翼後部が直線だと後部から来たレーダー波をそのまま来た方向に弾いてしまうからです。斜めにすれば例の入射角と反射角の原理によって明後日の方向に反射でき、より安全になります。後ろから追いかけてくる地対空ミサイルが一番怖い以上、これは必須の工夫でした。

デルタ翼は主翼の断面型を長く伸ばして翼面上衝撃波を防いでいるだけですから、上から見た形が三角形でも台形でも、その効果は同じとなります（厳密にはエルロンとフラッペロンの効きが変わるので、可能なら単純なデルタ翼のほうが望まし

［図11-62］現存するYF-22のPAV-2（2号機）、シリアルナンバー（S/N）87-0700。2019年時点ではカリフォルニア州にあるAir Force Flight Test Center Museumにて展示されている

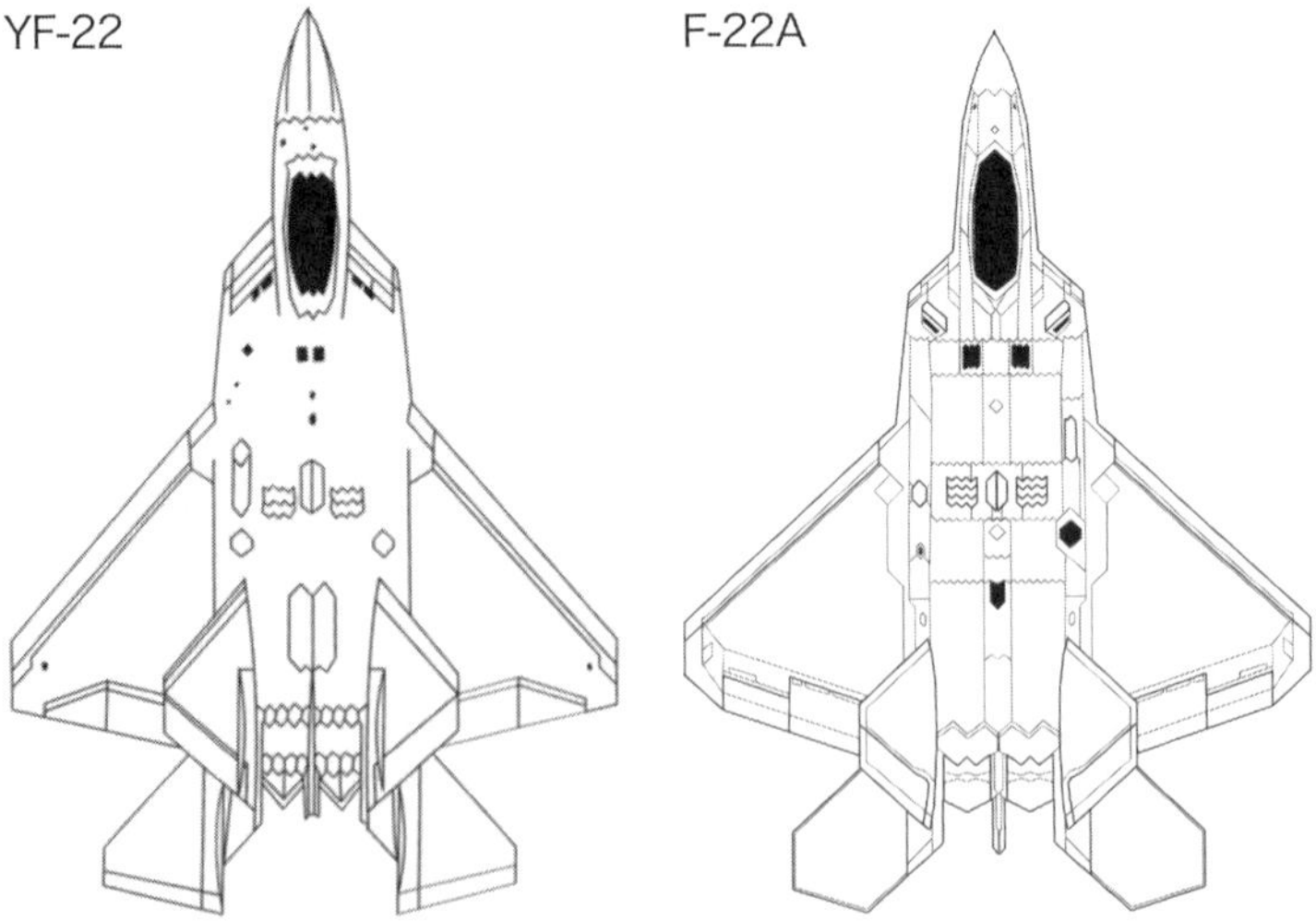

［図11-63］YF-22とF-22Aの上面図。F-22Aになる過程で主翼後部の角度が強くなり、より台形に近い形状になったことが分かる（Illustration_right：ZakuTalk）

いが）。

　ついでに、ＹＦ-22の主翼はＹＦ-23に比べると主翼後部の角度が浅く、単純なデルタ型に近い形状でした。しかしこれはＦ-22に設計変更される際に、翼端部の線を曲げるなどして後縁部の線の角度を強くし、より台形に近づけられています。［図11-63］

機動性はＹＦ-23が上？

先の数字はあくまで乾燥重量ですが（運用中はもっと重い）、仮にこの数字の重量差で7Gを掛けて戦闘旋回をやった場合、両機体にかかる荷重の差は質量×加速度、すなわち（14．97−13．1）×7＝13．09トンと、ほぼ機体丸ごとに匹敵する「重量差（加速度［G］×質量＝力）」が生じます。

　つまりＹＦ-22のほうが機体重量丸ごと1機分も〝重く〟なってしまうことになり、同じ出力のエンジンを積んでいる以上（エンジンが同じなら単純比較が可能）、ＹＦ-23が一方的に有利となるでしょう。これが8G、9Gといった究極レベルの空戦になると、さらに1．8トンの8倍、9倍もの重量差が付くことになります。同じエンジン出力でそれを支えるのは普通は無理ですから、やはりＹＦ-23の敗因は機動性ではない気がします。

　ちなみに、基本的に同じエンジンであるＦ-16とＦ-2にも同じことが言えます。乾燥重量で比べるとＦ-16Ｃブロック50の8．5トンに対し、Ｆ-2は9．5トンと1トン以上も重いのです。なので、Ｇの数に等しいトン数分だけ、Ｆ-2の方にかかる荷重は高くなります。つまり、機体は〝重く〟なります。

パーツから見るＹＦ-23

ＬＥＲＸ効果もあった機首部

ここで機首部を少し上から見ておきます。［図11-64］の機首周辺の縁に注目してください。これは例の面の接合面を引き延ばし、板状にしてステルス性を確保しているのですが、同時にＬＥＲＸのような高揚力発生装置の効果も狙っていたはずです。

　上から見るとＹＦ-23の機首部は楔型なので、この縁部分は強い角度をもったデルタ翼に近い構造になるのです（ＬＥＲＸが縁の部分で渦を発生させているのと同様に、この機首部の縁部分だけでも一定の効果がある）。Ｆ-22に比べると鼻づらが長いのもＹＦ-23の特徴の一つですが、これもＬＥＲＸ効果を狙った結果かもしれません（【2　スタンダードを変えたＦ-16の新技術①――ＬＥＲＸ】166ページ）。

［図11-64］上から見ると楔型になっているYF-23の機首部。この縁部分で渦を発生させて、揚力を発生させる効果があったと推測される。F-22のような複雑な平面系はもたず、単純な平面になっている。なお、塗装は展示にあたって博物館で塗り直されたもの

側面も滑らかな形状

YF-23は横から見ても独特の形状です。可能な限り単純な面構成にして、それらを滑らかに繋いでいるので、どこか生物的な印象があります。また、ノースロップ式の上下バスタブ型の胴体を接合した構造になっているのがよく分かると思います。その接合部がそのまま主翼に繋がり、余計な直線部をつくらないように工夫されている点にも注意してください。［図11-65］

ついでにコクピットの位置が高く、視界の確保もかなり考慮されているのが見て取れます。写真ではよく分かりませんが、コクピットのキャノピーと風防（前部透明部）が黄色くなっています。それはカビや経年変化による劣化ではなく（それでも少しあるが）、レーダー波対策の金蒸着が行なわれているためです。

ただしYF-17以来の伝統なのか、キャノピーと風防の間に枠組みが存在して視界を邪魔しています。これはステルス性の確保の面でも不利ですので、ちょっと疑問が残るところです。

さらに、機体前半のコクピット部と機体後半のエンジン部が完全に独立した構造になっていることも見ておいてください。

［図11-65］側面から見たYF-23。尾翼の楯章は戦闘機運用担当の戦術航空司令部（TAC）のもの

胴体後部で上に飛び出しているのがエンジン部で、空気取入れ口は主翼下に位置しています。これはエンジンと空気取入れ口を直線のダクトで繋がず、エンジンのタービンブレードを正面方向に露出させないようにする工夫です。（エンジンに対する空気取入れ口の位置を）ロッキードは左右にずらしたのに対し、ノースロップは上下にずらしているわけです。

これはB-2でも同じで、主翼の上の空気取入れ口から下方向に曲げています。こ

［図11-66］機体や主翼と隙間を空けず、主翼に直結させてあるYF-23A PAV-1の空気取入れ口（Photo：Valder137）

の主翼面に空気取入れ口をもってきてエンジンのタービンブレードを隠す、というのもノースロップ式ステルスの特徴でしょう。［図11-57］

主翼下に直結された空気取入れ口

空気取入れ口そのものも、ステルス対策のために独特な形状です。空気取入れ口が主翼下にあるのは高迎え角時の空気流入対策です（主翼下面が気流を流し込む板になる）。［図11-66］

もう一つ注意してほしい点は、主脚が空気取入れ口の後方に位置していることです。この機体の主翼がやけに大きいのは空気取入れ口をここに置いて、さらに主脚収納しなくてはならないから、という面もあったと思われます。［図11-65］

空気取入れ口の前部上面にある変な模様はガーゼ・パネル（Gauzing panels）と呼ばれる板で、細かい穴が多数開けられた部材が何枚も張り込まれたものです。これの意味を理解するには、空気取入れ口が主翼表面に密着していることに注意する必要があります。

物体表面を流れる気流では、すぐに境界層が剥離して乱流が生じ、これを空気取入れ口が取り込む気流に対して悪影響を及ぼします。このため従来の機体では機体表面から少し浮いた位置に空気取入れ口を設けていました。［図11-67］

［図11-67］F-16 Block50の空気取入れ口。機体表面に流れる相対的に遅い空気（境界層空気流）を吸い込むとエンジンの効率が低下する。それを避けるため、従来機は空気取入れ口と機体の間に隙間（境界層隔壁）やスプリッターベーンを設けている

しかし、とにかく機体全体を単純な面構成にしたかったノースロップの技術陣は、この浮き上がり式の空気取入れ口に代わ

る技術を求めたのです。その結果がこのガーゼパネルでした。そもそも境界層の剥離を起こさないようにすれば問題ないということで、機体表面に多数の穴を開け、そこで渦（低圧部）を生じさせることで、境界層を吸いつけ剥離を抑えてしまう、という手段を取ったのです。

　つまり一種のボルテックスジェネレーター（意図的に乱流を生じさせることで空力特性を改善する装置）みたいなものとも言えます。当然、空気抵抗も大きくなるのですが、可能な限り小さな面積で済ませて、その影響を最低限にしているようです。

　ちなみに似たような工夫をすでにF-4がやっていまして、空気取入れ口前の整流板に無数の細かい穴を開けています。これも同じ効果を狙ったもので、YF-23のこの技術はマクダネル・ダグラスの提案かもしれません。［図11-68］

　一方、F-22では従来通り機体表面から離れた位置に空気取入れ口を設けたロッキードですが、F-35では密着型に変更しました。これはDSI（Diverterless Supersonic Inlet）と呼ばれる技術を採用した結果で、あの変な形の空気取入れ口はこのためのものです。その結果、高迎え角時の気流対策が取れなくなったので、大失敗技術じゃないか？　と個人的には思っていますが……。［図11-69］

［図11-68］F-4の空気取入れ口の前の整流板にある無数の細かい穴（写真の右側が機首方向）。写真では分かりにくいが、矢印の先に無数に開けられている

［図11-69］前面から見たF-35。機体と空気取入れ口の間にスペースがなく、DSI（Diverterless Supersonic Inlet：ダイバータレス超音速インレット）と呼ばれる技術が採用されている。この空気取入れ口の独特な形状は主にコスト削減を目的としたもので、F-35の特徴の一つとなっている。特にステルス性に配慮したものではない（Photo：Rob Shenk）

平らに整形されている機首下面

次は機首下面です。［図11-70］を見てもらうと、長細い機首下面は平らに整形されており、ステルス性に気を配っている意図が感じられます。機首部を菱形断面にしてしまったF-22とは根本的に設計思想が違う部分です。ついでに機首部周辺の縁に主翼前で切り欠き（左下の矢印部分）が入っているのが確

［図11-70］YF-23機首部の下面。上が機首方向

認できます。

機首部の下側の側面から飛び出しているのは速度を計測するためのピトー管で、前輪の前に飛び出しているのはUHF系のアンテナのように見えますが、詳細は不明です。いずれにせよ、こんなものが飛び出していたらステルス性はまったく確保できませんから、試験機ならではの装備だと思われます。この点、YF-22が巨大なピトー管を機首部先端にくっつけているのも同じです。

ピトー管なしでは速度が分からなくて危険ですから、これを外して試験飛行はできません。ただ、ステルスの試験時にこういった外部に出っ張った部品を全部外したのか、もしくは（ステルス試験は）模型で行なったのかは不明です。

［図11-71］の角度で見ると、機首部周りの縁はかなりの幅があり、やはりLERX効果を狙っていると考えてよいと思います。また前脚のカバーもレーダー波をそのまま返さないように菱形となっているのが分かります。

巨大な台形の主翼

YF-23の主翼はYF-22のような複雑な平面系はもたず、単純な平面になっています。前縁部の切り欠きがあることから分かるように、YF-23も前縁フラップをもっており、後部2

［図11-71］YF-23機首部の下側の側面。前脚のカバーがステルス機らしく菱形をしている。また機首部周りの縁はかなりの幅があり、LERX効果を狙っていると推測できる

枚の動翼と併せてF-22と同じような構造で機体の姿勢を制御しています。当然、フライ・バイ・ワイヤ制御です。全体的に動翼は大き目で、これを動かして飛んでる姿はまさに〝怪鳥〟という感じでしょう。

後縁部にも強い角度がついていて、台形翼になっているのが見て取れます。主翼後端部の動翼はF-22と同じ2枚で、外側の、通常ならエルロンに当たる部分のほうがやや狭く、内側の、通常ならフラップの部分のほうがやや広いという特徴があります。[図11-72]

当然、単純なフラップとエルロンではなく、F-22と同じように両者が複雑に動いて機体の動きを制御します。

真後ろ

ジェットエンジンの収納部も単純な円筒形ではなく、ヌメッとした形状であることに注意してください。さらに両エンジンの間に空間をつくることで、操縦席からの後部視界を確保しています。[図11-73]

ジェット排気口が四角いのは推力偏向ノズルだからですが、ステルス性を重視して機体上面のみに置かれており、YF-22のように機体下面側にまで排気を向けられるようにはなっていません。このあたりがYF-22と比べて機動性が落ちるとさ

[図11-72] 上方から見たYF-23。写真では分かりにくいが、F-22同様に主翼前縁に前縁フラップをもっている（わずかに切り欠けが見える）。垂直尾翼やエンジン部分などの後部がギザギザになっているのは、直線にしてしまうと後方からきたレーダー波を素直に反射してしまうため。この構造はノースロップが得意とするところの一つで、B-2の後部も同様になっている

［図11-73］後ろから見たYF-23の1号機。エンジンも競作だったため、1号機と2号機では搭載エンジンが異なり、排気口の形状も少し異なる。2号機の方は排気口の上縁にギザギザがある。また、この角度だと尾翼がかなり強い角度をもっていることも見て取れる

［図11-74］YF-23の1号機の排気口。周辺には赤外線対策と思われる耐熱タイルのようなモノが見える。排気口横のパネルを固定するためにネジらしきものの頭が飛び出たままになっている（盛大にレーダー波を弾きそうだが……）

れた一因かもしれません。

なお、尾翼は全面が動く全動翼タイプで、その構造からすると垂直尾翼と言うより、水平尾翼と昇降舵（エレベータ）に近いものがあります（垂直尾翼は後部だけが動いて舵となるのが普通）。なので単なる安定板ではなく、より積極的に機体の姿勢制御を行なっていたと思われます。

7　F-22への道

世界最長となってしまった開発期間

ここからはようやく（笑）、タイトル通りにF-22の機体を見ていきたいと思います。ただ、そうは言ってもF-22は未だによく分からない部分が非常に多い機体です。機密解除などまだ全然されていませんから、分からない部分はどうしても推測になります。この点はご了承のほどを。

とりあえず1981年11月頃にF-15の後継機開発を空軍が決定し、これを受けて先進戦術戦闘機（Advanced Tactical Fighter：ATF）計画の予備研究がスタートしました。これがすべての始まりです。

YF-22の初飛行が1990年、先行量産型のF-22の初飛行が1997年、正式運用開始が2005年ですから、計画始動から試作機の飛行まで9年、量産型の飛行まで15年、部隊配備に至っては24年もかかったわけです。これはF-35よりもわずかに長く、アメリカのそして当然世界最長の開発期間記録だと思われます。

ちなみに部隊配備までかかった24年という時間がどれだけ長いかというと、第二次世界大戦終戦の1945年から24年間、1969年までにアメリカ空軍が採用した主な戦闘機だけでも、F-84、F-86、F-89、F-94、そしてセンチュリーシリーズの6機、F-4、F-111と、軽く10機種を超えます。

この間、ずっと次期主力戦闘機が開発中だったとしたら、アメリカはF-80だけで朝鮮戦争とベトナム戦争を戦い抜く羽目になったわけです。無茶苦茶な時間と思っていいでしょう。もしF-15とF-16があれだけの性能をもっていなければ、目も当てられないくらい悲惨なことになっていたはずです。

もっとも、開発に時間が掛かったのにはいろいろ不運な面もありました。

試作機のYF-22が初飛行し、ATF計画の勝者となった直後に冷戦が終結し、ソ連が崩壊してしまったのです。よって本来ならソ連本土の地対空ミサイル（SAM）防衛網突破のための能力だった、ステルスとスーパークルーズ（Supercruise：アフターバーナー無しの超音速巡航）の意味がなくなってしまい、それでいてこの二つの能力のために極めて高価な機体になってしまったのでした。

そこから仕様変更も併せて迷走に迷走を重ねた結果、ただでさえ高価だった機体がさらに高価になってしまい、当初の調達予定の750機から実に3分の1以下の192機だけの生産で終わってしまいます。なお、厳密にはプラス先行量産型の3

機もありますが、最初の2機［ブロック1］は地上での整備訓練機に利用され、3号機［ブロック2］は空軍博物館に展示され実戦配備されていません。

1981年、研究開始当初に求められた4つの性能

1981年に空軍内で研究が開始された段階で、新しい戦闘機に求められたのは以下のような性能だったとされます。ただしまだ正式に情報公開されていない面が多く、私もこのあたりの書類の現物は見たことがありません。よって以下は、アメリカの出版物や、軍・政府・NASAが機密解除した資料・ウェブサイトからの孫引き引用となります。この点はご了承のほどをお願いします。

①一定時間を超えるスーパークルーズ能力
②レーダーに探知されない能力（ステルス技術）
③短距離離着陸能力（STOL能力）
④最先端の航空電子装置（アビオニクス）の採用

これらはあくまで研究段階の提言であり要求仕様ではありませんが、各メーカーに内容は伝えられていました。

ここで機体の機動能力がまったく求められていない点に注意してください。とりあえず、ボイドとスプレイが空軍去った後、早くも空軍における戦闘機に期待する性能の変化が始まっていたというところでしょうか。

とりあえず、各要求を少し詳しく見ていきます。

①超音速飛行能力

1番目はアフターバーナー無しのいわゆるスーパークルーズ能力の要求です。地対空ミサイルの攻撃から逃げ切るのに重要な超音速飛行を長時間可能にせよ、という要求と考えていいでしょう。冷戦中ですから、ソ連本土の対空ミサイル地帯を強行突破する能力として要求されたものです。

F-15以前の戦闘機でも超音速は出せますが、巨大なエンジンパワーを必要とするためアフターバーナーの使用が絶対条件でした。アフターバーナーは膨大な燃料の消費を伴いますから、通常、数分間使っただけでも燃料は激減します。

なので超音速飛行は最後の手段で、戦闘中に1～2回しか使えない必殺技みたいなものでした。当然マッハ数が上がれば上がるほど、その燃料消費は大きくなり、マッハ2を超えるとほとんど実用性はないというほどの燃料消費を伴ったのです（「消防用ホースでまき散らすかのように燃料が減っていく」と元F-15のパイロットが証言している）。

ところが地対空ミサイルの発達が、機体の超音速飛行の重要性を上げていくことになりました。レーダーで誘導されるミサイルは、普通に飛んでいたのでは確実に撃墜されてしまう恐るべき兵器となってきたのです。パイロットの養成に膨大な時間がかかり、極めて高価な戦闘機がはるかに低コストで生産される地対空ミサイルによって次々と撃ち落とされたのではたまったものではありません。

そのために考えられた対策の一つが超音速飛行でした。よほど発見が遅れない限り、高速・高高度で離脱すれば地上から上がってくるミサイルは振り切ってしまえたからです。

レーダー誘導の地対空誘導ミサイルは通常2段ロケットとなっており、1段目のロケット（ブースター）で高高度までほぼ真っすぐ上昇し、その後これを切り離してから2段目のミサイル本体が追尾飛行を始めます。この2段目の追尾飛行に入られると、ミサイルのほうが高速ですから逃げ切るのは難しくなります。このため1段目ロケットで上昇中に、超音速で追尾圏外まで一気に逃げ切ってしまう必要があるのです。

このとき、従来のようにアフターバーナーで超音速を出していたのでは、ソ連本土の防空ミサイル網の途中で燃料切れとなり墜落してしまいます。なのでアフターバーナー無しでの超音速飛行、つまり燃料をそれほどバカ食いしないでできる超音速による巡航能力が要求されたのでした。

この技術にはエンジンの高出力化と同時に、超音速飛行時の空力的な洗練が必須となります。ちなみに当然のごとく、この点についてはＮＡＳＡが開発に関わってきます。

②ステルス技術

2番目のレーダーに探知されない能力、すなわちステルス性能もまた地対空ミサイル対策として要求されたものでした。超音速飛行が高速で振り切ってしまう対策だったのに対し、ステルスは「敵の射撃管制レーダーに映らなければロックオンすらできない」という発想に基づいた対策でした。

すでに１９７９年にロッキードのステルス実験機ハブ・ブルーがミサイル部隊に対するレーダーテストに成功していたため、この要求が取り入れられたのだと思われます。よってこの時点ではステルス能力は地上からのレーダー対策が主で、空対空戦闘による敵機のレーダーなんてほとんど考えられていません。

ちなみにこの段階ではLow Observable Technology、すなわち低観測性技術という迷彩塗装の研究のような呼称でした。

③短距離離着陸能力

３番目の短距離離着陸能力すなわちＳＴＯＬ能力ですが、これはどうもあまり真剣に検討された様子がなく、Ｆ-22でも実現されているようには見えません。なので、ここでは特に検討しないでおきます。

④最先端のアビオニクス

最後、４番目の最新航空電子技術の導入もフライ・バイ・ワイヤやレーダーシステムの正常進化であり、そもそも機密性が高くてよく分からない部分が多いので、本書ではコメントしないでおきます。

とりあえず、これらが最初の最初、新型戦闘機開発の叩き台とされた要求でした。ここでＦ-15＆Ｆ-16以降の新世代戦闘機に求められた最大の能力は、地対空ミサイル陣地対策だったことに注意してください。

電子ネットワークだとか情報戦だとかは、この段階ではほとんど考えられていないのです。そして同時に、空戦能力もほとんど考慮されていないのでした。とにかくアメリカ空軍は地対空ミサイルが怖くて仕方なかった、ということです。

１９８２年の情報仕様書（ＲＦＩ）

そして翌１９８２年に空軍は７つのメーカー（ノースロップ、ロッキード、マクダネル・ダグラス、ボーイング、グラマン、ジェネラル・ダイナミクス、ロックウェル）に１００万ドルずつ（もう少し多かった説もあり）の予算を与え、新型戦闘機の設計案を提出するように依頼します。ここら辺はＦ-16のときの段取りと似ています。

これに伴い、１９８２年10月頃に具体的な数字を伴った要求が示されました（１９８１年にすでに決まっていたという説もあり）。ただしこれはまだ正式な要求仕様書（Request for Proposals：ＲＦＰ）ではなく、その前段階の情報仕様書(Request for Information：ＲＦＩ）に基づくもので、とりあえず参考用に設計してみてね、といったレベルのものでした。実際、後に大幅にその内容は変更され、各メーカー大迷惑となるのです。

もっとも、メーカー側もかなり好き勝手にやっていたようです。アメリカの出版物や軍・政府・ＮＡＳＡの資料・ウェブサイトを参照してまとめると、次のようになります。

機体重量　22.7トン［5万ポンド］）以下

ちょっと重すぎでしょう……。F-15の要求仕様が18.2トン（4万ポンド［lb］）、最終段階でも19.3トン（4万2500ポンド）だったことを考えると、かなりの重量増です。

610メートル（2000フィート）の滑走路でも運用可能なこと

STOL性能の要求ですが、F-16（ブロック50で約8.5トン）のような軽い戦闘機ならそれほど問題ない数字です。ただし、22トンもある機体でこれをやろうとするとかなりキツイでしょう。

戦闘半径距離　1130〜1480キロ（700〜920マイル）

戦闘半径（Combat radius）は基地から離陸して飛んでいき、そこで戦闘して帰還可能な距離のことです。実際は往復になりますから、最低でも数字の倍以上の距離を飛ぶ必要があります。この数字はかなり長距離でして、西ドイツあたりからソ連本土への突入を前提としていた可能性が高いです。

ついでに増加燃料タンクの有無の指定は特にないものの、普通に考えると使用が前提でしょう。この段階ではまだステルス能力を必須としていませんし、アメリカ空軍ですから空中給油は当然のごとく大前提となっています。

アフターバーナー無しのスーパークルーズが可能なこと

この段階では「Supersonic cruise（スーパークルーズ：超音速巡航）」と普通の名前で呼ばれています。アフターバーナー無し、すなわち少ない燃料消費での長距離超音速飛行を要求しているわけです。すでに見たように、これはソ連の地対空ミサイル地帯を安全に突破できる能力になります。

敵のレーダーや赤外線探知器から認識されにくいこと

いわゆるステルス能力です。ただし、この項目の最後に〝可能ならば（if possible）〟との注意書きがあり、まだ必須の要求項目ではなかったようです。これが必須項目どころか最大のウリになってくるのはこの後からです。

ちなみに、この段階でもまだLow observability（低観測性技術）と呼ばれています。

F-15より維持管理が容易であること

これはのちほど完全に無視されます。ちなみにこのなかには暗に、調達コストも安いことも含まれたようですが、これまたまったく無視されてしまうわけです。

これらが、1982年の段階で要求された性能でした。

要求について、各メーカーの最初の提案がどの程度真剣に検討していたのかはよく分かりません。ちなみにこの段階では純粋な戦闘機と同時に、攻撃機（Air to Surface Mission）の計画案の提出も求められており、各社は空対空用と対地攻撃用の2種類の提案を行なっています。［図11-75］

この段階でノースロップの空対空用はすでに一定のステルス性を検討していたのに対し、ロッキードはYF-12の焼き直しのような機体を提案しており、君たちは本気だったのか!?という感じではあります。

さらにグラマンに至っては前身翼機を提案していました。構造的にどうしても重量増が避けられない前身翼機をわざわざグラマンが提案したのは、この時期に自分のところで前進翼実験機のX-29を開発していたからでしょう（1984年12月に初飛行）。ちなみにNASAの実験機と思われがちなX-29ですが、実際はDARPAとアメリカ空軍も参加していた共同実験機でした。［図11-77］

1983年、一気に本格化し始めたATF計画

その後、1983年にオハイオ州デイトンのライト・パターソン基地に先進戦術戦闘機計画組織室（ATF System Program Office）という、なんだか妙に長い名前の開発本部が設置されました。その責任者としてピッチリロ大佐が就任します。これを境に計画は一気に本格化したようです。

さらに、それまで〝可能なら〟という程度の要求だったステルス性能を、この計画の最大のポイントとして引っ張り出してきたのがピッチリロ大佐だったようで、就任後間もなく、1983年5月頃に追加要求として各メーカーに通達しています。これはF-117の量産がまさに始まるタイミングですから、どうやらステルスは使えるぞ、という確信を空軍がもったのでしょう。

この結果、ほぼ全社が設計やり直しとなるのです。よってロッキードの極秘計画向けの設計チーム、スカンクワークスのステルス設計部隊が参加してくるのはこのあたりからだと思われます。F-117も量産が始まって、ちょうど手が空いた頃でしたから。

1985年、正式要求（RFP）を各メーカーに通達

1985年9月、研究開始から4年後にようやく先進戦術戦闘機（ATF）の正式な要求仕様書（RFP）が各メーカーに通達され、これに基づいて正式な設計案を提出するよう求められることになりました。この仕様書の現物も私は見たことが

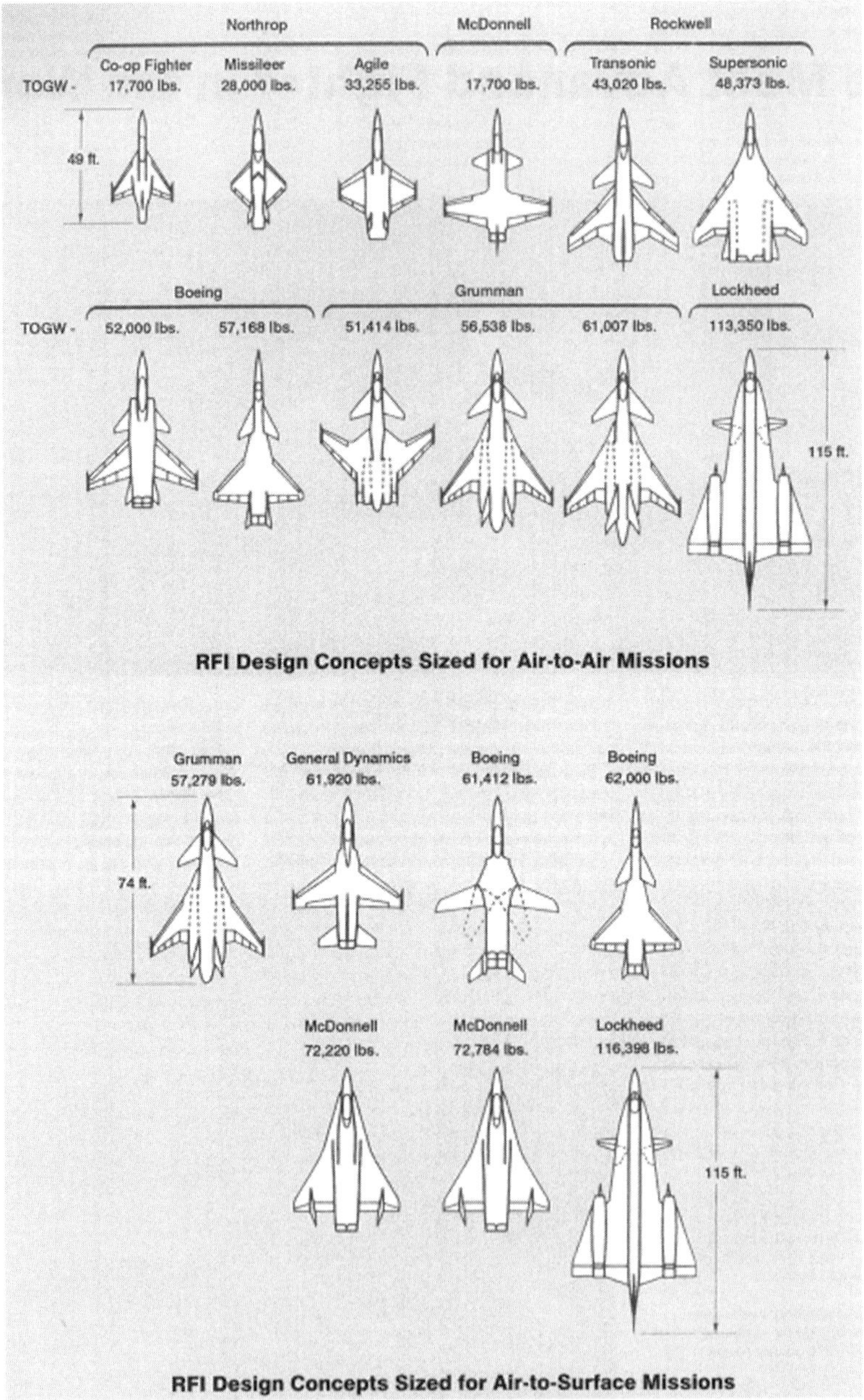

[図11-75] 1982年の先進戦術戦闘機（ATF）の情報仕様書（Request for Information：RFI）に応えて、各メーカーが空軍に提案した基本設計案。上が空対空用の戦闘機、下が地上攻撃機

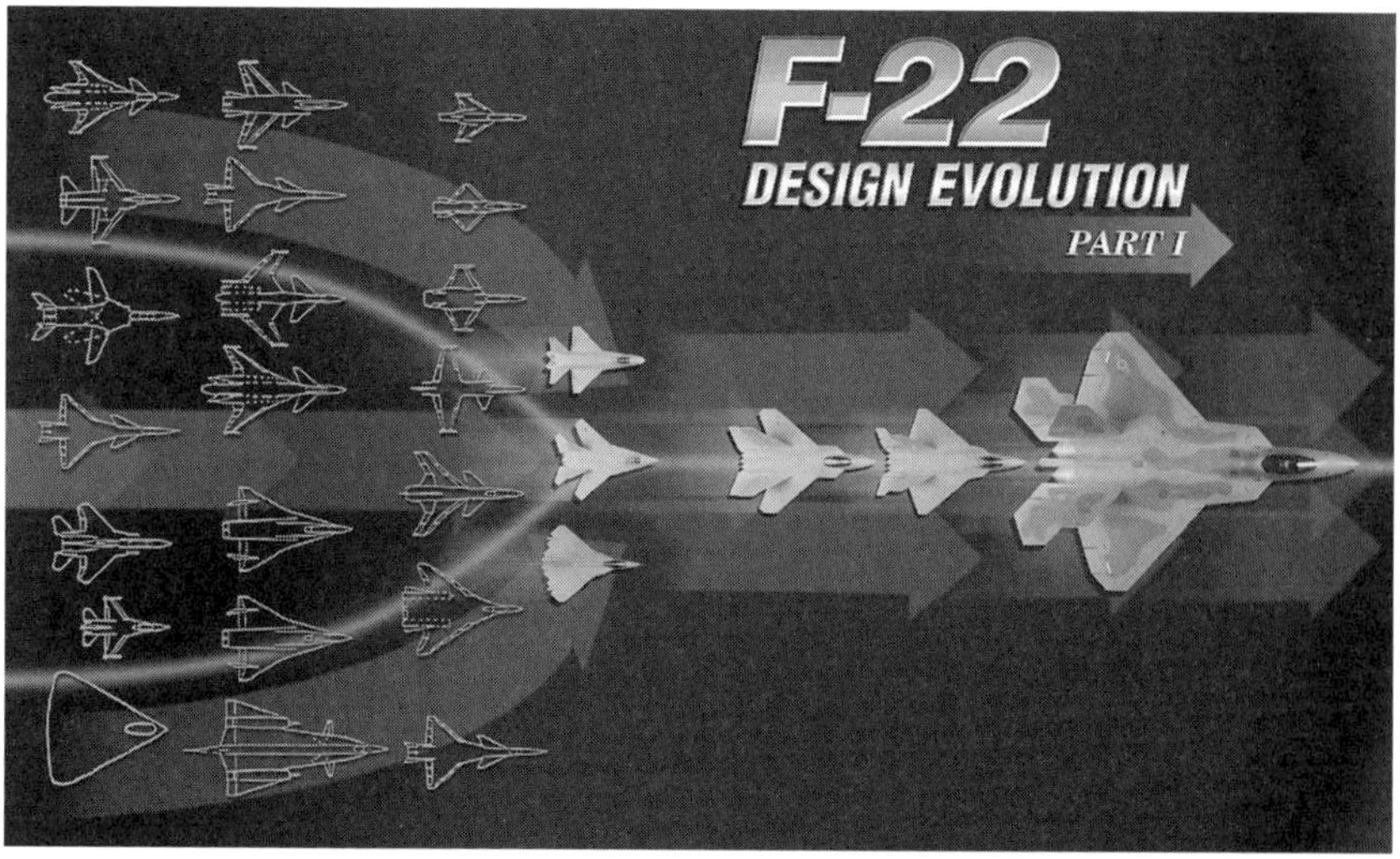

［図11-76］F-22に至るまでの機体イメージを時系列で並べたもの（Photo：Lockheed Martin）

ないので、例によってアメリカではこういった話が信じられているというところではありますが、その要求項目を見ておきます。

［図11-77］グラマンが製作した前進翼実験機X-29の2号機。F-5など既存の機体からパーツを流用して、2機が製造された。水平尾翼がない代わりに、主翼から後部に延びた水平板部（ストレーキ）が安定板の役割を、さらにその後端部が上下に曲がって昇降舵（エレベータ）の役割をしていた。加えて機体前部にも昇降舵（エレベータ）の役割を果たす前尾翼を付けているが、重心位置にあまりに近い位置にあるので、安定板や昇降舵と同時に、主翼前で渦を起こして主翼上の気流の剥離を防ぐのが主目的ではないかと推測される

飛行性能――超音速飛行&加速力

・敵地においてマッハ１．４～１．５でのスーパークルーズができる
・海面高度でマッハ０．６から1までの加速が20秒以内
・高度2～3万フィート（約６１００～９１５０メートル）でマッハ０．８から１．８までの加速が50秒以内

最初は、スーパークルーズ能力の性能要求です。これに関しては高度の指定はないですが、普通に考えて高度６０００メートル以上でしょう。

その次からが、情報仕様書（ＲＦＩ）の段階ではなかった加速力に関する性能要求です。ここで初めて機動性能に関する要求が登場したことになります。加速度が大きいということは素早い運動エネルギーの充填を意味しますから、これは運動性能の要求でもあるのです。

指定されている海面高度は、濃厚な大気密度をもち、さらに地表付近の音速はかなり速くなります。よってマッハ０．６から1まで20秒で加速というのはそれなりに厳しい要求だと思っていいので、先進戦術戦闘機（ＡＴＦ）は運動エネルギーの蓄積速度はかなり速く、よって機動性が良いことを意味します。

ちなみに、もう一つの高度約６０００～９０００メートルでマッハ０．８から１．８が50秒というのも、Ｆ-15などと比べるとかなり速めの加速性能となっているようです。

Ｆ-22やＹＦ-23の性能については未だに機密の部分が多いのですが、２０１５年にＹＦ-23とＦ-22の先行量産型のテストパイロットを務めたメッツ（Paul Metz）が講演したときに、「両機とも空軍の要求性能は満たしていた」と証言しているので、Ｆ-22はこれらの性能をもっているはずです（当然、ＹＦ-23も）。

飛行性能――旋回性能

・高度1万フィート（３０４８メートル）において、マッハ０．９での最大9Ｇの旋回が可能
・高度5万フィート（1万５２４０メートル）において、マッハ１．５での2Ｇの維持旋回が可能
・高度3万フィート（９１５０メートル）において、マッハ1での5Ｇの旋回およびマッハ１．５での６Ｇの旋回が可能

旋回性能については超音速飛行に関するものが多く、音速以下での要求条件は最初のみです。音速域でまともな空対空戦闘が成立するかは疑問なので（すれ違って1秒後には７５０メ

ートル近く距離が離れてしまう)、これもミサイル回避用の性能要求だと思います。

最初のやや低空と言える高度3048メートルにおいて、マッハ0.9での9Gの旋回(機体〝重量〟が地上の9倍になる。当然、パイロットもその重量増に耐えねばならない)はかなりの急旋回ですが、現代の戦闘機なら可能な数字でしょう(ただしF-35を除く)。

しかも維持旋回(高度を失わない旋回[位置エネルギーの損失のない旋回])という指定もないので、無茶な数字ではないと思われます。

ただし、重量が増えた機体を支える強力なエンジンパワーは必須となります(エンジンが生む速度を運動エネルギーとし、機体を支える主翼の揚力に変換する)。これもメッツによれば、「F-22とYF-23のどちらもすべての性能要求をクリアしていた」とのことなので、両機とも9Gまでの旋回は問題なくできることになります。

次の高高度(1万5240メートル)においてマッハ1.5での2G旋回という要求ですが、これのみ高度の損失を伴わない維持旋回が求められています。これがどういう目的に基づくのかはよく分かりません。

空気の薄い高度1万メートル以上においての旋回はあっという間に高度を失うので、維持旋回が困難なのは確かです。しかし2Gの加速度というのは極めて緩やかな旋回なので、エネルギーの消費は小さく、無理難題ではないように思います。まあ、実際に飛んでみた経験はないので、これがどの程度困難な条件なのか正確には分かりませんが……。

そして最後も超音速状態での旋回条件の要求です。やや高めの高度で、やや高めのGをかけての超音速旋回を求めていますが、さすがにこの速度で9G旋回は要求されていません。これもミサイル回避を前提とした要求でしょう。

運用性能

・戦闘半径は700海里(約1296キロ)以上
・2000フィート(約610メートル)以下の滑走路でも運用可能なこと
・現在運用されている戦闘機のミサイルなどがそのまま使用可能なこと
・F-15の2倍の運用効率(Double the F-15 sortie rate)をもち、着陸から再離陸までが現状の半分の15分で可能なこと。さらに故障の75%が、4時間以内で修復可能になっていること
・機体の離陸重量(Gross take off weight)は22.7トン(5万ポンド)以下であること(最大離陸重量ではない。飛行に必要な装備を最低限積んだだけの数字)

一つ目は戦闘半径の数字の単位が海里（Nautical mile）に変更されていますが、その要求距離そのものは最初の要求とほぼ変わりません。戦闘空域まで行って、往復2000キロ以上飛んでこいというわけですから、かなりの距離と思っていいでしょう。

次はSTOL性能の要求で、これも最初の段階の要求から変化はありません。

3つ目が武装の性能要求で、新しい機体だから新しい兵器を開発するのではなく、従来のAIM-9サイドワインダーやAIM-7スパローなどで十分な戦闘力をもつように、という要求です。単純に開発費の高騰を避けるためでしょう。

4つ目が運用効率。これも最初の要求にあったものですが、F-22の維持管理と整備がF-15より楽だという話は今のところ聞きませんから、その後無視された可能性が高いです。

そして最後の重量についての要求も変化なしです。ただし、公表されているデータが正しいならF-22は燃料やオイルまで抜いた乾燥重量だけで19.7トン、通常の離陸重量だと29.3トンなので、上の要求に比べて完全に重量オーバーとなっています。このあたりは性能要求を達成しているから大目に見たのか、あるいは数字が後で変わったのか何とも言えないところです。もっとも、より軽かったと思われるYF-23が競作で負けているので、ボイド亡き後の空軍はそれほど重量にこだわっていなかった可能性もあります。

経済性

・750機を生産した場合、1985年の物価で1機あたり3500万ドル相当で購入可能なこと(当初は4000万ドルだったのが、後で引き下げられた)

物価上昇率を調整した1985年価格において1機あたり単価3500万ドルで750機を生産せよ、ということです。当時のF-15の調達価格（Unit Flyaway Costs）が3000万ドルをギリギリ切るくらいの金額だったので(数字は国防省による『Department of Defense appropriations for 1987』より)、それほど無茶な数字ではありません。

最終的にF-22の引き渡し価格は1機あたり約1.5億ドル前後となってしまったとされるので、要求された価格の約4.3倍、F-15の5倍以上にもなってしまっています。もっとも生産数も予定の3分の1以下で終わっていますから、この点も考慮する必要はあるでしょう。

ただし750機程度が生産されたとしても、果たして単価が4分の1にまでなるものなのかは何とも言えません。とりあえず、価格が高騰したということだけは事実です。

その他に以下の性能を求める

・従来の戦闘機に比べ、極めてレーダーに捕捉されにくい機体であること、そして航空電子装置（アビオニクス）が従来の戦闘機より高度なものであること

あっさりした表現ですが、ステルス性能が必須条件として盛り込まれています。よってまともなステルス技術をもたなかった会社、すなわちロッキードとノースロップ以外のメーカーの脱落はここで事実上決まったと考えていいでしょう。アビオニクスの導入については先に説明した通りです。

ちなみにこの後、同年11月にステルス性能要求がさらに追加された、という話なのですが、具体的にどういったものだったかは不明です。

この最終的な要求仕様が１９８５年9月に各メーカーに通達され、ここから7社がそれぞれ設計に入りました。最終的にそのなかから試作機受注に進む2社が選ばれることになるわけです。最初の設計案の締め切りは１９８６年1月で、性能要求の交付からわずか4ヵ月後だったのですが、さすがに無茶だと最終的に3ヵ月ほど延長され、１９８６年4月になりました。

その途中、１９８６年3月頃に、またも政治的な圧力により海軍の計画への参加が決定されます。

例によって予算の関係で、海軍が独自に進めていたF-14の後継機「先進戦術航空機（Advanced Tactical Aircraft：ATA）」が空軍の先進戦術戦闘機（ATF）計画と統合されてしまったのです。もっとも、最終的にはF-１１１のときと同じく喧嘩別れに終わるんですが……。

ちなみに一部で有名な可変翼のF-22のスケッチはこの海軍計画に対して示されたものです。可変翼でステルスは可能だったんでしょうか。

この喧嘩別れの結果、海軍の〝航空機（Aircraft）〟（多用途機が前提なので戦闘機とは言わない）にはF／A-18を発展させたスーパーホーネットを、その後は中途半端に空軍と共通化を図ったF-35Cを採用する羽目になってしまうわけです。これならF-22の海軍型を採用していたほうがよかったような気もします。

１９８６年、選考結果とチーム分け

その後、空軍は１９８６年8月になってグラマンとロックウェル以外の5社に対し、二つのチームにまとまるように勧告します。これは1社の単独受注ではなく、共同で製作に当たるんだよ、ということでした。ちなみにグラマンとロックウェルが

外されたのは、すでにこの段階で予選落ちが決まっていたからです。

こうして、先進戦術戦闘機（ＡＴＦ）の開発は複数のメーカーの共同開発へと大きく方向転換が行なわれます。チーム分けは、ノースロップとマクダネル・ダグラスで1チーム、そしてロッキードとボーイング、ジェネラル・ダイナミクスで1チームとなり、勝者がチーム内の他社と組んで試作機の開発を行なうこととされました。

もっとも、この組み合わせからして、すでにノースロップとロッキードに勝者は内定していた、と考えていいでしょう。同じチームに勝者同士が入ってしまったらどうする？　という疑問は出なかったようですから。

実際、１９８６年10月31日に発表された選考結果ではノースロップとロッキードが勝者となりました。これにより6億9１００万ドルという微妙に中途半端な開発費が両チームに支給され、ここから試験機の製作が始まるのです。ここで初めてロッキードの設計した機体にＹＦ-22、ノースロップの機体にＹＦ-23の形式名称が与えられます。

参考までに設計段階の選考結果は、ロッキード案とノースロップ案が同率1位でした。3位とされたのがジェネラル・ダイナミクス案、4位がボーイング案、5位がマクダネル・ダグラス案でした。残りのグラマン案とロックウェル案は、開発責任者のピッチリロ大佐に言わせると問題外だったようで、そのためこの2社は開発チームに入れなかったわけです。

ついでに選考後、１９８７年になってから滑走距離の要求が３０００フィート（９１０メートル）に緩和されていますが、これはエンジン出力の問題が原因だったと言われています。ここまで伸びてしまうと、さすがに短距離離着陸（ＳＴＯＬ）と呼ぶにはちょっとギリギリかなあ、という距離ではありません。

ちなみに先進戦闘機計画（ＡＴＦ）では当初、試作機によるテスト飛行試験の予定はありませんでした。レーガン大統領による大幅な軍事予算増を受けて妙に気前が良くなっていた空軍は、図面審査だけで採用を決定してしまう予定だったのです。

ところが１９８５年、軍の予算浪費が議会で批判され始め、そこで結成されたパッカード委員会（Packard Commission）がこの段取りにストップをかけます。そんな高いオモチャはモノを確かめてから買えとデイビッド・パッカード委員長からの勧告を受けて、実機の飛行試験が追加されたのでした。「Ｆ-15式ではなく、Ａ-10やＦ-16式でやれ」ということですね。

ちなみにこのパッカードは、ヒューレット・パッカードの創業者の一人である、あのパッカードさんです。さらに設計段階の選考も図面審査だけでなく、縮小模型による風洞実験、さらにはコンピュータによる数値シミュレーションを使ったとされますが、詳細はよく分かりません。

アメリカ空軍が公開する情報の信用度

ここでちょっと脱線を。

アメリカ空軍が世間に発表する情報の信用度がどんなものか、というお話を少しだけします。１９８６年2月23日、「ニューヨーク・タイムズ」が先進戦術戦闘機（ＡＴＦ）のメーカー間の競争を報道した記事を掲載しました。その記事の中から開発責任者であるピッチリロ大佐へのインタビュー部分を抜き出してみます。

この段階ではまだ各社の設計案は提出されていませんが、すべての性能要求はすでに決定済みでした。その段階でインタビューを受けた彼は、以下のように述べています。

・ＡＴＦは攻撃的な能力が強化されており、敵地にある航空基地や通信ネットワークなどを攻撃、破壊できる。
（→要求仕様発行後にこういった対地攻撃能力が求められたことはないし、ＹＦ-22はもちろん、ＹＦ-23にもそういった能力はまったくなかった。つまり嘘である）
・滑走路は１５００フィート（約４５７メートル）しか必要がない。
（→そんな短距離での離陸性能が求められたことはない）
・パイロットの音声による制御が取り入れられる。
（→こういった機能の要求が出されたことはない）
・音速の2倍での巡航が可能。
（→実際のスーパークルーズの要求仕様はマッハ１．４〜１．５だったとされる）

このように、出鱈目と言っていい情報を、アメリカを代表する新聞に堂々と公表しているわけです。そしてアメリカ空軍のタチの悪さは、こういった中にさりげなく本当の情報も混ぜてくる点です。上の内容に加えて、この記事には以下のような発言も載っています。

・航続距離は機密事項だが、少なくともイギリスからドイツまでは行動可能だと思っていい。
（→機密と言っているが、片道約１０００〜１３００キロとなるこの数字は実は極めて正確）
・敵のレーダーから見えなくする〝忍び込み〟技術が採用されるだろう（It would incorporate "stealth" technology）。

（↓史上初の実戦ステルス機F‐117の存在はまだ公表されていないので、空軍によって〝ステルス〟という言葉が使われた最も初期の例だと思われる。よってそんな技術があるかどうかすら謎だったのに、あえて自分から言及している）

おそらく意識的に虚実入り混じった情報を流しており、アメリカ空軍はよくこういったことをやります。このような地雷を可能な限り避けながらこの本が書かれているのだ！ 意外に大変なのだ!! というのを理解していただけたら幸いです。連中は無条件では信用できないのです。

YF‐23チームの不運な事情

チームYF‐22とチームYF‐23はそれぞれ、4年計画で実機製作を開始しました。以後の遅延ぶりを考えると意外と言っていいほど計画は順調に進み、ほぼ4年後の1990年8月にノースロップチームのYF‐23 1号機（PAV‐1：ペイヴ・ワンと読む）が初飛行。続いて9月にロッキードチームのYF‐22 1号機も初飛行に成功します。そして引き続き、それぞれ2号機も飛行に成功し、試験に臨む環境が揃います。[図11‐79]
ちなみにYF‐22とYF‐23共に、1号機と2号機では搭載エ

[図11-79] 1990年9月29日、テストパイロットDave Fergusonが初飛行を行なったYF-22の1号機（PAV-1）（Photo：Lockheed Martin）

［図11-80］1990年10月30日、テストパイロットTom Morgenfeldが初飛行を行なったYF-22の２号機（PAV-2）（Photo：Lockheed Martin）

ンジンが違います。ＹＦ-22では１号機がＹＦ１２０エンジン、ＹＦ-23では１号機がＹＦ１１９エンジンと、両者で先に完成した機体の搭載エンジンが異なりました。理由は不明ですが、ＹＦ-22の１号機とＹＦ-23の２号機、ＹＦ-22の２号機とＹＦ-23の１号機が同じエンジンとなっています。このためテスト時のデータなどを見るときはちょっと注意が必要です。

　このＹＦ-23の開発コンビ、ノースロップとマクダネル・ダグラスはＦ／Ａ-18製造チームと同じ組み合わせであり、ノースロップが原型をつくって、マクダネル・ダグラスが後からそれに手を加えるという流れも一緒です。おそらく、そこらあたりを知ったうえで空軍はこのチームをつくっています。

　ところがＹＦ-23の開発期間の１９８６年から初飛行の１９９０年までは、Ｆ／Ａ-18のＬＥＲＸが生じさせる乱気流が垂直尾翼を直撃して破損させる欠陥が発覚し、その対策で両者が大混乱となっていた時期と完全に重なります。

　よってこの期間、マクダネル・ダグラスはＦ／Ａ-18にほぼかかり切りであり、おそらくＹＦ-23に集中するのは難しかったように思われます。それ以外にもＦ／Ａ-18には実に多くのトラブルが発生中で、これはノースロップの基本設計のミスにあるとマクダネル・ダグラス側が批判したため、両社の関係は険悪そのものという状況になっていました。

そして先に見たように、1985年まで両者はF／A-18の海外販売権をめぐって裁判で争っていたので、YF-23の製造チームは離婚寸前の夫婦漫才師を無理やりステージに立たせるようなものになっていきます。どう考えても上手くいくとは思えず、この状況でYF-23を形にしただけでも大したものでしょう。もし採用になっていたら、どうなっていたんでしょうね……。

対してF-22はロッキードとボーイング、ジェネラル・ダイナミクスの3社共同開発ながら、その関係は良好だったようです。開発においては機首から空気取入れ口周辺、そして水平&垂直尾翼、主翼の外縁部というステルス性能に直結する部分はすべてロッキードが製造を担当しました(それ以外も基本設計はほぼすべてロッキード)。のちにロッキードに吸収合併されるジェネラル・ダイナミクスは胴体の中間部分と主翼付け根前半部周辺を、ボーイングは胴体のエンジン収納部から後ろと、主翼の主桁構造を含む内部構造の製造を担当しています。

ノースロップの信頼性が疑問視された!?

こうして両機種が揃ってから、その競作飛行試験が開始されます。このあたりは未だによく分からない部分が多いのですが、1990年12月まで約3ヵ月間に渡って試験は続けられ、YF-22は74回、約92時間、YF-23は60回、約56時間の試験飛行を行ないました。YF-23のほうが明らかに飛行時間が少ないのは、2号機（PAV-2）が飛行回数（16回）と飛行時間（21．6時間）共に少なめだったためです。ただし、その理由はよく分かりません。

試験は順調に進み、最高高度、最高速度、最大迎え角の各性能を試した後、空中給油の試行も行なわれました。

その後、1991年4月になってYF-22が勝者に選ばれたことが国防長官より発表され、以後、生産型のF-22の開発に入っていきます。しかし、ここから大迷走となっていくのです。

ちなみに後で見ていきますが、2015年に行なわれた当時のYF-23テストパイロットの講演会において、YF-23もYF-22も空軍の要求はすべて満たしていたとされ、さらにスーパークルーズにおける最高速度などではYF-23のほうが優れていたことも明らかになっています。

このためYF-22が選ばれたのは機体性能ではなく、ロッキードの開発や管理能力に賭けた結果だ、という意見もあります。ノースロップはあの殺人機F-89以降、アメリカ空軍の戦闘機を製造した経験はなく、それどころか空・海軍どちらにおいても、大規模な機体生産をほとんど経験していませんでした

(T-33だけが唯一の例外だが、戦闘機型のF-5はアメリカ空軍は事実上使用していないに等しい数しか導入していない)。このため、ノースロップの開発や生産に対する信頼性に疑問が示され、これが敗因となったとする見方です。

もっとも、この辺はロッキードもF-117までロクに軍の仕事はもらっていないですから、どっちもどっちという気もしますが、空軍は未だに公式な説明をしていませんので真相は闇の中です。

8　開発の迷走

冷戦の終結による仕様変更

とりあえずF-22の開発が順調だったのはYF-22の初飛行までで、以後は悪夢としか言いようがない計画遅延の嵐となりました。このあたりは量産型F-22の開発開始直後に冷戦が終了し、それに伴う仕様変更の迷走などもあり(実際はほとんど変更されなかったようだが)、先行量産型F-22の1号機が完成したのは1997年4月でした。これはYF-22の初飛行後から実に6年半後となります。

その原因については、攻撃機能力を追加しようとした説や、レーダーと電子システムの遅れに巻き込まれた説などいろいろありますが、例によって真相は闇の中です。その先行量産型の初飛行は1997年9月で、YF-22の初飛行から7年後でした。ゼロからつくった試作機を飛ばすよりも時間がかかってしまったわけです。

さらに実際の量産型の完成後も遅延が連発し、部隊配備用の機体が最初に引き渡されたのが2003年1月。これは量産型1号機の完成から約6年、YF-22の初飛行からだと12年半という年月が流れておりました。

開発後半における遅延の要因は主に電子装備のためです。先行量産型1号機の完成段階で、搭載予定のレーダー&電子装置AN/APG-77はまだ一部が試験中でした。よって量産型1号機はレーダーシステムなしでロールアウトしています。その後、AN/APG-77がどの段階で機体に組み込まれ、さらにいつ量産の目処が立ったのかがはっきりしないのですが、とにかく電子装備に大きく足を引っ張られたのは確かです。

空軍に引き渡された新型機は一定の数が揃い、パイロットの訓練が終了してから「配備開始」と見做されます。それが「作戦可能初期段階 (Initial Operational Capability：IOC)」と呼ばれる段階であり、F-22がこれに達したのは2005年の12月中旬、もうほとんど2006年の段階になります。最初の部隊配備用の機体が空軍に引き渡されてから、3年近い時間がかかっているわけです。

これほどの時間がかかってしまったのは、技術的な問題も大きいでしょうが、同時に有能な計画責任者や、全体をきちんと引っ張ていく指揮官が不在だったという部分も大きいと思います。ここまで来ると、とりあえず部隊配備が終わっただけでも奇跡という感じすらします。

ちなみにF-22の量産はちょっと変わった生産体制で製造が行なわれていました。最初に純粋な試作機YF-22がつくられ、その次に量産機仕様の試験機体としてPRTV(Production Readiness Test Vehicles:量産可能試験機)と呼ばれる先行量産型が8機つくられた後、本格的な量産がスタートする段取りでした。

このPRTVと呼ばれる8機も全生産数の中にカウントされています。ただしその名の通り、各種試験にも使われており、先に述べたように最初の3機は部隊配備がなされていません。

競争試作の形でのエンジン選定

ここでF-22のエンジンも少し見ておきます。F-15のときのように先進戦闘機(ATF)のエンジンも完全な新型とすることに空軍は決めており、これまた競争試作の形を取ることになりました。

このため1983年にはJoint Advanced Fighter Engine(JAFE)、すなわち共同先進戦闘機エンジンの名の下に機体よりも早く要求仕様(REP)が決まります(共同の名は海軍との共同開発を意味するが、この段階ではまだ海軍の参加は正式決定されてなかったはず。空軍の勇み足の可能性が高い)。試作機のYF-22とYF-23が2機ずつ製作されたのは、両方のエンジンを搭載した機体を各1機ずつ製作したためでもあります。

その性能としてF-15やF-16に使われていたF-100エンジンに比べて40%以上燃費がよく、それでいて22%ほど出力が大きいことが要求されました。エンジンの性能要求も何度か変更されているため、この能力が実現しているのかは不明ですが、それでも従来より大幅な能力向上は達成されていると思ってよいでしょう。

そして1986年夏にはジェネラル・エレクトリック(GE)のYF120とプラット&ホイットニー(P&W)のYF119の二つのエンジンが最終候補に選ばれ、両者をYF-22とYF-23に載せて性能試験を行ない、その上で最終的な採用を行なうことが決定されます。

GEのYF120とP&WのYF119

勝者となったP&WのYF119は、空軍博物館の資料によるとアフターバーナーありで出力が3万5000ポンド（15.88トン）以上とされているので、同社が開発したF-15&F-16用のF-100エンジン（出力2万3770ポンド／10.78トン）に比べてほぼ5割増しという強烈な推力をもちます。［図11-81］

アフターバーナー無しでの推力は正式には公表されていませんが、超音速巡航までできてしまうのですから、おそらくアフターバーナー使用時のF-100エンジン並みの出力をもつはずです。

ちなみにエンジンの制御もスロットルと操作索を物理的に直結するものではなく、電気信号による一種のフライ・バイ・ワイヤ形式になっており、P&Wではこれを総デジタル電気式制御（Full-Authority Digital Electronic Control：FADEC）という名前で呼んでいます。

敗者となったGEのYF120エンジンもアフターバーナーありで出力3万5000ポンド（15.88トン）以上となっており、出力では両者互角だったようです。［図11-82］

F-22では機体の進化と同時に、エンジンの進化もかなりスゴイものがあったのでした。なお、Yが付くのは試作型だからで、YF119の量産型がF-22に積まれる際はF119となります。

また、両エンジンとも排気口が単純な円筒ではなく、妙な形をしているのは推力偏向エンジン（Vectored Thrust Engine）だからです。排気口は上下に動き（F-119の場合、上下20度ずつ）、推力の向きを傾けることができます。

これによって従来の戦闘機にはできなかった機動を可能にしていますが、通常は速度の低下を伴うはずなので、空中戦での使いどころは極めて限られると思われます。これも、大回りにしか飛べない誘導ミサイルを小回りの利く機動で避けるための対策と考えるのが無難でしょう。

［図11-81］勝者となったYF-22 2号機（とYF-23 1号機）が積んでいたプラット&ホイットニーYF119。Yが付くのは試作型であるため

［図11-82］敗者となったYF-22 1号機（とYF-23 2号機）が積んでいたジェネラル・エレクトロニクス（GE）のYF120エンジン

なぜＰ＆ＷのＹＦ１１９が選ばれたのか

ちなみにＦ-１１９エンジンが優れていたから勝者になった、といった単純な説明で済まされることが多いですが、実際はそう単純な話ではなかったことが、先にも少し触れたＹＦ-23を飛ばした二人のテストパイロットによる２０１５年の講演で明らかになっています。

［図11-83］YF-22（1号機／2号機）とYF-23（1号機／2号機）の性能比較［アフターバーナー無し］

講演に招かれたサンドバーグ（Jim Sandberg）とメッツ（Paul Metz：ちなみに彼はのちにＦ-22の先行量産型［ＹＦ-22ではない］のテストパイロットも務め、ＹＦ-23とＦ-22の両方を操縦したことがある唯一のホモ・サピエンスとなった）によれば、アフターバーナー無しの超音速巡行、いわゆるスーパークルーズにおいてＹＦ-22とＹＦ-23の最高速度で妙な結果が生じたのです。正式な速度の数字は講演内では触れられていないのですが、おおよそ以下のような結果が出たとされます。

Ａ／Ｂ無しだとＹＦ１２０が高速!?

［図11-83］を見てください。具体的な速度は述べられていないのですが、彼らの示したグラフからおおよその速度を推定し

ています。なお、先にも触れたように、YF-22とYF-23では1号機と2号機が積んでいるエンジンが逆なのに注意してください。カッコ内が搭載エンジンです。

とりあえず、どちらの機体も敗者となったYF120エンジンのほうが速度は大幅に速く、さらに言えばどちらもYF-23のほうがこれまた大幅に高速です。そしてはっきりとは述べられていませんが、YF119を積んだYF-22はどうも音速突破に失敗しているような感じなのです。

軍による正式な発表ではありませんが、実際にYF-23を飛ばした人たちの証言であり、数字をボカシているところから軍の事前承認も受けているはずで、大筋でこの通りだと思ってよいでしょう。なかなか衝撃的な話ではあります。

この点に関してサンドバーグは「なぜ空軍がYF-22の機体と（P&Wの）エンジンを選択したのか興味深い」とのみコメントしています。確かに興味深いですね（笑）。

A／BありだとYF119が高速

ちなみに同講演ではアフターバーナーありの音速超え速度についても述べられており、こちらはかなり具体的な数字が見られます。［図11-84］

これによるとYF120エンジンを積んだYF-22のみがマッハ2を超えています。同エンジンのYF-23 2号機はマッハ1.72止まりで、かなりの差が付いています。この理由は分かりません。ただしYF-23の2号機は16回の試験飛行だけで終わっており（1号機は34回）、十分な性能テストを行なわないままだった可能性もあります。

対してYF119エンジンを積んだ両機は、どちらもほぼ同速度のマッハ1.8前後を記録しています。

2000年につくられた番組の関係者インタビューだと、常にYF-23のほうが速かったとされていますが、このデータで見ると「アフターバーナー無しの超音速巡行ではYF-23が、アフターバーナーありならYF-22のほうが速かった」ようです。どちらが正しいのかは私には判断できませんが、おそらくこちらのデータのほうが信憑性は高いと思います。

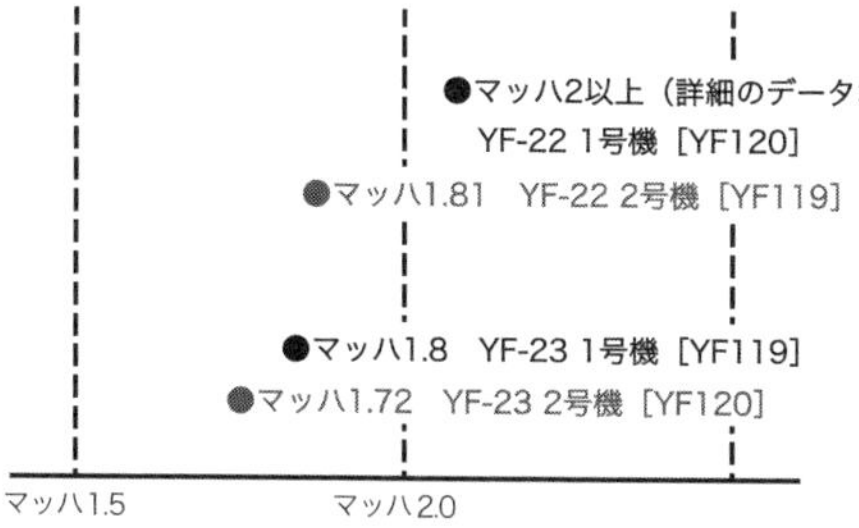

［図11-84］YF-22（1号機／2号機）とYF-23（1号機／2号機）の性能比較［アフターバーナー使用時］

これを見る限り、F119エンジンの速度での優位性はほとんどなかったことになります。それでも同エンジンが選ばれたのはコストや整備性、信頼性といった別の面で優秀だったか、何か政治的な判断が働いたかのいずれかでしょう。

ただし加速度のデータがないので、この部分で差が付いた可能性もあります。同じマッハ1.8でも、到達まで10分かかるのと2分で到達してしまうのでは後者が圧倒的に優位ですから、このあたりでF119に優位性があった可能性はあります。

しかし何度も述べていますが、YF-22とYF-23は共に空軍の要求仕様を満たしていたということですから、先に見た加速性能は共にもっていたはずで、そこまでの差が付くかは微妙な気がします。まあ、なにせ正式な資料がないので、詳細は謎のままですが……。

ついでに速度の点では、YF-22はYF-23に対してほとんど優位性がないことも見ておいてください。YF120を積んだYF-23の速度が妙に低いのは先にも少し触れたように限界性能ではない可能性が高く、そうなると両機の高速性は互角、スーパークルーズ（アフターバーナー無し）ならYF-23のほうが圧勝なのです。少なくともYF-22は速度において完全な優位をもっていなかったと思われます。

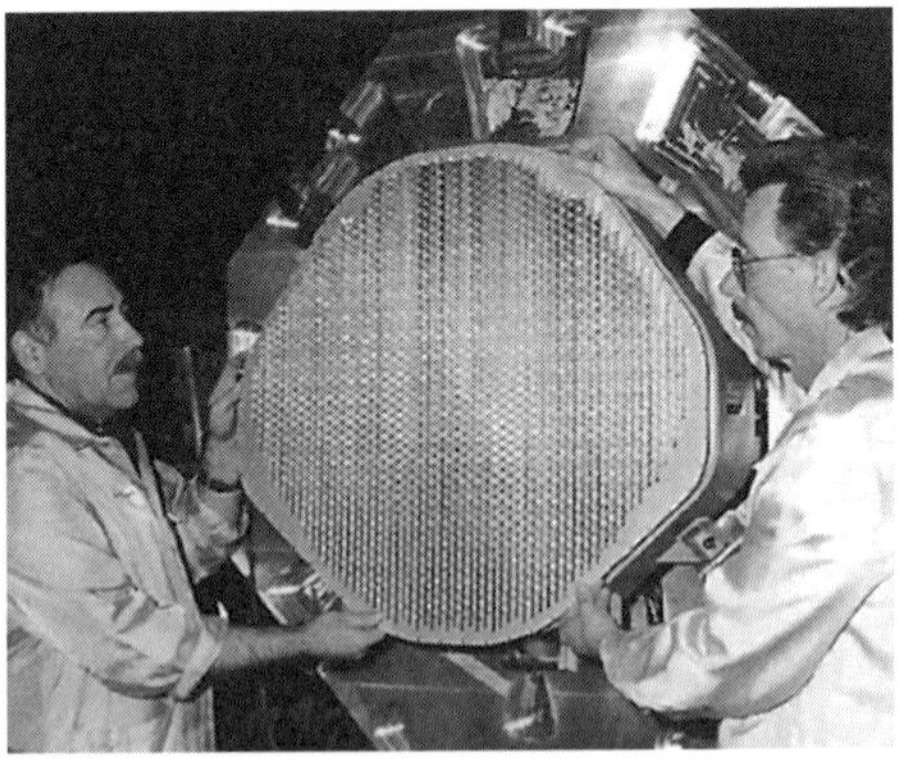

［図11-85］のちのF-22Aに搭載されたAN/APG-77アクティブ・フェイズドアレイレーダー。逆探知を避けるため、特定周波数での出力が低く抑えられたLPI（低被探知）レーダーとなっている

謎多きレーダーと電子機器部分

レーダー関係の話も少しだけしたいと思います。エンジン同様にレーダー関係の設備も競作によって選ばれ、最終的にウエスティングハウス・エレクトリックとヒューズ・エアクラフトの共同開発によるフェイズドアレイ型レーダーシステム、の

ちのＡＮ／ＡＰＧ-77が採用となりました。［図11-85］

先にも述べましたが、このレーダーシステム（射撃管制装置［ＦＣＳ］などを含む）は１９８９年頃、機体に比べるとかなり遅い段階で開発が始まっています。選考試験飛行が終わってから５年も経った１９９６年の段階で、ようやく運用レベルに到達したのでした。

ちなみにこのレーダーシステムは、ステルス機専用として特殊なパルス波を照射したり、そもそもパルス波ではないレーダー波を使うなどいろいろな工夫を行なっているらしいのですが、どうも実際は期待されたような効果を出していないという話もあります。ただ、詳細は未だに謎のままなので本書では深く触れないでおきます。

Ｆ-15との比較から分析するＦ-22

よく見るとＦ-22は変な形をしている

実はよく見ると、Ｆ-22はかなり変な機体です。ここではＦ-15と比較して、両者の外観から違いを考えてみます。

両機をほぼ同じ縮尺で比較したのが［図11-86］です。念のため確認しておくと左がＦ-15のＣ型で、右がＦ-22のＡ型。機体の上に引いた十字線は機体の幅と長さと前後の中心位置を示します。ただしこの中心点がそのまま空力中心点（揚力による吊り上げの支点）や機体の重心点ではないことに注意してください。単なる機体の前後左右の長さにおける中心点で、一つの目安として入れたものです。

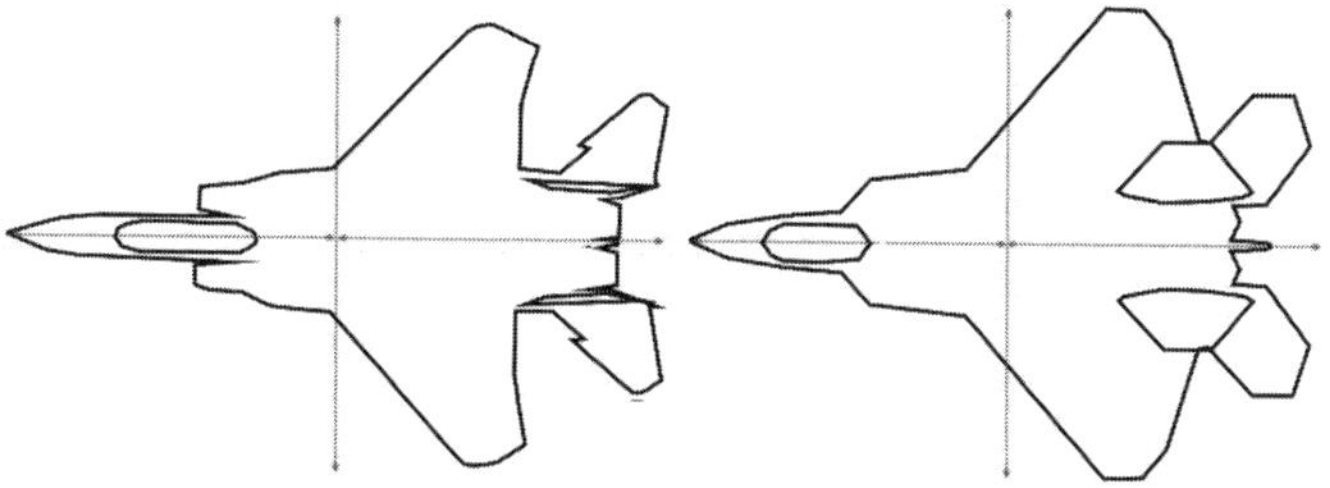

［図11-86］左がF-15のＣ型で、右がF-22のＡ型。十字線は機体の幅と長さと前後の中心位置を示す

まず両機とも、主翼は機体の後部に位置している点に注意してください。双発ジェット戦闘機では重いエンジンが後ろ側にあるため重心も後方にあり、これに合わせて主翼の位置を後ろにずらした結果です。

基本的な考え方は単純で、ヤジロベエの片側のオモリを重くしたら、支点をそちらに近づけるのと同じ理屈です。機体を揚力で上に吊り上げる点、つまり空力中心点（支点）を重心点に近づけないと、前後のバランスが取れないのです（ただし両点の位置は完全には一致しない。おそらく

F-22の空力中心点は機体の重心点より後ろにある)。

ですので逆に、重いエンジンが機首にある通常のプロペラ機では主翼は機体の前方に来て、いわゆるT字型の機体になります。

しかし同じ胴体後方といっても、F-15の主翼は完全に中心点より後ろなのに対し、F-22の主翼は一部が線の前にはみ出しています。なぜならF-22の最大の特徴である巨大な主翼は、F-15Cの56.5平方メートルに対して78.04平方メートルと、1.38倍もの面積をもつからです。

全幅はF-15の13.06メートルに対して、F-22でも13.56メートルとそれほど変わりません。この差はほぼ主翼の前後幅によって拡大されたものとなります。

ここで注意したいのは、大きい主翼だからといって、F-22のほうが大きな揚力をもっている(つまり翼面荷重が軽くなっている)とは限らないことです。翼断面が引き延ばされた主翼では(F-22の台形翼もデルタ翼も同じ効果をもつ)、単純に翼面積で揚力の大きさは決まらないからです。むしろ、おそらくより長く引き延ばされたF-22の主翼のほうが揚力的には不利と考えるべきでしょう。

巨大な主翼の謎

この巨大な主翼もF-22の大きな謎の一つだったりします。

そもそも戦闘機では主翼の翼面積を拡大しすぎてもあまりメリットはありません。なにしろ重量が増えるので(主翼の重量増+主翼を支える構造の強化)、戦闘機の命である加速力や上昇力を鈍らせます。ロールを打つのにも団扇《うちわ》のような抵抗を生じますから、大きいほうが不利です。さらに、高速になるほど大きな揚力は大きな抵抗を発生させるので、速度を出すと燃費がガンガン悪化します。

そのうえで、F-22があえてこういった設計になったのはよほどの必要性があってのことだと思われますが、当然そんな情報は公開されていません。なので勝手に推測してみましょう。

まず、この形状にステルス的なメリットはないはずです。むしろ旋回して腹や背を見せたときに巨大な主翼は盛大に電波を弾くため、不利に働くと思われます。

となると、可能性として考えられるのはスーパークルーズ対策でしょう。最も少ない抵抗で必要なマッハ数(正式要求「RFP」を満たすマッハ1.6前後以上)まで到達できるよう、エリアルール2号以降の法則を厳密に適用し、シアーズハック体に近い滑らかなマッハコーン切断断面積を求めた結果が、この引き延ばされた主翼のような気がします。

ちなみにこれまた例によって、NASAのラングレー研究所はYF-22、YF-23共に開発に関わっておりました。

以前にも少し参照したラングレー研究所の公刊史『Partners in Freedom』によれば、F-22が勝者となった後は、主にその高迎え角対策（つまり高機動性の確保）とスーパークルーズ対策に協力したとのことなので、おそらく現在に至っても最先端レベルのエリアルールが適用されていると思われます（機密解除され公開されている情報はエリアルール2号までだが、それでお終いと考える理由は何もない）。

また原理的には翼断面が縦長であるほど、翼面上衝撃波対策の効果は大きくなりますから、そのあたりも考えた設計の可能性が高いです（その代わり揚力が落ちるので、速度が下がるとすぐに失速する。これは例の3枚動翼をフライ・バイ・ワイヤで制御して揚力を稼ぎ、失速を防いでいるはず）。

実際、YF-23も大きな主翼が特徴の一つでした。あれもステルス性にはまったく意味がない以上、両者に共通するスーパークルーズの対策、すなわちエリアルール2号以降の対策と考えるのが無難だと思うのです。あくまで筆者の想像ですが、この推測はそう大きくは外していないでしょう。

主翼と水平尾翼が接近している理由①——スーパークルーズ対策

F-22（YF-22）の主翼でもう一つ特徴的なのは、水平尾翼とほぼ接するような位置になっている点です。ちなみにこの構造はYF-23でも同じです。これはおそらくスーパークルーズ対策であると同時に、ステルス対策にもなっています。［図11-60／-87］

この点については、まずはスーパークルーズ対策の部分から見ていきます。

YF-22とYF-23は共に機首部から最後の垂直尾翼まで、その断面積が滑らかに増減する形状になっており、強くエリアルール2号が意識されているのが見て取れます。この場合、翼の面積がゼロになってしまう場所が途中にあると不利なので、主翼と水平尾翼は接近させる必要があるのです。

実際は上巻の第三章【6　超音速の壁を超える技術②——エリアルール】（上巻170ページ）で説明したように、単純な断面積の増減ではなくマッハコーンに沿った断面積、つまり機体を鉛筆削りで削ったような円錐形に沿った断面積の増減の問題になるのですが、いずれにせよ機体断面積の増減は可能な限り滑らかに行なう必要があります。よって主翼が終わったら、す

［図 11-87］2007 年のホロマン航空宇宙エクスポの際にホロマン空軍基地の上空を飛行する（左から）F-22、F-117、F-4、F-15。F-15 や F-4 と比べて F-22 の主翼と水平尾翼の位置はかなり近いことが分かる

［図 11-88］F-15（下）の垂直尾翼が主翼後端よりも後ろにあるのに対し、F-22（上）の垂直尾翼は主翼と水平尾翼の間にまたがって配置されていることが分かる（Photo_below：航空自衛隊ホームページ［https://www.mod.go.jp/asdf/special/download/wallpaper/F-15/index.html］よりトリミング）

ぐに次の尾翼が始まったほうがいいということです。

ちなみF-22の垂直尾翼が主翼と水平尾翼の間にあるのは、ここに置かないとエリアルール的に断面積がきれいに増減し

なくなるからでしょう。［図11-88］

ついでにYF-22の垂直尾翼が異常に大きくなった理由は、この位置に置くとどうしても機体を回転させる、あるいは安定させるのに力不足になるからでした。

重量物であるエンジンが機体の後方にあるため、機体を吊り上げる支点、すなわち揚力が掛かる空力中心点はかなり後方にあります。機体はほぼこの支点を中心に回転しますが、YF-22のような後方の位置に垂直尾翼を置くと、この支点（空力中心点）からほとんど距離が取れません。

機体を水平回転させるのに必要な回転力（モーメント）は、

モーメント（M）＝支点からの距離（L）×加わる力（F）

となりますから、支点からの距離が短いとより大きな力が必要となり、より大きな力を発生させるにはより大きな垂直尾翼が必要になるのです。その結果がYF-22の巨大な垂直尾翼だったのでした。

しかし明らかに大きすぎたようで、先に見たようにYF-22はスーパークルーズの速度においてYF-23に完敗していました。よってのちにNASAがその超音速飛行時の抵抗減少の設計に関わってくると、この巨大な垂直尾翼は縮小され、前方と上部が大きく削られることになります（生じる力は小さくなるが、力点が後方に下がるのでモーメント的な影響は最小限になる）。［図11-89］

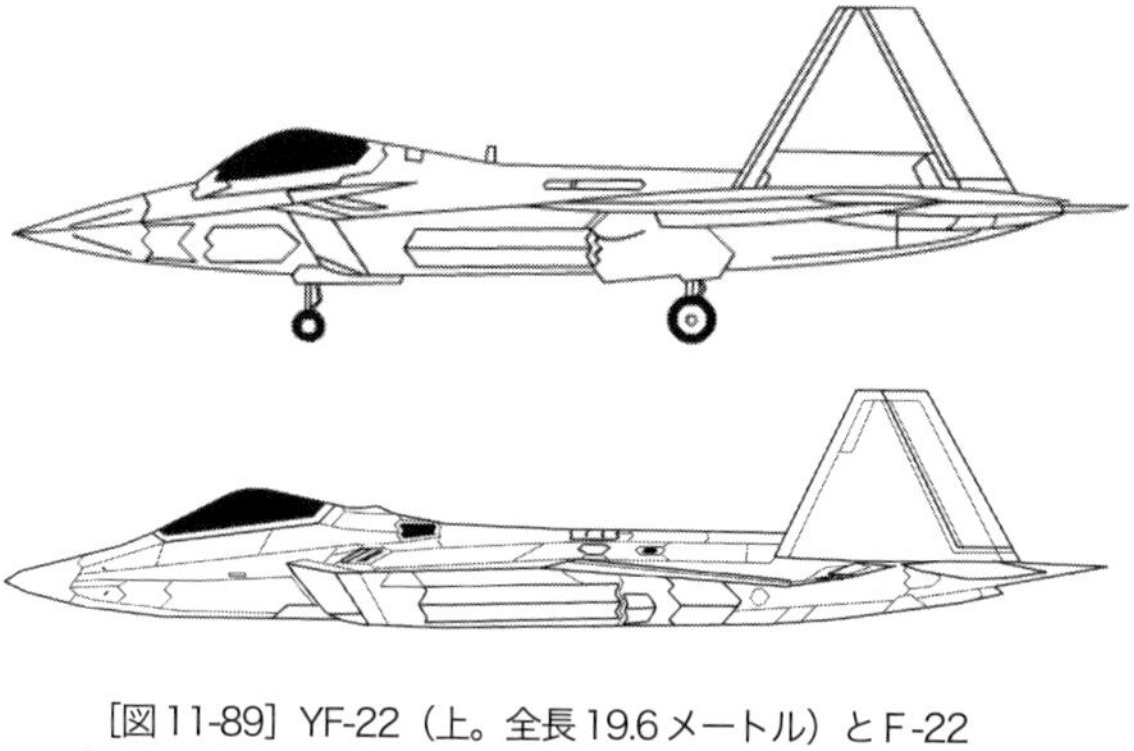

［図11-89］YF-22（上。全長19.6メートル）とF-22（下。全長18.9メートル）の側面図。YF-22の大きな垂直尾翼は超音速飛行時の大きな抵抗となったため、前方と上部が大きく削られることとなった（Illustration_below：ZakuTalk）

主翼と水平尾翼が接近している理由②——ステルス対策

水平尾翼と主翼が密着しているもう一つの理由は、ステルス対策です。

「機体側面に垂直断面や曲面、面の接合部を可能な限りつくらない」というルールに則ると、主翼のような板状の形状だけで機体の側面を構成するのが理想です（その究極系がB-2全翼機）。よって水平尾翼と主翼を密着させ、その間の胴体を露出させないことは有効な対策の一つとなります。

ちなみこのあたりの構造はF-35も同じようなものですが、F-35は音速飛行性能はそれほど求められていないので単純にステルス対策でしょう。［図11-25］

しかしそれでも、当然、主翼後部の動翼や水平尾翼が動くとこの部分は露出してしまいます。

そんなに大きく動くのは離着陸時や5G以上の急旋回時などで極めて限られるのですが、動翼の付け根部分の上下を可能な限り傾斜させ、可能な限り単純な横向きの平面をつくらないように工夫されています。このあたりはよくやるなあ、という感じの工夫の嵐ですね。［図11-90／91］

この尾翼と主翼の位置関係については、さらによく考えられ

［図11-90］F-22の尾翼部分。水平尾翼の付け根部分（矢印の先）に傾斜が付いており、全遊動式の水平尾翼（スタビライザー）が動いて機体部分が露出したときも、レーダーを発信源に戻さない工夫が施されている。写真はエルメンドルフ・リチャードソン統合基地から離陸する、最後に製造されたF-22

[図11-91] F-22の垂直尾翼の付け根（矢印が指す部分。「AF 10195」とペイントされているスペース）にも傾斜が付けられており、全遊動式の水平尾翼（スタビライザー）が動いて機体部分が露出したときも、側面からのレーダー波を発信元に返さないように工夫が施されている。写真はエルメンドルフ・リチャードソン統合基地から離陸する、最後に製造されたF-22

ていたのがYF-23です。水平尾翼と垂直尾翼を統合してしまうことで、エリアルール2号で求められる滑らかな断面積の増減にあっさり対応してしまいました。[図11-72／73]

こうすればお尻の終わりに尾翼を置けますから、小型化できます。また、支点から十分遠いこの位置なら、小型なもので十分でした。

そしてこれは結果的にステルス的にも有利であり、実によく考えられた設計だと思います。本当にこの機体が競作で負けたのは残念です。

高迎え角時に、なぜLERXがないのに水蒸気が発生するのか

空気取入れ口のLERX効果

F-22の飛行映像を見ると、大きな迎え角を取ったときに主翼前部から盛大に水蒸気が発生しているのが見て取れます。[図11-92]

これは、低圧の渦が生じて主翼上面の気流の剥離を防いでいる現象で、前章の【2　スタンダードを変えたF-16の新技術①――LERX】（166ページ）で述べたLERXと同じ効果が発生しているのですが、F-22にLERXはありません。Y

［図11-92］エアショーでデモ飛行を行ない、盛大に水蒸気を発生させているF-22
（Photo：Vossman）

F-23のように機首部周辺に縁をつけてLERXの代わりにもしていません。

では、どうやって渦を生じさせているのか。当然これまた謎のままですが、大筋での推測は可能です。

まずF-22が渦を発生させているのは、明らかに空気取入れ口の上の、庇《ひさし》のように少し飛び出した部分（［図11-93］の機首側の矢印の先）です。ここは見ての通り、薄い板状の構造になっており、LERXの役割を担っているのが見て取れます。

ただしステルス対策のため、この部分の後退角は主翼と完全に揃えられており、強い後退角を必要とするLERXの条件を満たしません。

それでも、明らかにここで低圧部（すなわち渦）を生じさせているのが水蒸気で確認できますから（低圧で温度が下がって飽和水蒸気量が減り、水分が水蒸気として出現する）、間違いなくLERX的な効果をここで生み出しています。

主翼前縁の犬歯翼&LERX効果

ついでに、渦を生じさせているもう1ヵ所は主翼の付け根、もう少し細かく言うと前部動翼の付け根です（［図11-93］の主翼側の矢印の先）。

ここは明らかに意識的に段差がつくられており、おそらく従

［図11-93］矢印が指す「空気取入れ口の上」と「前部動翼の付け根」で渦を発生させて、LERXと同じ効果を導いている

来の犬歯翼（Dogtooth wing）と同じような働きで渦を発生させ、これを翼面の気流剥離防止に利用しています。強いエネルギーをもった低圧の渦が主翼上面を流れると、周囲の気流を引き付ける［吸い込む］ことで剥離が防げるのです。そしてこれにより、低圧部自身が主翼を吸い上げて揚力となっています（ただし抵抗も大きくなるので、強力なエンジンパワーが必須となる）。

また、空気取入れ口の上部は先端が鋭く薄くなる刃物のような構造です。これは先述のLERX効果に加えて、先端部を板状にするステルス対策でもあると思います。後退角度がやや浅いのですが、この薄さでそれを補っているようです。

その後ろの主翼に繋がる横部分も同様な構造でステルス効果があると思われますが、ここはほぼ直線であり、LERXの効果は生じていないと思われます。

ちなみに、こういった高迎え角時の飛行性能向上についてもNASAのラングレー研究所が協力していますから、おそらくLERX理論の延長上にあるであろう新しい技術を採用しているのは間違いないと思います。

〔図11-94〕高迎え角をとったときの、渦の発生状況。空気取入れ口の上と主翼の前部動翼の付け根部分で水蒸気が発生し、後ろに流れている。胴体下面にヘソのように出っ張っているのは訓練時に安全のために付けるレーダー反射装置

なぜレーダー反射装置が付いているのか

余談ですが、〔図11-94〕の写真で機体下部（両脚の間）にチョコンと出っ張っているのはランバーグ・レンズ式レーダー反射装置（Luneburg Lens Radar Reflector）です。ランバーグ・レンズは電磁波を焦点に集中させて強める装置で、これを使って小型ながら十分なレーダー反射を発生させ、基地などのレーダーでF-22を捉えられるようにするものです（ガラスなどを使った光学式レンズではない。三次元格子状の金属製のボールが中に入っている）。

これによって「レーダーに映らないために管制官が指示できない」という問題を解決し、通常飛行時の安全性を確保する……というのは建前で、実際は、レーダー反射を強めて弾き返すことで、F-22本体のステルス能力を民間のレーダーなどで判断できないようにするためのもの、と考えるべきでしょう。

F-22はF-117ほどのステルス性はないはずなので、方向と距離によっては十分に民間のレーダーでも捉えられると思われます。これを避けるため、「あれって実はレーダーで見えるんだぜ」といった情報が出回らないようにするためのものだと思われます。

これはステルス性を必要としないときは常に装着されており、レッド・フラッグなど実戦仕様の特殊な演習時のときのみ、取り外されます。なので、これの有無で訓練の本気度がある程度分かります。ちなみにこれは投棄可能で、増槽のように空中で投棄できます。

最後だけにお尻（機体後部）で締める

最後の最後は、未だに謎だらけなのですが、特徴的なF-22の機体後部を見ておきます。

［図11-95／-96］で見ても分かるように特殊な構造をしている理由の一つは、推力偏向ノズルだからです。板状部分を上下20度まで動かして推力の方向を変え、従来の機体ではできなかったような機動を可能にしています。

もう一つは、機体の上下がきれいに絞り込まれ、余計な出っ

［図11-95］丸い筒状の排気管がお尻から飛び出している構造ではなく、機体に内蔵してあるように見えるF-22の排気口。排気口の上下板の形状や飛行中の制御方法に関しても、NASAのラングレー研究所が一枚噛んでいる（Photo：Peng Chen）

［図11-96］推力偏向ノズルの上下の板状部を開いた状態のF-22の排気口

張りができないようにしているからです。これはステルス対策と同時に、胴体後部をきれいに絞り込むというエリアルール対策にもなっているはずです。

地上から排気口の赤外線（熱）を発見しづらくしているという指摘もありますが、私が見る限りちょっと信じがたいので、ここではそういった意見もあるという指摘だけにしておきます。

これに対し、F-15までの世代の機体の排気口周りは、排気管がはっきりと飛び出しています。F-35やロシアのSu-57、中国のJ-20なども基本的にこれと同じ形状ですから、F-22のジェット排気口周りと機体後部は極めて特殊な構造と言えます。［図11-97／-98／-99／-100］

F-35がF-22の排気口周りの構造を捨てた理由は、単に廉価版としてコスト低下のために避けたためか、もしくはF-22で当初期待されたほどの性能が出ていなかったためだと思いますが、これもまた謎です。とりあえず事実として、未だに世界ではF-15世代と同じ形状が主流となっています。

ジェット機の排気口（ノズル）の重要な役割の一つが、開口部の大きさを変えることで噴流（ジェット）の量と速度の調整をすることです。飛行速度ごとに最適解があるので、それに合うようにノズルを絞り込んだり、逆に開いたりします。

［図11-97］丸い筒状の排気管が飛び出しているF-15の排気口周り（Photo：航空自衛隊ホームページ［https://www.mod.go.jp/asdf/equipment/all_equipment/F-15/images/photo12.jpg］からトリミング）

一般的には「アフターバーナー無しで、単純に噴流を高速にしたほうが出力的に有利な場合」、つまり通常の飛行中はこれを細く絞り込みます（ホースで水を撒くときに、先を絞るのと同じ原理）。一方、「アフターバーナーありで、噴流の質量と速

［図11-98］F-35Aの排気口周り

度両方でドカンと推力を稼ぐ場合、しかも噴流が音速を超えて内部に衝撃波（ダイヤモンド型排気）を含む場合」は、排気口を大きく開きます。

それ以外の、着陸時や低速時なども大きく開くことが多いですが、このあたりは単純な話ではないので深入りはしません。

ちなみに地上で見る状態のF-15の排気口は［図11-97］のように常に大きく開いた状態なので、これに見慣れると高速飛行中の形状がかなり異なるのに驚くことになります。［図11-101］

一方F-22では、上下板の隙間で排気口の開口部を調整し、噴流の量と速度を制御しています。

アフターバーナー無しの高速飛行時は開口部を狭めて排気速度を上げて飛んでいます。通常の円筒形に比べ、後方から飛んできたレーダー波がエンジン内部に飛び込んで盛大に反射されるのを防ぐ効果もあるように思えますが、ノズル内部の構造は、未だによく分からない部分が多いので、謎としておきます。［図11-102］

［図11-99］Su-57の排気口周り（写真は2011年時のT-50段階のもの）（Photo：Alex Beltyukov）

ちなみに上下の板も単純な平面ではなく、やや丸みを帯びた形状で、なめらかに胴体と繋がるようになっています。このあたりはステルス対策でしょう。

対してアフターバーナーありのときは、やや隙間を広げて飛びます。ちなみにアフターバーナーあり／無しは簡単に判別できます。排気口から火を噴いていれば、アフターバーナー点

［図11-100］中国J-20の排気口周り（Photo：Peng Chen）

火中です。真っ暗で何も噴き出していなければ、出力回収タービン（これで前部の圧縮タービンを回す）の奥でのみ燃焼していて、外部に炎は漏れない状態ということです。

ちなみに、YF-23ではちょっと異なる設計を取り入れていました。もう一度、［図11-73］を見てほしいのですが、この機体では下向きにノズルを向けることができませんでした。なぜかというと例によって謎なのですが、事実としてできません。

この結果、下方からの赤外線とレーダーの両方のステルス対

［図11-101］排気口の先を絞った状態のF-15。排気口の筒部を細かい部位に分け、ロッドとワイアで円筒状にして締め上げたり開放して、開口部の大きさを調整する。なお、同機のノズルはかなり特殊なつくりで、やや最高速度の低いF-16やF-35ではもう少し単純な構造で口を広げたり狭めたりする（Photo：航空自衛隊ホームページ［https://www.mod.go.jp/asdf/equipment/all_equipment/F-15/images/photo14.jpg］からトリミング）

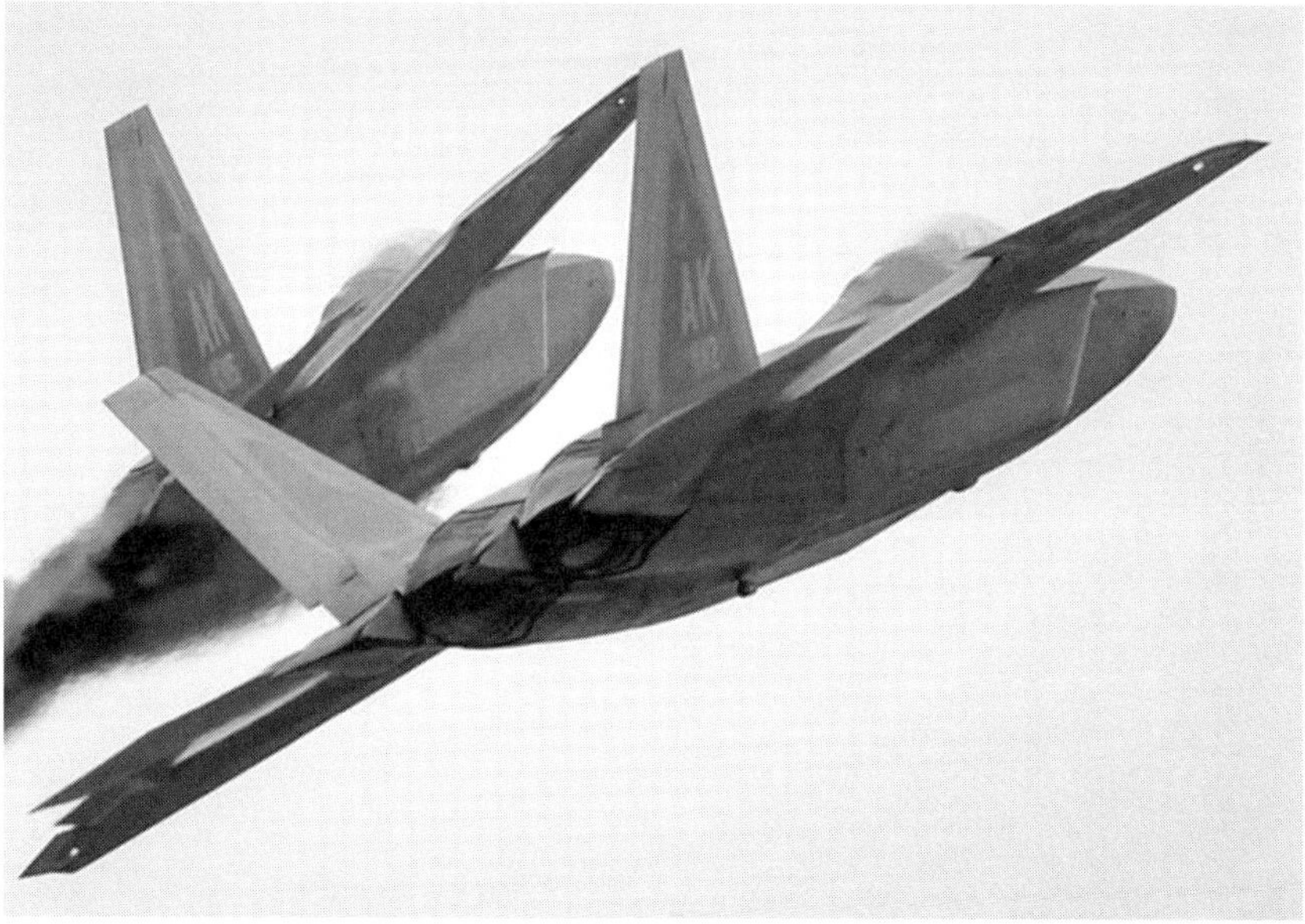

[図11-102] 上下板の隙間を狭めて飛行しているF-22。この板もステルス性が考慮されてやや丸みを帯びた形状となっており、胴体となめらかに繋がるようになっているのが分かる

策が強化されたのは間違いないと思いますが、その代わりにノズルを下に向けた機動はできないのです。すなわちノーズロップの開発陣は頭下げとなる推力偏向機動は意味がないと割り切って、これを捨ててしまったのでした。これが競作の敗北にどの程度影響があったのかは謎ですが、そういった考え方もあるのですね。

おわりに

というわけで、長い長い、F-22に至る道はこれで終わりです。

現在の世界中の戦闘機開発を見る限り、F-22の地位は当面揺らぎそうにないので、本書の寿命もある程度期待できそうだと密かに考えています。

軍隊は人がつくるものであり、人は時代と共に常に入れ替わるものである以上、その栄華盛衰は必定です。2020年代現在のアメリカ空軍を見ていると、かなり下り坂に入っているなあという印象があるのですが、私の感想が正しいのか間違っているのかは大規模な実戦の洗礼がなければ分かりません。

もちろんそんな事態が起こらないことが一番であり、兵器というのは平時に眺めて愛でるのが一番幸福なのではないか、などと思いつつ、この本を終わりにしたいと思います。

ちなみに本書の基になったウェブ連載記事は初版の執筆に約3年、その後、この本の土台になってる全面改訂版の執筆に1年かかりました。

読まれる皆さんも大変だったと思いますが、本書が何らかの参考になったなら幸いです。

主要参考文献

【書籍出版物】

『BOYD：The Fighter Pilot Who Changed the Art of War』Robert Coram、Little, Brown and Company, 2002

『In Retrospect：The Tragedy and Lessons of Vietnam』Robert S. McNamara、Crown, 1995

（邦題『マクナマラ回顧録――ベトナムの悲劇と教訓』ロバート・マクナマラ［著］／仲晃［訳］、共同通信社１９９７）

『The Uncertain Trumpet』Maxwell D. Taylor、Harper and Row, 1960

『The Best and the Brightest：Kennedy-Johnson Administrations』David Halberstam（著）、Random House Inc, 1972

（邦題『ベスト＆ブライテスト――栄光と興奮に憑かれて』デイビッド・ハルバースタム［著］／浅野輔［訳］、朝日文庫、１９９６）

『OKB Mikoyan：A History of the Design Bureau and Its Aircraft』Yefim Gordon & Dmitriy Komissarov（著）、McGraw-Hill, 1986

『MIG PILOT：The Final Escape of Lieutenant Belenko』John Barron、Avon Books, 1983

（邦題『ミグ-25ソ連脱出――ベレンコは、なぜ祖国を見捨てたのか』ジョン・バロン［著］、高橋正［訳］、パシフィカ、１９８０）

『Partners in Freedom：Contributions of the Langley Research Center to U.S. Military Aircraft of the 1990's』Joseph R. Chambers、Createspace Independent Pub, 2013

『F-16 Fighting Falcon』Bill Gunston、Motorbooks Intl, 1983

（邦題『F-16ファイティングファルコン――最先端テクノロジー機のすべて』ビル ガンストン［著］／浜田一穂［訳］、原書房、１９９６）

『Skunk Works：A Personal Memoir of My Years at Lockheed』Ben R. Rich & Leo Janos、Little Brown & Co, 1994

（邦題『ステルス戦闘機――スカンク・ワークスの秘密』、Ben R. Rich［原著］／増田興司［訳］、講談社、１９９７）

『Inside the Stealth Bomber』Bill Sweetman、Zenith Pr, 1999

【論文／資料】

「Aerial Attack Study」John Boyd, 1960

「Gulf War Air Power Survey」Thomas A Keaney & Eliot A Cohen, 1993

「Stealth, Countermeasures, and ELINT 1960-1975」Gene Poteat, 2008

「Method of Edge Waves in the Physical Theory of Diffraction」Petr Ufimtsev, 1962

著者略歴

夕撃旅団（ゆうげきりょだん）

管理人アナーキャが主催するウェブサイト。興味が向いた事柄を可能な限り徹底的に調べ上げて掲載している。
著書に『ドイツ電撃戦に学ぶ　OODAループ「超」入門』（小社）がある。

ウェブサイト「夕撃旅団-改」
http://majo44.sakura.ne.jp/index.htm

本文中の写真（特記以外）　U. S. Air Force、U. S. Navy、夕撃旅団

アメリカ空軍史から見たF-22への道　下
――ボイドの孤独な戦いと制空戦闘機の完成

2020年5月1日　初刷発行
2020年5月7日　二刷発行

著者　夕撃旅団

カバー写真　U. S. Air Force
カバーデザイン　BLUE GRAPH Inc.（http://www.bluegraph.co.jp/）

作図　宮坂デザイン事務所（http://www.z-iii.com/）

発行者　松本善裕
発行所　株式会社パンダ・パブリッシング
〒111-0053　東京都台東区浅草橋5-8-11　大富ビル2Ｆ
https://www.panda-publishing.co.jp/
電話／03-6869-1318
メール／info@panda-publishing.co.jp

印刷・製本　モリモト印刷株式会社